安徽省哲学社会科学规划项目(编号:AHSKY2017D27)研究成果

博士论丛

基于整体性治理的
农村水环境共治模式研究

**Research on Rural Water Environment Co-governance Model
Based on Holistic Governance**

杨卫兵 著

中国科学技术大学出版社

内 容 简 介

本书主要针对我国农村水环境治理存在的"棘手性"难题和"碎片化"问题,通过分析农村水环境治理属性和政府、私人部门、农户三类核心主体之间的共治博弈行为,基于整体性治理理论设计农村水环境共治模式。在政府内部协同治理中,研究了农村水环境政府内部协同治理的目标、任务、机制、绩效评价等问题,构建了基于平衡记分卡的农村水环境政府内部协同治理绩效评价指标体系和基于熵权可拓物元的绩效评价模型。在政府外部合作治理中,优化设计公私合作机制和农户参与机制,构建基于多目标模糊决策的私人投资者选择模型,运用蒙特卡罗模拟预测公私合作项目的风险成本,运用二元 Logistic 模型和决策树模型,从支付意愿视角分析农户参与的影响因素。最后,以安徽省为例,对该省农村水环境治共治实践进行案例分析。

图书在版编目(CIP)数据

基于整体性治理的农村水环境共治模式研究/杨卫兵著. —合肥:中国科学技术大学出版社,2023.6

ISBN 978-7-312-05710-6

Ⅰ.基… Ⅱ.杨… Ⅲ.农村—水环境—环境综合整治—研究—中国 Ⅳ.X143

中国国家版本馆 CIP 数据核字(2023)第 103419 号

基于整体性治理的农村水环境共治模式研究

JIYU ZHENGTIXING ZHILI DE NONGCUN SHUI HUANJING GONGZHI MOSHI YANJIU

出版 中国科学技术大学出版社

安徽省合肥市金寨路 96 号,230026

http://www.press.ustc.edu.cn

https://zgkxjsdxcbs.tmall.com

印刷 合肥华苑印刷包装有限公司

发行 中国科学技术大学出版社

开本 710 mm×1000 mm 1/16

印张 14.75

字数 286 千

版次 2023 年 6 月第 1 版

印次 2023 年 6 月第 1 次印刷

定价 78.00 元

前 言
PREFACE

　　1962年,在《寂静的春天》一书中,蕾切尔·卡逊分析了人类春天不寂静的污染因素,并号召人们重新对人类社会的发展路径进行思索。英国学者杜德利·西尔斯在《发展的含义》中指出,必须驱散笼罩在"发展"一词周围的迷雾。众多国家的发展经验表明,过度追求经济增长并非必然带来经济和社会的同步发展,甚至可能产生一系列环境和社会问题。在《增长的极限》一书中,德内拉·梅多斯及其合著者得出一个令人震惊的结论,即人类对生态系统的影响已严重破坏生态系统的自我修复能力,如果维持现有资源消耗速度和人口增长率,人类经济和人口的增长只需要百年或更短时间就能达到极限。因此,他们呼吁转变发展模式,从无限增长转变为可持续增长,把增长限制在地球可以承载的范围之内。

　　在我国农村地区,随着近年来农村经济社会的快速发展,农村水环境承载能力已达到发展红线,农业生产中农药化肥的过量使用、农民日常生活中产生的大量垃圾及污水、乡镇企业尤其是养殖业排污等加剧了农村水环境污染。"采菊东篱下,悠然见南山""落霞与孤鹜齐飞,秋水共长天一色",广袤农村一直是文人笔下乡愁安放之所,"暖暖远人村,依依墟里烟"的田园风光,"开轩面场圃,把酒话桑麻"的和乐景象,是多少人心驰神往的画面。当农村水环境污染严重、绿水难见时,该往何处安放"乡愁"、寻找记忆? 农村水环境污染牵动着社会公众的神经,从"盼温饱"到"盼环保"、从"求生存"到"求生态",水环境质量日渐成为衡量农村居民幸福指数的重要标准。乡村是中国的根,让农村人居环境"留得住青山绿水、记得住乡愁",关系到广大农民群众的切身福祉和农村社会的文明和谐。

　　党的二十大报告指出,中国式现代化是人与自然和谐共生的现代化,要健全现代环境治理体系,推进城乡人居环境整治,建设宜居宜业和美乡村。习近平总书记多次强调要打造美丽乡村,为老百姓留住鸟语花香田园风光。党的十八大以来,随着"绿水青山就是金山银山""生态文明""绿色发展""美丽中国""美丽乡村""河长制""湖长制"等新理念、新政策的提出,以及党的十九大以来乡村振兴战略的实施和农村人居环境整治行动的开展,我国农村水环境治理呈现崭新面貌。近些年,中央一号文件每年都对农村环境治理提出明确要求,国家出台《农业农村污染治理攻坚战行动计划》《关于推进农村生活污水治理的指导意见》等一系列政策文件,特别是2018年的《农村人居环境整治三年行动方案》,把农村垃圾、污水治理和村容村貌提升作为主攻方向,为农村水环境治理提供了强有力的政策支持。2020年3月,《关于构建现代环境治理体系的指导意见》对党委领导、政府主导及企业、社会组织和公众各主体共同参与环境治理提出指导意见。2021年11月以来,国家密集出台《农村人居环境整治提升五年行动方案(2021—2025年)》《农业农村污染治理攻坚战行动方案(2021—2025年)》《"十四五"土壤、地下水和农村生态环境保护规划》等政策文件,为"十四五"期间我国农村水环境治理指明了方向。各级地方政府跟进完善配套政策措施,制定一系列行动计划、实施方案,通过开展农村人居环境整治改善农村水环境质量。但农村水环境污染量大、面广、随机性强,治理难度大,治理任务艰巨,还存在治理主体单一、治理资金短缺、治理进展不平衡、治理机制不健全、治理效率低下等问题,其治理成效与宜居宜业和美乡村建设的目标要求和农民群众的美好期盼还有较大差距。

上述问题与传统的"命令-控制"型农村水环境政府单中心属地管理模式有关。长期以来,我国最为突出的特征就是有一个"强政府",即政府具有强大的制度供给能力和秩序治理能力,能提供一切资源解决相关问题。农村水环境治理属于公共产品,政府负有不可推卸的供给责任。《中华人民共和国环境保护法》规定,地方各级人民政府对本行政区域的环境质量负责。在农村水环境治理中,政府在资金筹集、内外主体协调整合及相关法规、政策、制度制定上发挥核心主体作用,使真正应成为治理主体的农户变成了局外人,政府和社会资本合作的合力作用发挥不充分。实践证明,农村水环境治理不仅需要政府承担核心治理主体责任,而且需要政府引领社会资本、农户等其他主体参与农村水环境治理,推动形成治理合力。

农村水环境治理是多种要素耦合、持续治理的过程,这种治理既需要经济发展方式的转型,更需要政府治理模式的转型。在社会转型期,农村水环境污染类似大气污染、食品安全、公共危机应对等社会问题,是跨界、跨行政区域的"棘手性"管理难题,单靠某个地方政府、某一政府职能部门已无法解决,需要政府内外各主体联合起来共同治理。我国传统的农村水环境政府单中心属地管理模式虽有利于强化地方政府主体责任,但也容易导致地方政府缺乏协同、各自为政,地域分割、条块分割、部门分割,政府与非政府主体合作不充分等问题,致使农村水环境治理陷入"碎片化"困境。"水危机的背后就是公共管理危机。"农村水环境治理模式转型,亟待建立政府、社会资本、农户等各类主体参与的共治模式。

近年来,我国在生态文明建设中持续推动环境治理模式转型。例如,《水污染防治行动计划》提出,要建立政府统领、企业施治、市场驱动、公众参与的水环境治理新机制;国家"十三五"规划要求形成政府、企业、公众共治的环境治理体系;党的十九大报告提出,要构建政府为主导、企业为主体、社会组织和公众共同参与的环境治理体系;《关于构建现代环境治理体系的指导意见》要求坚持党的集中统一领导、强化政府主导作用、深化企业主体作用、更好动员社会组织和公众共同参与,形成全社会共同推进环境治理的良好格局;国家"十四五"规划要求"完善共建共治共享的社会治理制度""增强全社会生态环保意识";《农村人居环境整治提升五年行动方案(2021—2025 年)》提出,要调动社会力量积极参与投资收益较好、市场化程度较高的农村人居环境基础设施建设和运行管护项目;《社会资本投资农业农村指引(2022 年)》鼓励社会资本投入农业农村基础设施建设、农业农村绿色发展、农村人居环境整治等重点产业和领域,鼓励因地制宜创新投融资模式……因此,基于上述政策背景开展农村水环境共治模式研究,无疑具有重要的理论意义和现实意义。

农村水环境治理涉及多要素、多部门、多主体和多种机制,在治理上具有根本复杂性,转变治理模式已成为破解治理困局、建设宜居宜业和美乡村的硬任务。整体性治理理论为我国农村水环境治理模式转型提供了新的分析框架和路径选择。20 世纪 80 年代以来,中西方国家跨界公共事务日益复杂,社会利益愈加多元,使环境保护、公共危机等"棘手性"难题接踵而至,人们开始反思科层制带来的结构僵化、效率低下等管理"碎片化"问题,主张跨越政府与政府之间、政府部门之间、政府和社会之间的边界,实现对这类问题的有效治理。基于这样的背景,整体性治理理论应运而生,它旨在实现政府作为一个整体回应公共治理需求,推动社会公共事务向整体治理的方向发展。整体性治理理论被视为"公共行政的未来",是对"效率政府"的批判性继承和对"部门主义""碎片化"的反驳性回应,主要从组织结构层面批判新公共管理带来的机构分裂化和公共服务"碎片化",强调在公共政策制定、执行以及公共服务供给过程中,采用交互、协作、一体化的管理方式,使政府及其内部各层级各部门、私人部门、社会组织、公众等各主体协调一致,实现功能整合、有效利用稀缺资源和无缝隙供给公共服务的目的。整体性治理理论对解决我国农村水环境治理"棘手性"难题和"碎片化"问题具有重要指导意义。基于整体性治理理论的农村水环境共治模式研究,能为农村水环境治理体系和治理能力现代化建设提供参考指导,助力乡村振兴战略实施。

本书为安徽省哲学社会科学规划项目"整体政府视角的安徽农村水环境共治模式研究"(编号:AHSKY2017D27)的研究成果,主要针对我国农村水环境治理存在的"棘手性"难题和"碎片化"问题,通过分析党的十八大以来农村水环境治理实践和农村水环境治理属性,以及政府、私人部门、农户三类核心主体之间的共治博弈行为,基于整体性治理理论优化设计农村水环境共治模式,涵盖政府内部协同治理和政府外部合作治理两个部分。在政府内部协同治理中,研究农村水环境政府内部协同治理的目标、任务、机制、绩效评价等问题,构建基于平衡记分卡的农村水环境政府内部协同治理绩效评价指标体系和基于熵权可拓物元的绩效评价模型;在政府外部合作治理中,优化设计公私合作机制和农户参与机制,构建基于多目标模糊决策的私人投资者选择模型,运用蒙特卡罗模拟预测公私合作项目全寿命周期成本,运用二元 Logistic 模型和决策树模型,从支付意愿视角分析影响农户参与的主要因素。最后,以安徽省为例,对该省农村水环境共治实践进行案例分析。

本书在写作过程中参考了国内外一些研究成果,在此对这些成果的所有者表示衷心感谢!由于农村水环境治理是一个复杂的新课题,加之作者水平有限,故部分内容研究不深入或未研究,如政府内部协同治理的实践过程及运行逻辑、公私合作的绩效评估及监督管理、农户参与的动力体系及驱动效应、农村工业污染的影响因素及防治对策等,难免存在不妥之处,敬请读者批评指正。

杨卫兵

2023 年 1 月

目 录
CONTENTS

第1章　绪　　论

水环境污染被称为"世界头号杀手"。据测算,全球每年有4200多亿立方米的污水排入江河湖海,污染了5.5万亿立方米的淡水,相当于全球径流总量的14%以上。水是生命之源,水环境污染严重威胁饮水安全,世界卫生组织(World Health Organization,WHO)的调查结果表明,全球80%的疾病和50%的儿童死亡都与饮用水水质不良有关。水环境污染已成为人类健康和经济社会可持续发展的现实障碍,是世界各国都需要面对的一项重大课题。

1.1　研　究　背　景

良好的水环境是实现乡村振兴的先决条件和重要保障。近年来,我国一些农村地区在经济快速发展、农民收入增加、农业生产增收的同时,水环境受到严重污染。原国家环保部针对全国798个村庄的监测发现,我国农村水环境受到不同程度污染,水环境质量不容乐观。在我国水环境主要污染指标中,来自农业源的排放量占比较大。根据全国第二次污染源普查所得到的情况,在农业源水污染物排放量中,化学需氧量、氨氮、总氮、总磷排放量分别占总量的49.77%、22.44%、46.52%、67.21%。① 《中国生态环境统计年报》显示,全国废水中的化学需氧量、氨氮排放量,农业源占比较大(表1-1)。如2020年,全国废水中的化学需氧量,农业源排放量为1593.2万吨,占62.12%。② 在中央生态环保督察曝光的典型案例中,农村水环境污染问题时有发生,如一些地区黑臭水体治理不彻底;生活污水未经收集处理直排河道,影响河流水质;乡镇污水处理设施管网建设滞后、运行维护

---

① 中华人民共和国生态环境部. 关于发布《第二次全国污染源普查公报》的公告[EB/OL]. (2020-06-09). https://www.mee.gov.cn/xxgk2018/xxgk/xxgk01/202006/t20200610_783547.html.

② 中华人民共和国生态环境部. 2020年中国生态环境统计公报[EB/OL]. (2022-02-18). https://www.mee.gov.cn/hjzl/sthjzk/sthjtjnb/202202/t20220218_969391.shtml.

不到位、污水超标排放等。

表 1-1　全国废水中化学需氧量排放量、氨氮排放量农业源占比情况

年份	化学需氧量排放量（万吨）	农业源排放量（万吨）	占比	氨氮排放量（万吨）	农业源排放量（万吨）	占比
2011	2499.9	1186.1	47.44%	260.4	82.7	31.76%
2015	2223.5	1068.6	48.06%	229.9	72.6	31.58%
2020	2564.8	1593.2	62.12%	98.4	25.4	25.81%

在我国，农村水环境污染主要有以下来源：

一是生活垃圾、污水随意排放。农村居民逐渐告别传统的生活方式，各种生活垃圾、污水随之增多。据统计，全国农村每年产生生活垃圾约 1.1 亿吨，其中 0.7 亿吨未做任何处理，直接危害农村人居环境。[1] 农村粗放的污水排放方式、简陋的管网设置、相对薄弱的环保意识等，使农村生活污水收集处理率低，生活污水形成露天径流，逐步恶化农村生活环境。我国农村每年产生生活污水约 80 多亿吨，大部分得不到有效处理。据权威统计数据，截至 2021 年，我国农村生活污水治理率仅为 28%左右[2]。

二是农业面源污染突出。随着农村经济的发展，已几乎不再使用人畜禽粪便、农作物秸秆等有机肥料，化肥、农药、农膜等污染成为农村水环境污染的主要增量。例如，2015—2020 年，全国化肥、农药使用量虽连续 5 年负增长，其中，化肥使用量从 2015 年的 6022 万吨下降到 2020 年的 5250 万吨，降幅达 12.8%，但我国农作物每公顷化肥施用量远高于西方发达国家水平，是英国的 2.05 倍、美国的 3.69 倍、澳大利亚的 9.45 倍[3]。在利用率上，2020 年我国三大粮食作物的化肥、农药利用率分别为 40.2%、40.6%[4]，距离欧美发达国家 50%～65%的平均水平还有较大差距。流失的化肥、农药污染地表水和地下水，使水体富营养化加剧。相关研究表明，在畜禽养殖领域，养殖一头猪、一头牛产生的污水分别是一个人所产生的生活

---

① 王亚华，高瑞，孟庆国.中国农村公共事务治理的危机与响应[J].清华大学学报(哲学社会科学版)，2016，31(2)：23-29，195.

② 中国新闻网.2025 年全国农村生活污水治理率要达到 40%[EB/OL].(2022-04-22).https：//www.chinanews.com.cn/gn/2022/04-22/9736219.shtml.

③ 于瑾.2021 年中国化肥行业发展现状分析，行业正步入转型关键期[EB/OL].(2022-04-15).https：//www.sohu.com/a/540390734_120928700.

④ 中华人民共和国生态环境部.2020 年中国生态环境统计公报[EB/OL].(2022-02-18).https：//www.mee.gov.cn/hjzl/sthjzk/sthjtjnb/202202/t20220218_969391.shtml.

污水的 7 倍、22 倍,这些有机物使地表或地下水环境中的氨氮、细菌总数超标,威胁农村饮水安全。此外,我国平均每年有 45 万吨地膜残留于土壤中,也对农村水环境造成污染。

三是乡镇企业排污。一些乡镇企业能耗大、科技含量低,大量的生产废弃物和工业废水直排河流沟渠,严重污染农村水环境。

四是外源污染。一方面,部分地方政府出于 GDP 考量,对城市垃圾、污染企业转移农村大开绿灯;另一方面,城镇化使越来越多的农民搬到城镇生活,城镇生活垃圾、污水增多,部分被运到或排放到农村,造成农村水环境污染。

农村承担着供应粮食及农副产品的责任,农村水环境污染严重制约农业稳产增收、农民脱贫致富和农村现代化进程。农村水环境污染还严重威胁广大农民群众的身体健康。中国疾控中心等发布的《淮河流域水环境与消化道肿瘤死亡图集》证实,国内一些地区癌症集中暴发现象与饮用水污染高度相关。水污染对国家经济发展也产生严重的负面影响。据世界银行、中国科学院和原国家环保总局测算,我国每年因环境污染造成的损失占 GDP 的 10% 左右①。水污染还加重了农民经济负担,使其对政府产生不信任,影响农村地区和谐稳定。农村地域辽阔,水环境污染错综复杂,比城市水环境污染更难治理。

农村水环境治理是现代环境治理体系中非常重要的一环。自 2005 年党中央提出社会主义新农村建设以来,国家和地方政府结合开展农村环境综合整治和农村人居环境整治,投入大量资金治理农村水环境污染,涌现出了一批"美丽乡村"。尤其是党的十八大以来,我国坚持"绿水青山就是金山银山"的理念,坚定不移走生态优先、绿色发展之路,促进经济社会发展全面绿色转型,建设人与自然和谐共生的现代化社会。绿色成为新时代中国的鲜明底色,绿色发展成为中国式现代化的显著特征。

国家统计局 2021 年调查统计显示,人民群众对生态环境的满意度超过 90%。在农村水环境治理领域,党中央号召"向污染宣战",坚持以垃圾、污水治理为重点,推动农村水环境治理发生历史性变化。例如,"十二五"期间,中央财政安排专项资金 275 亿元,支持 7.2 万个村庄完成环境综合整治②;"十三五"期间,安排专项资金 258 亿元,支持 15 万个行政村开展环境整治,生活污水治理率达 25.5%,生活垃圾进行收运处理的行政村比例超过 90%,三大粮食作物化肥、农药利用率均达 40%

---

① 李洁. 环保生死劫:中国每年因污染造成损失达 GDP 的 10%[EB/OL]. (2007-03-19). https://business. sohu. com/20070319/n248807948. shtml.

② 中华人民共和国环境保护部. 2015 年中国环境状况公报[EB/OL]. (2016-06-02). https://www. mee. gov. cn/gkml/sthjbgw/qt/201606/t20160602_353138. htm.

左右①。但是，我国农村水环境污染因子复杂多样，落后的水环境治理与改善水环境质量迫切性的矛盾将长期存在。当前，农村水环境治理依然是我国环境治理领域的突出短板，全国 2/3 的行政村尚未达到环境整治要求，生活污水治理率仅为 25.5%，农业面源污染物排放仍处高位，与 2035 年建成美丽中国的目标还有较大差距②。因此，《中共中央国务院关于实施乡村振兴战略的意见》提出，要加强农村水环境治理和农村饮用水水源保护。农业农村部等九部委《关于推进农村生活污水治理的指导意见》提出，要加强统筹规划，突出重点区域，选择适宜模式，完善标准体系，强化管护机制，走出一条具有中国特色的农村生活污水治理之路。《"十四五"土壤、地下水和农村生态环境保护规划》提出，要突出精准治污、科学治污、依法治污，解决一批土壤、地下水和农业农村突出生态环境问题（表 1-2）。

表 1-2 "十四五"土壤、地下水和农业农村生态环境保护主要指标

类型	指标名称	2020 年	2025 年
土壤生态环境	受污染耕地安全利用率	90%左右	93%左右
	重点建设用地安全利用		有效保障
地下水生态环境	地下水国控点位 V 类水比例	25%左右	25%左右
	"双源"点位水质	—	总体保持稳定
农业农村生态环境	主要农作物化肥使用量		减少
	主要农作物农药使用量		减少
	农村环境整治村庄数量		新增 8 万个
	农村生活污水治理率	25.5%	40%

多年来，我国农村水环境治理实行的是"命令-控制"型政府单中心属地管理模式。在这种科层制管理模式下，农村水环境治理以政府投资为主，政府特别是基层政府财政压力较大，农村水环境治理存在治理主体单一、治理结构失衡、治理效率低下等问题。纵向上，各政府主体按行政等级层层细分，农村水环境治理错位、缺位、失位现象比较严重；横向上，条块分割导致"块"政府对"条"部门的沟通约束乏力，同级政府生态环境、农业农村、乡村振兴、水利、住建、城管、财政、审计、发改委

---

① 中华人民共和国生态环境部.生态环境部等 7 部门联合印发《"十四五"土壤、地下水和农村生态环境保护规划》[EB/OL].（2022-01-04）. https://www.mee.gov.cn/ywdt/hjywnews/202201/t20220104_966043.shtml

② 中华人民共和国生态环境部.生态环境部、农业农村部有关负责人就《农业农村污染治理攻坚战行动计划》有关问题答记者问[EB/OL].（2018-11-08）. https://www.mee.gov.cn/xxgk2018/xxgk/xxgk15/201811/t20181108_672951.html

等职能部门之间的协同机制不健全。在政府外部,私人部门、农户等主体参与农村水环境治理的程度不高,一些地区虽鼓励私人部门、农户参与农村水环境治理,但因缺乏完善的配套政策机制,非政府主体暂时难以常态化主动参与农村水环境治理。政府内部协同不力、政府与外部主体合作不充分等导致农村水环境治理呈"运动化"态势,治理"碎片化"现象比较严重。

上述问题充分说明,现行的"命令-控制"型政府单中心属地管理模式与我国农村水环境污染形势已不相适应。党的十八届三中全会提出,要发挥政府主导作用,鼓励社会资本投向农村建设;2014年,《中华人民共和国环境保护法》在强化政府责任的同时,提出共同治理、社会参与的现代环境治理理念;2015年,国家《水污染防治行动计划》提出,要形成政府统领、企业施治、市场驱动、公众参与的水环境治理新机制;国家"十三五"规划纲要提出,要形成政府、企业、公众共治的环境治理体系;党的十九大报告要求构建政府为主导、企业为主体、社会组织和公众共同参与的环境治理体系;2020年3月,《关于构建现代环境治理体系的指导意见》要求形成全社会共同推进环境治理的良好格局;国家"十四五"规划提出要"完善共建共治共享的社会治理制度""增强全社会生态环保意识";《农村人居环境整治提升五年行动方案(2021—2025年)》要求,调动社会力量参与投资收益较好、市场化程度较高的农村人居环境基础设施建设和运行管护项目。上述顶层设计为我国农村水环境治理由政府单中心属地管理模式向多元共治模式转型提供了政策依据和现实路径,同时也促进了我国农村水环境治理体系和治理能力现代化建设。

目前,国内外可资借鉴的农村水环境共治经验不多,相关理论研究也较少,因此,构建政府、私人部门、农户共同参与的农村水环境共治模式是值得深入研究的重要课题。作为有效应对政府管理"碎片化"问题和社会"棘手性"难题的治理理论,整体性治理理论主张协调整合政府治理层级、治理功能和公私部门关系等"碎片化"问题,构建无缝隙且非分离的整体型服务政府治理新模式。该模式主张整体性的政府管理,强调政府纵横向合作管理和政府、市场、公众等多元主体的参与治理,既包括政府"内部协同",又包括政府与私人部门、公众之间的"内外合作"。本书结合我国农村水环境治理中存在的"棘手性"难题和"碎片化"问题,基于整体性治理理论提出解决之道,尝试构建符合国情的农村水环境共治模式。

1.2　研究目的及意义

1.2.1　研究目的

本书主要探讨三个方面问题。首先,什么是农村水环境共治模式? 要准确把握农村水环境共治模式的实质内涵,需对相关概念、理论观点进行梳理辨析,确定研究边界,清楚界定这一基本概念。其次,为什么要基于整体性治理理论研究农村水环境共治模式? 这一问题关系到能否为农村水环境治理模式转型提供比较契合的指导理论。简单的照搬或复制基于西方社会情境的研究范式,会导致理论的低水平发展。本书基于中国情境因素,特别是我国农村水环境治理的特殊属性,分析整体性治理理论与我国农村水环境治理的契合性及其对农村水环境共治模式的适用性,从实践中对整体性治理理论进行本土化修正。最后,如何基于整体性治理理论优化设计农村水环境共治模式? 这一问题十分关键,直接关系到农村水环境共治模式的具体操作运行。现有农村水环境治理研究的广度和深度还不够,整体性治理理论能弥补这些不足。本书克服"拿来主义"做法,结合我国国情特别是农村地区实际,聚焦政府、私人部门、农户三类核心主体,从政府内部协同治理、公私合作、农户参与维度优化设计农村水环境共治模式,提出对策建议,展示整体性治理理论在中国实际问题处理中的生命力。这也是本书的研究目的,即从整体性治理理论视角深入研究上述三个方面问题,从而深化我国农村水环境治理理论研究和推进农村水环境治理实践发展。

1.2.2　研究意义

1.2.2.1　理论意义

一是为我国农村水环境治理研究提供新的理论工具。国内农村水环境治理研究主要集中在治理现状、意义、特点、政策建议等方面,研究的系统性、理论性不够,运用公共管理领域前沿理论全面深入研究的文献也不够多。整体性治理理论虽然诞生于西方政府再造实践背景下的治理理论,与我国行政改革背景有较大差别,但是,剔除政治体制、历史原因等因素,该理论强调的协调与整合的价值理念对我国农村水环境治理具有较强的借鉴意义。

二是为我国农村水环境治理模式转型提供理论参考。本书针对现行"命令-控制"型农村水环境政府单中心属地管理模式存在的突出问题,基于整体性治理理论协调与整合的基本要义,从政府内部协同治理、公私合作、农户参与维度优化设计农村水环境共治模式,相关理论分析和对策建议能为我国农村水环境治理模式转型提供理论参考。

三是为改善我国农村水环境质量提供管理方法。农村水环境污染的特殊性,要求上升到管理层面去研究思考,不能仅从单一的技术层面谈治理。农村水环境污染是由多种因子交叉影响产生的,各方利益主体共同参与治理尤为重要。本书着重把握政府、私人部门、农户三类核心主体的行为特征和利益博弈,从政府内外部主体协同合作层面,探索构建符合我国国情的农村水环境共治模式,为我国农村水环境质量改善提供新的管理方法。

1.2.2.2　实践意义

一是有利于协调我国农村水环境治理各主体的合作关系。研究农村水环境共治模式,可以推动政府内外部利益主体共同治理农村水环境污染。本书明确政府内部协同治理的目标任务,优化设计政府内部协同治理机制,现实中将促进各政府主体协同治理农村水环境污染;对公私合作范围、条件、机制等的研究探讨,能推动公私部门深入合作治理农村水环境污染;对农户参与影响因素、参与机制等问题的研究,能激励农户参与农村水环境治理。

二是有利于提升我国农村水环境治理绩效水平。近些年,尽管各级政府结合农村人居环境整治采取了一系列水环境治理措施,但治理绩效水平总体上并不理想,迫切需要突破政府单一治理瓶颈,鼓励各利益主体共同治理农村水环境污染。农村水环境治理的艰巨性迫使政府构建更加合理、有效的治理模式。本书从整体性治理理论视角,优化设计农村水环境共治模式,能为上述诉求的实现提供全新的路径和方法,有助于提升农村水环境治理效果。

三是有利于推动农村水环境治理体系和治理能力现代化建设。当前我国倡导健全现代环境治理体系。本书从农村水环境治理实际问题出发,重点研究探讨农村水环境政府单中心属地管理模式存在的"棘手性"难题和"碎片化"问题、优化设计农村水环境共治模式框架体系以及为实现农村水环境共治提供操作性路径和制度化安排,这对揭示农村水环境治理的基本规律、寻求治理的有效途径等起到实践指导作用,从而有助于推动我国农村水环境治理体系和治理能力现代化建设。

1.3 概 念 界 定

1.3.1 整体性治理

整体性治理理论是西方社会对以政府再造为内容,以分权化、市场化、民营化为工具的新公共管理改革运动的一种修正,其价值在于对新公共管理理论批判和继承基础上架构起新的公共服务供给模式。该理论兴起于 20 世纪 90 年代中后期的英国,经澳大利亚、新西兰、美国、荷兰等国的实践,逐渐成为西方国家政府治理的新范式。

整体性治理要解决的首要问题就是"碎片化",其理论灵魂是协调与整合。该理论代表人佩里·希克斯(Perry Hicks)认为,整体性治理针对的是"碎片化"治理带来的一系列问题,是在政策、规则、服务供给、监控等过程中实现整合,体现于不同层级或同一层级内部,不同职能间,政府、私人部门与非政府间等三个维度中[①]。克里斯托弗·波利特(Christopher Pollitt)把整体性治理视为一种通过横向和纵向协调的思想与行动,以实现预期利益的政府治理模式,通过这种协调,可以实现以下目标:一是排除不同政策之间相互破坏的情形;二是可以更有效地利用稀缺资源;三是将不同的主要利益相关者聚集到特定政策领域或网络中,实现协同效应;四是为公民提供"无缝隙"而不是"碎片化"的服务[②]。Tom Ling 在总结各国整体政府改革实践经验的基础上,把整体性治理归纳为内、外、上、下四个维度:"内"指组织内部的合作;"外"指组织之间的合作;"上"指目标设定的由上而下,意味着新的责任和激励机制;"下"指以顾客需要为服务宗旨,意味着新的公共服务供给方式[③]。国内一些专家学者认为,整体性治理是一种以公民需求为治理导向,以协调、整合、责任为治理机制,以信息技术为治理手段,对治理层级、治理功能、公私部门关系及信息系统等"碎片化"问题进行有机协调与整合,促使多元主体协调一致,不断从分散走向集中、从部分走向整体、从破碎走向整合,为公民提供无缝隙且非

---

① Hicks P. Towards holistic governance:the new reform agenda[M]. New York:Palgrave,2002.

② Pollitt C. Joined-up government:a survey[J]. Political Studies Review,2003 (1):34-49.

③ Tom L. Delivering joined up government in the UK:dimensions issues and problems[J]. Public Administration,2002,80(4):625-626.

分离的整体性服务的政府治理模式①②③。

综上所述,整体性治理有着丰富的内涵。一是在治理理念上,以公共价值为基本的价值追求,强调政府整体效果的最优和公共利益整体最佳。二是在治理结构上,致力于破解"棘手性"难题和"碎片化"困境,注重治理层级、治理功能、公私部门三维立体的的跨界整合,培育形成政府、市场、社会、个人等多元治理主体协同合作、功能耦合的网络化治理结构。三是在治理机制上,认为实现整体性治理的关键机制是协调、整合和信任,倡导对治理理念、治理结构、治理过程等进行调适整合,推动治理从"碎片化"走向协调化、从局部性走向整体性。四是在治理手段上,将信息技术作为治理工具,通过信息整合,建立信息共享的数据库系统,为实现跨组织结构的整合与协调提供支持。

1.3.2 农村水环境治理

根据《环境科学大辞典》,水环境是指地球上分布的各种水体及与其密切相连的诸环境要素,一般分为地表水环境和地下水环境两个部分。地表水环境如河流、湖泊、水库、海洋、池塘、沼泽、冰川等,地下水环境如泉水、浅层地下水、深层地下水等④(图 1-1)。我国水文领域规定,水环境是指影响人类生活、发展的水体及影响人类正常功能的各种自然因素、社会因素的总体。

根据水环境定义,农村水环境是对农村地区的河流、湖沼、沟渠、池塘、水库等地表水体、土壤水和地下水体的总称。农村水环境是农业生产和农村生活的生命之源。农村水环境污染会导致农村水环境系统功能衰退。农村水环境污染来源广,包括农村生活污水、种植业面源污染、零散养殖污染和农村生活垃圾污染等,具有时空分散性、复杂多样性及随机性强、影响因子多的特点,使其监测、控制和管理难度较大,为农村水环境治理带来了天然障碍,必须从系统上、整体上治理农村水环境污染。

水环境管理是指政府有关部门依据相关法规、规定、标准、政策和规划,对水资源利用、水污染防治等过程进行监督管理。我国县级以上人民政府及其相关职能部门、乡镇政府在农村水环境管理上行使各自的管理职能,主要包括实施有关法律法规、制定农村水环境管理规划和水环境保护方案、监督监测农村水污染源排放情

① 竺乾威. 从新公共管理到整体性治理[J]. 中国行政管理,2008(10):52-58.

② 胡佳. 迈向整体性治理:政府改革的整体性策略及在中国的适用性[J]. 南京社会科学,2010(5):46-51.

③ 张玉磊. 跨界公共危机与中国公共危机治理模式转型:基于整体性治理的视角[J]. 华东理工大学学报(社会科学版),2016,31(5):59-78.

④《环境科学大辞典》编辑委员会. 环境科学大辞典[M]. 北京:中国环境科学出版社,2008.

况和水环境状况、开展农村水污染治理、进行河塘清淤和综合整治、加强农村水环境保护宣传教育、提高农户环保意识等。作为农村人居环境整治和美丽乡村建设的重要内容,农村水环境治理一般是指以政府为主导的相关利益主体从农户治理需求出发,综合运用经济、行政、法律等多种手段防治农村水环境污染,改善农村水环境质量及其功能的过程。

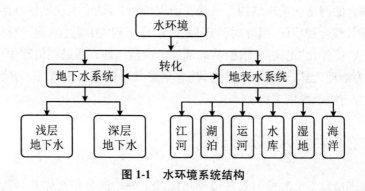

图 1-1　水环境系统结构

1.3.3　农村水环境共治模式

共治的理论基础是治理理论。"治理"(governance)源于古典拉丁文或古希腊语"引领导航"(steering)一词,原意是控制、引导和操纵。"治理"的定义有多种,如"在管理国家经济和社会发展中权力的行使方式""确定如何行使权力,如何给予公民话语权,以及如何在公共利益上作出决策的惯例、制度和程序"等。治理理论的主要创始人之一詹姆斯·罗西瑙认为,"治理"是由共同的目标所支持的活动,这个目标不一定需要强制力量以让别人服从,事实上依赖于主体间重要性的程度[①]。治理的本质在于,政府威望和制裁并非治理所倚重的体系,要令它起作用,就要依靠一种互动,这种互动存在于由多种进行统治的以及互相发生影响的行为者之间。全球治理委员会对"治理"给出了权威的定义:治理是或公或私的个人和机构经营管理相同事务的诸多方式的总和。它是使相互冲突或不同的利益得以调和并且采取联合行动的持续的过程,包括有权迫使人们服从的正式机构和规章制度,以及种种非正式安排。而凡此种种均由人民和机构或者同意或者认为符合他们的利益而授予其权力。

治理有四大特征,即治理不是一套规则条例,也不是一种活动,而是一个过程;

---

① 罗西瑙. 没有政府的治理[M]. 张胜军,刘小林,等译. 江西:江西人民出版社,2001.

治理的建立不以支配为基础,而以调和为基础;治理同时涉及公私部门;治理并不意味着一种正式制度,而确实有赖于持续的相互作用。

结合治理理论,国内一些专家学者对"共治"进行了界定,认为"共治"是指为了解决公共事务治理中的重大问题和决策,各治理主体通过平等的对话、沟通,进而达成相互合作,开展集体行动,综合发挥各治理主体的积极性和优势作用,实现公共事务治理的高效性[①]。"共治"源于西方的多中心治理理论和协同治理理论,融合了协同与多中心的核心内涵[②]。共治就是协同共治,即为最大限度地统筹国家治理体系的公共资源以及全社会一切积极因素有效解决公共问题,国家在制度上做出相应的设计和安排,以更好地发挥公民、企业以及社会组织在公共事务管理与公共服务中的作用[③]。共治以整体政府角色而不是以"碎片化"政府角色与社会、市场协同共治,由此形成有为政府、有效市场、有机社会协同推进社会经济发展的治理格局。共治有如下基本特征:一是清晰的治理目标,以实现治理效益最大化;二是多元的治理主体,除政府及其职能部门以外,企业、非政府组织及社会公众都是治理主体;三是灵活的治理机制[④]。

"模式"在《辞海》中是指研究自然现象或社会现象的图示和解释方案,或是一种思想体系和思维方式。本书把"水环境治理模式"界定为基于一定治理理念的水环境治理主体、内容、程序、方法、体制机制等的集合。随着水环境治理问题的复杂化,水环境治理模式得到不断探索和完善,出现了各具独特思想理念和治理路径的网络治理、协同治理、多中心治理、整体性治理等模式。这些模式既相互联系,即均需以信任和合作为前提条件,又相互区别,如网络治理主要强调公私合作,其网络是政府与众多"私"部门、"第三部门"合作治理形成的"外部网络";整体性治理既强调公私合作,又注重政府纵向层级内部功能的整合,是"内网"与"外网"叠加形成的"整体性网络";协同治理是指政府、民间组织、企业、公民个人等社会多元要素相互协调、合作治理社会公共事务,以追求治理效能最大化,最大限度地维护和增进公共利益;多中心治理则强调企业、社会组织、公众等主体在治理过程中的重要作用,但也有学者表示该模式在我国的应用意味着"无中心",故提出以政府为主导的共治模式。

综上所述,本书认为,农村水环境共治模式是指在政府主导下,以农村水环境公共利益为治理导向,以协调、整合、责任为治理机制,以信息技术为治理手段,通

---

① 李平原.浅析奥斯特罗姆多中心治理理论的适用性及其局限性:基于政府、市场与社会多元共治的视角[J].学习论坛,2014,30(5):50-53.

② 张文明."多元共治"环境治理体系内涵与路径探析[J].行政管理改革,2017(2):31-35.

③ 宋世明.共治论:中国政府治理体系建构之路[J].行政管理改革,2021(2):4-15.

④ 汪菊.多元共治视角下农村水环境治理路径研究[J].湖北农业科学,2022,61(4):171-175.

过利益博弈、机制设计和路径安排,推动政府内部协同治理和政府外部合作治理,为农户提供无缝隙且非分离的整体性农村水环境治理服务模式。准确把握这一定义,需注意以下三点:

一是以政府为主导。作为一种水环境治理新模式,政府依然是农村水环境治理这个复杂系统中最核心的主体,政府主导作用体现在农村水环境治理资金筹集、内外治理主体协调整合及相关法律、政策和制度的制定等方面。

二是以农村水环境公共利益为治理导向。即以农户对农村良好水环境的具体需求来决定水环境治理的种类、数量和优先顺序,并通过农户满意度评价来衡量农村水环境共治绩效。

三是以协同合作为途径。在该模式下,政府虽占主导地位,但不再是唯一的治理主体,治理手段也不再仅靠行政命令,而是政府主导下的多元主体协同合作、协商谈判。

可见,基于整体性治理理论的农村水环境共治模式综合吸收了网络治理、协同治理、多中心治理等模式之长,是一种更符合我国农村水环境治理实际的新型治理模式,通过"内联""外协"构建农村水环境治理体系,能为农户提供无缝隙的农村水环境治理服务。

1.4　国内外研究综述

1.4.1　国外研究

1.4.1.1　公共产品供给研究

国外公共产品供给的研究与实践经历了"政府失灵""市场失灵""契约失灵""志愿失灵"等阶段。传统观点认为,公共产品一般由政府供给,政府以其权威性和强制性,综合运用各种方法来解决公共产品消费中的"搭便车"行为。但政府并非总是能够做出对整个社会有益的无私决策[1],政府也会失灵。德鲁克的公共服务

---

[1] 世界银行.变革世界中的政府:1997年世界发展报告[M].蔡秋生,译.北京:中国财政经济出版社,1997.

市场化、萨瓦斯的"民营化"、彼得塞尔夫的"市场治理"等都否定了政府单一供给。事实证明,公共产品由私人部门供给完全可行,且更有效率[①]。但由于私人部门固有的局限性,市场供给较难实现"帕累托最优"[②],会产生"市场失灵"。雷蒙特(Reymont)提出采用公私合作来打破公共产品供给单一主体的壁垒,但私人部门固有的盈利性会导致"契约失灵"。Kevin 和 Sandier 等人提出,政府可以通过政策引导社会公众与民间组织参与供给[③]。非营利组织供给公共产品,能有效遏制生产者的欺诈行为[④],但非营利组织供给常偏离志愿机制,出现功能和效率上的缺陷,即"志愿失灵"[⑤]。埃莉诺·奥斯特罗姆(Elinor Ostrom)与文森特·奥斯特罗姆(Vincent Ostrom)倡导建立公共产品多中心供给机制[⑥],一些研究还深入到多个主体共同参与公共产品供给的制度设计,认为真正的问题在于找到一套制度,使人类能够根据自己的选择决定其普遍行为的动机,尽可能地为满足他人的需要贡献力量,而非被人类自私的动机所左右[⑦]。

1.4.1.2　环境共治研究

环境资源作为公共产品,在消费过程、效用获得上具有公共性和外部性特征。哈丁在《公地的悲剧》中对公共牧场的考察说明,任何时候只要多人共用一种稀缺资源,便会发生环境的退化。卡鲁瑟和斯通纳指出:"没有公共控制,必然会发生过度放牧、公共牧场土壤被侵蚀,或者以较高的成本捕获到较少的鱼。"[⑧]但他们忽视了各利益主体参与治理的主动性,单纯依靠政府行政力量控制无法克服环境规制的低效率。罗伯特·J.史密斯认为,从对公共财产资源的经济分析和哈丁关于公地悲剧的论述来看,通过创立一种私有财产权制度来终止公共财产制度是避免发生公共池塘悲剧的唯一方法[⑨]。区别于庇古税解决外部性问题的方法,科斯主张通过明晰产权、利用排污权交易制度等市场交易机制来解决外部性问题,但该方法

---

① Coase R H. The lighthousein economics[J]. Journal of Law and Economics. 1974(2):15-22.

② 萨缪尔森,诺德豪斯. 经济学:上册[M]. 高鸿业,译. 北京:中国发展出版社,1992.

③ Kevin S,Sandier T. Collective goods, common agency and third-party intervention[J]. Bulletin of Economic Researeh,2004,56(1):3307-3378.

④ Hansmann H. The role of nonprofit enterprise[J]. Ale Law Journal,1980,89(2):31.

⑤ Weisbrod B A. The nonprofit economy[M]. Cambridge,MA:Harvard University Press,1989:21-24.

⑥ 麦金尼斯. 多中心体制与地方公共经济[M]. 毛寿龙,李梅,译. 上海:上海三联书店,2000.

⑦ 哈耶克 F A. 个人主义与经济秩序[M]. 贾湛,文跃然,等译. 北京:商务印书馆,1989.

⑧ Carruthers I, Stoner R. Economic aspects and policy issues in groutndwater development[D]. Washington D. C.:World Bank Staff Working Paper No. 496,1981:29

⑨ Smith R J. Resolving the tragedy of the commons by reating private property rights in wildlife[J]. CATO Journal,1981(1):467.

因产权的明确界定、市场化发育程度、交易费用等假设条件过于严苛而受到质疑。

鉴于政府或市场在公共治理上均存在不足,奥斯特罗姆探索建立政府、市场、社会三维框架下的"多中心"治理模式[①],主张为了集体利益,通过政府、市场和社会间的协调合作、集体行动开展自主治理,并认为大多数成功案例中的制度安排都是公私体制多方面的结合[②]。通过比较公私部门在街道清扫、垃圾收集方面的效率,萨瓦斯发现政府服务的成本比承包商高出 162%,主张在公私部门之间建立伙伴关系[③]。Kongkiti 等提出公私合作模式可以提高政府效率,解决资金问题[④]。在有效沟通、包容性、制度化的前提下,Cunningham 认为,由政府机构、非政府组织和公众进行共同合作的环境治理模式是最有效果的也是最有效率的[⑤]。

1.4.1.3 水环境治理研究

西方发达国家形成了各自的水环境治理经验做法。例如,美国通过立法明确联邦政府、流域管理局、州政府、企业、社区或公众等不同利益主体的权利和义务,在各主体之间建立协调机制,维护流域水环境整体利益。欧洲境内很多河流湖泊属于国际水体,水环境治理需要与邻国共同分担,水环境治理大多采取区域合作机制。《欧盟水框架指令》(*EU Water Framework Directive*)要求,无论是否加入欧盟,都必须共同参与流域管理,对流经各自境内的国际河流都按照统一的标准进行治理。日本出台了一系列法律法规,建立了严格的水环境保护法律法规体系,各级政府机构依法履行职责,做到权责分明、协调配合。

在学术研究领域,为使水环境在空间上的外部性内部化,科斯、阿尔钦和诺斯认为,治理跨行政区域的河流、湖泊等流域水环境需建立统一的治理机构[⑥]。由于各成员单位级别相同,难以从根本上解决行政区域间水环境治理协调问题,英国等一些西方国家注重从纵向上实施组织重构,通过组建多个跨流域、跨区域的机构负

---

① 奥斯特罗姆,帕克斯,惠特克. 公共服务的制度建构[M]. 宋全喜,等译. 上海:上海三联书店,2000.

② 奥斯特罗姆. 公共事物的治理之道:集体行动制度的演进[M]. 余逊达,陈旭东,译. 上海:上海译文出版社,2012.

③ 萨瓦斯 E S. 民营化与公私部门的伙伴关系[M]. 周志忍,等译. 北京:中国人民大学出版社,2002.

④ Phusavat K, Anussornnitisarn P, Comepa N, et al. Service innovation and organisational development through public-private partnership[J]. International Journal of Management and Enterprise Development, 2010,8(4):383-397.

⑤ Gunningham N. The new collaborative environmental governance: the localization of regulation[J]. Journal of Law and Society, 2009,36(1):145-166.

⑥ 科斯,阿尔钦,诺斯. 财产权利与制度变迁[M]. 刘守英,等译. 上海:上海人民出版社,1994.

责水污染的控制和治理①。在水环境治理机制设计上,有专家学者倡导实施政策企业家(policy entrepreneurs)利益诱导机制,认为政策企业家的动机虽不同,但都愿意投入资源获得未来有利的公共政策②,利益诱导机制能提高水环境治理决策的质量和实施的有效性③。鉴于完善组织架构和优化机制设计都不能解决所有问题,随着信息社会、公民社会的来临,越来越多的学者强调水环境治理的民主化,主张充分利用利益相关者合作来解决日益严峻的水环境污染问题。如 Warwick 和 Morison 建议通过公私合作解决环境污染问题,认为公私部门共同行动应以环保部长及机构制定的可持续发展战略为基础④;Whitelaw 提出由多方主体,如政府代理机构、社区部门、产业组织、学术团体、公民及地方机构联合起来共同监督,追踪解决共同关注的水环境问题⑤。为克服政府环境治理中面临的诸多困境,Parkins 综合考虑当今社会环境问题的不确定性、管理系统的复杂性、文化的多元性,提出要提高公众参与度,让地方政府、公众、行业代表和相关学者共同参与水环境治理⑥;Tim Fauci 运用协同治理理论解决跨界水污染问题⑦;Stein 等人研究发现网络治理可以弥补水环境治理系统的缺陷⑧。

1.4.1.4 整体性治理研究

整体性治理是用于解决跨部门、多主体合作中出现的条块分割、各自为政、效能低下等问题的一种回应性和矫正性理论,其概念最早由英国约克大学安德鲁·邓西尔(Andrew Dunsire)提出,他认为:"整体性治理是从社会整体的角度看待和

① Parker D J,Sewell W R D. Evolving water institutions in England and Wales:an assessment of two decades of experience[J]. Natural Resources Journal,1988,28(4):751-785.

② Kingdon J W. Agendas,alternatives and public policies[M]. 2ed. New York:Harper Collins,1995.

③ Huitema D, Meijerink S. Water Policy Entrepreneurs:a research companion to water transitions around the Globe[M]. Cheltenham:Edward Elgar Publishing,2009. Meijerink S, Huitema D. Policy entrepreneurs and change strategies:lessons from sixteen case studies of water transitions around the globe[J]. Ecology and Society, 2010,15(2):21.

④ Warwick F, Morison A. A government role in better environmental management[J]. Science of the Total Environment,1991,108(10):51-60.

⑤ Whitelaw G,Vaughan H,Craig B,et al. Establishing the Canadian community monitoring network[J]. Environmental Monitoring and Assessment,2003,88(1-3):409-418.

⑥ Parkins J R. De-centering environmental governance:a short history and analysis of democratic proce sses in the forest sector of Alberta,Canada[J]. Policy Science,2006,39(2):183-203.

⑦ Fauci T. Improving unsustainable water pollution governance:the case for holistic governance[J]. Pothefstroom Electronic Law Journal,2012.

⑧ Stein C,Ernston H,Barron J. A social network approach to analyzing water governance:the case of the Mkindo catchment,Tanzania[J]. Physics & Chemistry of the Earth Parts A/b/c,2011,36(14):1085-1092.

解决问题,反对化约主义的还原论以及孤立地看待问题的一种范式。"①而真正推动整体性治理理论产生巨大影响的是英国学者佩里·希克斯(Perry Hicks)。1997—2002年,希克斯通过《整体性政府》《圆桌中的治理:整体性政府的策略》和《迈向整体性治理:新的改革议程》三本著作,完成整体性治理的理论体系建构,他认为整体性治理是政府组织机构间通过充分沟通与合作,形成有效的整合与协调,彼此政策目标一致且连续,政策执行手段相互强化,达到合作无间的治理模式②。在《整体性政府》中,他分析了整体性政府产生的历史背景及其目标,指出政府组织内部的过度分化隔离与协调性缺失是大量社会问题出现的根源,并指明了政府迈向整体性这一方向。在《圆桌中的治理:整体性政府的策略》中,他认为整合不足是造成政策资源浪费和执行不连贯的主因,并将整合作为实现整体性政府的具体策略,从治理功能整合、治理层级整合、公私部门整合三个层面进行了深度分析,这一观点已成为整体性治理理论关于"整合"的经典之论。他还提出了测评整合的四个指标:强度、范围、广度和曝光度,以及整合的十大战略步骤和整合过程中容易出错的三个倾向,认为最重要的是确定整合所需要的条件、权力工具和资源渠道,确定克服障碍和风险的任务和策略,确立科学的评估系统,落实整合机构的责任机制③。在《迈向整体治理:新的改革议程》中,他将整体性政府转变为整体性治理,对整体性治理理论层面和实践层面的内容展开了系统研究,认为与整体性政府相比,整体性治理不仅强调政府内部不同组织机构间功能的整合和整体性运行,而且强调政府与其他组织间的积极合作,并指出"整体性治理的着力点在于变革碎片化(fragmentation)带来的阻力,重新建构起从输入到结果等的一系列方法,进而确立起重构任务的完整流程。④"此外,在《在二十一世纪的治理》中,他认为支撑整体性治理的是治理技术,提出要选择和配置足以达到政策一致性目标的可行、有效的工具⑤。

该理论另一代表性人物——英国学者帕特里克·邓利维(Patrick Dunlevy)赋予整体性治理更多的技术因素。邓利维在《数字时代的治理:IT公司、国家和电子政务》中认为,数字时代信息技术为整体性治理大规模应用提供了机会,使跨越不同政府层次、公众与其他部门进行交易,政府整体性运行都具备了可能性,整体性

① Dunsire A. Holistic Governance[J]. Public Policy and Administration,1990,5(1):18.

② Hicks P,Leat D,Seltzer K,et al. Towards holistic governance:the new reform agenda[M]. New York:Palgrave,2002:36.

③ Hicks P,Leat D,Seltzer K,et al. Governing in the round:strategies for holistic government[M]. London:Demos,1999:62.

④ Hicks P,Leat D,Seltzer K,et al. Towards holistic governance:the new reform agenda[M]. New York:Palgrave,2002:2.

⑤ Hicks P. Governancein the 21st Century[M]. OECD,2001:74.

治理必须充分利用和吸收信息技术的整合能力,实现网络简化和推行"一站式"服务。他将信息技术作为整体性治理的技术基础,确保政府部门高度整合,为公众提供透明无缝隙的服务和在线治理的高度统一①。

在希克斯和邓利维研究的基础上,国外其他学者展开了相关研究。例如,关于整体政府、整体性治理的概念,Tom Christensen 从结构、文化和迷思角度进行了阐释:从结构角度看,认为整体政府是有意识地进行组织设计或结构重构;从文化角度看,组织的演进过程是对内、对外压力的双向适应,并形成独特的、制度化的或非正式的规范和价值;从迷思角度看,整体政府只是一个虚饰和时髦的专业术语②。Ling 把整体政府看成一个伞概念(umbrella term),希望解决公共部门和公共服务中日益严重的"碎片化"问题③。但多数学者引用 Pollit 的定义,认为整体性治理是一种通过横向和纵向协调的思想与行动以实现预期利益的政府治理模式。关于整体政府、整体性治理产生的原因,Gregory 和 Pollitt 认为,整体政府、整体性治理是对新公共管理改革中公共部门结构性分权改革的回应④⑤,一些国家将权力下放给管制机构、公共服务机构或国有企业,导致严重的"碎片化"和自我中心主义,缺乏协调合作,影响了效益与效率⑥;另外,自然灾害、"非典"、禽流感等危机事件也是其产生原因。Hammond 认为,恐怖主义使政府各部门越发重视信息共享,以避免政策结果相互抵触⑦。关于整体性治理的组织模式,Tom Ling 归纳出内、外、上、下四个联合子集的"整体型政府"组织模式。一些学者还提出了整体性治理在公共服务中的四个作用域,即四个"what"(什么):一是同级政府中,"整合"服务发生的预期是什么?二是跨级"整合"的地方政府和中央政府的相关责任是什么?三是跨流程等级"整合"中,政策与执行的含义是什么?四是连接政府与私人部门的纽带是什么?

---

① Dunleavy P. Digital era governance:IT corporations,the state,and e-government[M]. Oxford:Oxford University Press,2006:25.

② Christensen T,Laegreid P,张丽娜,等. 后新公共管理改革:作为一种新趋势的整体政府[J]. 中国行政管理,2006(9):83-90.

③ Ling T. Delivering joined up government in the UK:dimensions, issues and problems[J]. Public Administration,2002,80 (4):615-642.

④ Gregory R. Theoretical faith and practical works:de-autonomizing and joining-up in the New Zealand State Sector[M]. London:Edward Elgar,2006

⑤ Pollitt C. Joined-up government:a survey[J]. Political Studies Review,2003,1:34-49.

⑥ Boston J,Eichbaum C. State sector reform and renewal in New Zealand:lessons for governance[J]. Global Experiences and Challenges, 2005(11):18-19.

⑦ Hammond T. Why is the intelligence community so different(difficult?) to redesign? [J]. Paper Presented at the SOG-Conference, University of British Colombia, Vancouver, 2004(6):15-17.

1.4.2 国内研究

1.4.2.1 农村公共产品供给研究

关于农村公共产品供给,多数专家学者主张由政府供给。农村公共产品的公共属性,使其供给存在"搭便车"现象,董明涛认为,在利益的驱动下,市场、第三部门等其他主体缺乏供给公共产品的动机,因此,政府责无旁贷[①]。张安毅认为,农村公共产品由政府供给契合政府职能定位,同时也是城乡融合和农业农村农民全面发展的必然要求[②]。但政府并非万能的,其供给还存在诸多问题:一方面,政府内部缺乏协同;另一方面,政府与其他主体缺乏合作。王丽娅指出,由于国家法律法规未明确规定各级政府的农村公共产品供给责任,导致上下级政府之间相互推卸责任[③]。杨志安认为,传统的政府供给责任理念、单一的政府供给主体及分税制改革实践,导致产生基层政府财政困难、环保职能缺失、权力滥用等问题,这些问题在一定程度上影响了农村公共产品的供给总量、结构及效率[④]。所以,相关研究倡导政府内部协同供给,例如,史玲建议根据农村公共产品的属性和外溢性明确分工,建立中央、省、地方、农民四位一体的农村公共产品供给体制[⑤]。

但研究并未仅停留在政府层面,一些专家学者积极探索多元主体共同供给路径。方建中认为,农村税费改革后,基层政府面临的财政压力成为严峻的挑战,摆脱困境的最佳选择是形成多元主体的协同机制[⑥];王大伟建议,构建以农民需求为核心、以政府为主导的多元主体协同供给机制及其模型框架[⑦];吴凡提出,农民参与对整个农村公共服务的供给起着至关重要的作用[⑧];范逢春通过分析政府、自治组织、私人部门、第三部门和公民五大农村公共服务主体的角色定位和行为优化模式,构建了多元主体共同治理模式[⑨];曲延春倡导建立"上下结合"的以"自下而上"

---

① 董明涛,孙钰. 我国农村公共产品供给模式选择研究:基于地区差异的视角[J]. 经济与管理研究,2010(7):110-115,128.

② 张安毅. 我国农村公共产品供给模式转变的对策思考[J]. 中州学刊,2020(9):34-38.

③ 王丽娅. 对农村公共产品供给制度的研究[J]. 金融与经济,2007(1):4.

④ 杨志安,邱国庆. 农村公共产品供给碎片化与协同治理:以辽宁省为例[J]. 长白学刊,2016(1):62-70.

⑤ 史玲. 我国农村公共产品供给主体研究[J]. 中央财经大学学报,2005(5):10-13.

⑥ 方建中,邹红. 农村公共产品供给主体的结构与行为优化[J]. 江海学刊,2006(5):101-107,239.

⑦ 王大伟. 农村公共产品协同供给机制研究[D]. 哈尔滨:哈尔滨工业大学,2010.

⑧ 吴凡. 论农村公共服务有效供给中的农民参与问题[J]. 思想战线,2013,39(S2):128-130.

⑨ 范逢春. 农村公共服务多元主体协同治理机制研究[M]. 北京:人民出版社,2014.

为主的反映农民意愿的决策方式[①];严宏、田红宇等通过分析农村公共产品供给主体多元化的理论逻辑和现实基础,提出应通过"有效市场＋有为政府",构建"政府主导、市场基础、第三方推动、农户参与"的农村公共产品供给多主体参与机制[②];张安毅建议,在政府主导农村公共产品供给的同时,鼓励农民合作社、种植大户等市场主体以及环保协会、农村社区非营利性组织辅助进行公共产品供给。为满足农村不同层次公共产品需求、解决单中心供给不足与"失灵"问题,一些研究建议将更多主体引入农村公共产品供给中[③]。然而,众多主体参与农村公共产品供给,势必带来供给职能与责任边界问题,何安华、涂圣伟敏锐地观察到这一点,指出在农村公共产品供给中存在多主体间供给区间遗漏和"碎片化"特征[④];李平原、刘海潮指出,农村公共产品供给并非想象的那么简单,让更多主体参与农村公共产品供给,极易导致"无中心"和供给失序[⑤];李蓉蓉、闫健等基于现实案例分析,发现多主体参与农村公共产品供给不仅未产生应有的治理绩效,而且造成了各自应有职能与公共责任难以有效发挥,导致出现"职责消解"现象[⑥]。

1.4.2.2 环境共治研究

相关研究集中在环境共治的必要性、共治主体、共治关系、共治途径等方面。

关于环境共治的必要性,黄德林认为,行政体系"条块分割"的现状要求构建由政府、社区、企业、环保组织和公众等全面参与的共治模式[⑦];陶国根指出,"政府失灵""市场失灵""志愿失灵"现象共存,要求新形势下推进环境治理必须共同治理[⑧];张志胜、温暖通过对农村环境问题进行溯源,提出多元共治模式是农村环境

---

① 曲延春.供给侧改革视域下的农村公共产品供给[J].行政论坛,2017,24(3):114-118.

② 严宏,田红宇,祝志勇.农村公共产品供给主体多元化:一个新政治经济学的分析视角[J].农村经济,2017(2):25-31.

③ 张安毅.我国农村公共产品供给模式转变的对策思考[J].中州学刊,2020(9):34-38.

④ 何安华,涂圣伟.农村公共产品供给主体及其边界确定:一个分析框架[J].农业经济与管理,2013(1):88-96.

⑤ 李平原,刘海潮.探析奥斯特罗姆的多中心治理理论:从政府、市场、社会多元共治的视角[J].甘肃理论学刊,2014(3):127-130.

⑥ 李蓉蓉,闫健,段萌琦.多中心治理何以失效?职责消解下的农村公共产品供给初探:基于H市三个"靠煤吃水"村庄的案例分析[J].社会科学,2022(5):97-107.

⑦ 黄德林,陈宏波,李晓琼.协同治理:创新节能减排参与机制的新思路[J].中国行政管理,2012(1):23-26.

⑧ 陶国根.生态文明建设中协同治理的困境与超越:基于利益博弈的视角[J].桂海论丛,2014,30(3):104-107.

治理的必然趋势①②。关于环境共治的主体,黄爱宝建议,实现政府与市场、企业、社会、公民个人等主体的合作治理③;涂正革等认为,公众参与能突破"自上而下"治理机制的局限,是环境治理模式的创新④;曹海林、赖慧苏剖析了公众参与的影响因素,依据公众参与的不同表现、特点和目标,将公众参与分为三种类型,即反抗型参与、政治型参与和日常型参与⑤。

关于环境共治主体之间的关系,存在平等合作与不平等两种观点:严燕、刘祖云建议发挥政府的主导作用和公众的主体作用⑥;谌杨认为,我国环境多元共治体系稳定运行需要构建"配合与协作""限制与制衡"的双规机制⑦。此外,詹国彬、陈健鹏揭示了环境多元共治模式面临的挑战,探讨了环境治理权力结构安排、政府监管的权威性和有效性、企业主体性、社会力量参与等问题⑧。

关于环境共治的途径,一般强调多种措施的综合。于水主张通过沟通对话、组织网络、技术开发和资金来源的衔接来推进生态环境共同治理⑨;李胜建议完善法律法规、创新流域产权制度、实行异地开发补偿、鼓励公民参与⑩;余敏江主张培育社会资本,促进区域环境共治⑪;李正升建议强化流域管理机构的权威,构建水污染治理生态补偿机制和科学的绩效评价体系⑫;郭进、徐盈之分析了依赖政府环境执法间接参与和通过震慑污染企业直接参与两条路径⑬,等等。

---

① 张志胜.多元共治:乡村振兴战略视域下的农村生态环境治理创新模式[J].重庆大学学报(社会科学版),2020,26(1):201-210.

② 温暖.多元共治:乡村振兴背景下的农村生态环境治理[J].云南民族大学学报(哲学社会科学版),2021,38(3):115-120.

③ 黄爱宝.生态善治目标下的生态型政府构建[J].理论探讨,2006(4):10-13.

④ 涂正革,邓辉,甘天琦.公众参与中国环境治理的逻辑:理论、实践和模式[J].华中师范大学学报(人文社会科学版),2018,57(3):49-61.

⑤ 曹海林,赖慧苏.公众环境参与:类型、研究议题及展望[J].中国人口·资源与环境,2021,31(7):116-126.

⑥ 严燕,刘祖云.风险社会理论范式下中国"环境冲突"问题及其协同治理[J].南京师大学报(社会科学版),2014(3):31-41.

⑦ 谌杨.论中国环境多元共治体系中的制衡逻辑[J].中国人口·资源与环境,2020,30(6):116-125.

⑧ 詹国彬,陈健鹏.走向环境治理的多元共治模式:现实挑战与路径选择[J].政治学研究,2020(2):65-75,127.

⑨ 于水,帖明.协同治理:推开城乡结合部生态环境治理的大门[J].环境保护,2012(16):45-47.

⑩ 李胜.构建跨行政区流域水污染协同治理机制[J].管理学刊,2012,25(3):98-101.

⑪ 余敏江.论区域生态环境协同治理的制度基础:基于社会学制度主义的分析视角[J].理论探讨,2013(2):2,13-17.

⑫ 李正升.从行政分割到协同治理:我国流域水污染治理机制创新[J].学术探索,2014(9):57-61.

⑬ 郭进,徐盈之.公众参与环境治理的逻辑、路径与效应[J].资源科学,2020,42(7):1372-1383.

1.4.2.3　农村水环境治理研究

相关研究成果集中在农村水环境污染的现状、成因、对策等方面。多数研究认为,我国农村水环境污染总体突出,局部地区呈持续恶化态势,水环境污染主要源自农业面源污染、乡镇企业污染、畜禽养殖污染和生活污水随意排放,主要影响因素包括城乡二元环境治理政策、农村水环境治理主体缺失、治理资金投入不足、农村水环境保护意识薄弱等,建议加大政府干预力度,完善农村水环境管理体制[①],以城乡统筹水环境管理体制为核心,在农村水环境治理体系中统一纳入市场化运行、经济激励、利益平衡、公众参与等机制[②],推动农村水环境管理改革创新,构建责任共担、政策引导、分区治理、考核评估、创新驱动等体系[③],以突破"单赢之困"、实现"共赢"目标[④],并从利益博弈、政府内部协同治理、公私合作、农户参与、多元共治、典型经验等视角进行深入研究。

农村水环境公共产品的特性不可避免地牵扯到多元主体间的利益纠纷。一些专家学者建议正视各利益主体的行为动机,从博弈视角探讨各主体在农村水环境治理中的责任要求和行为关系。例如,易志斌建立了地方政府环境保护投资博弈模型[⑤];杨丽霞基于农村面源污染构建了政府和农户的博弈模型[⑥];杜焱强、苏时鹏等分析了政府—企业间的不完全信息动态均衡和政府—企业—公众间的不完全信息静态均衡[⑦];许玲燕等运用演化博弈理论验证了政企联合行动保障农户利益有利于农村水环境质量提升[⑧];等等。

针对我国农村水环境管理机构不健全、职能交叉、条块分割、管理单薄等问题,部分专家学者建议加强政府内部协同治理。例如,张铁亮提出,要完善机构设置,

① 宋国君,冯时,王资峰,等.中国农村水环境管理体制建设[J].环境保护,2009(9):26-29.

② 郑开元,李雪松.基于公共物品理论的农村水环境治理机制研究[J].生态经济,2012(3):162-165.

③ 王夏晖,王波,吕文魁.我国农村水环境管理体制机制改革创新的若干建议[J].环境保护,2014,42(15):20-24.

④ 叶子涵,朱志平.农村水环境污染及其治理:"单赢"之困与"共赢"之法[J].农村经济,2019(8):96-102.

⑤ 易志斌.地方政府竞争的博弈行为与流域水环境保护[J].经济问题,2011(1):60-64.

⑥ 杨丽霞.农村面源污染治理中政府监管与农户环保行为的博弈分析[J].生态经济,2014,30(5):127-130.

⑦ 杜焱强,苏时鹏,孙小霞.农村水环境治理的非合作博弈均衡分析[J].资源开发与市场,2015,31(3):321-326.

⑧ 许玲燕,杜建国,汪文丽.农村水环境治理行动的演化博弈分析[J].中国人口·资源与环境,2017,27(5):17-26.

实现水质水量统一管理,推进流域协调统一管理[1];范彬建议,建立统筹治理的责任体系和以县域为最小单元的区域统筹组织实施体系[2];伍伟星、张可主张通过立法形成职责分明、共同参与、协调合作的管理机制[3];冯永斌基于乡村振兴战略背景,提出要健全农村水环境管理体系,明确政府牵头部门、配合部门的水环境治理职责,并打破基层单位固有管理思维,把农村水环境治理任务逐级分解至基层行政管理部门[4];钱丹华建议,建立健全农村水环境管理体制,明确市、县、乡镇各级政府的农村水环境治理统筹监管职能,并加强横向职能部门之间的沟通协调,督促各司其职、协同合作[5]。

在公私合作方面,谢菲提出,由政府强制主导转向利益诱导为主的需求型方式[6];伍伟星、张可建议,在农村污水处理、生活垃圾处理项目中引入民营资本,使其通过独资、合资合作、资产收购、政府购买服务等方式参与农村污水处理[7]。针对当前农村水环境治理引入政府和社会资本合作模式(pubblic-private-partnership,PPP)存在的问题,王亦宁提出,要充分考虑农村水环境项目与其他农村产业项目的关联性,跳出单纯的"融资思维",合理运用"打包策略",健全公共服务购买模式,完善价格形成机制、优惠政策支持,提高整体收益能力,推动专业化、准市场化的运作[8]。针对我国水环境PPP项目在角色认知、考核指标、利益回报、规范性合同等方面存在的发展困难,李敬锁、辛德树提出,要加大培训,科学设计绩效考核指标,健全利益回报机制[9];矫旭东、李雨凡等研究了国内外农村水环境市场化治理经验,提出要引入PPP模式采用"项目打包策略"配套解决农村水环境治理难题,推动构建农村水环境市场化治理机制[10]。

在农户参与方面,牛坤在认为,实现乡村社会公共事务的有效治理,必然要求农户参与环境污染治理[11];林剑婷等认为,环境不正义导致我国农村水环境问题的

① 张铁亮,周其文,赵玉杰,等.我国农村水环境管理体制现状、问题及改革建议[J].农业环境与发展,2011,28(6):37-40.

② 范彬.统筹管理、综合治理突破农村水污染治理难题[J].环境保护,2014,42(15):15-19.

③ 伍伟星,张可.广西农村水环境污染模式及其治理对策[J].水利经济,2015,33(2):37-42,77.

④ 冯永斌.乡村振兴战略背景下农村水环境综合整治策略分析[J].河南农业,2019(26):35-36.

⑤ 钱丹华.协同治理视角下的农村水环境治理机制研究:以江苏省为例[J].湖北农业科学,2019,58(13):19-23.

⑥ 谢菲.中国农村水环境现状及管理政策研究[J].安徽农业科学,2015,43(33):312-314.

⑦ 伍伟星,张可.广西农村水环境污染模式及其治理对策[J].水利经济,2015,33(2):37-42,77.

⑧ 王亦宁.农村水环境治理引入PPP模式的初步思考[J].水利发展研究,2017,17(11):69-71,97.

⑨ 李敬锁,辛德树.水环境治理PPP项目的困境及其对策[J].中国水利,2018(1):15-17.

⑩ 矫旭东,李雨凡,杜欢政.农村水环境治理市场化机制研究[J].南方农村,2019,35(3):46-50,55.

⑪ 牛坤在.农村环境污染治理中公众参与问题研究[J].天津农业科学,2019,25(1):72-74,82.

产生,最根本的应对措施应该是促进城乡环境公正和实现农民的环境权[1];毛馨敏等指出,社会资本能显著促进农户参与环境治理的意愿,影响农户参与环境治理意愿的因素依次为社会规范>制度信任>人际信任>关系网络[2];马鹏超、朱玉春通过对江苏农村地区公众参与水环境治理的实地调查,将农村水环境治理的公众参与分为决策型、管护型、改善型及监督型四种类型,并深入剖析和比较了四种类型所对应的典型参与模式,认为要持续吸引公众有效参与,需实现政府主导与公众参与的有效融合、政府权力与公众权利的良性互动、正式与非正式途径的适度平衡[3];刘叶等基于计划行为理论框架,构建了农户参与农村水环境治理意愿 SEM模型,并对其影响因素进行实证分析,建议充分发挥农户主体作用,提高整体治理效果,减少"搭便车"问题[4]。

在多元共治方面,陈晓宏等基于利益相关者理论,划分了政府、农村社区居民、社会力量三个利益群体,发现政府主导对减轻农村水污染起关键作用,社会力量和农村社区也能发挥明显作用[5];于潇、孙小霞提出,要在地方政府主导下,构建治理网络,调节利益,整合资源,改善农村水环境[6];王俊敏认为,农村水环境治理需要政府、企业和农村居民等社会各方共同努力[7];王亦宁建议,理清各相关方责、权、利关系,完善政府主导作用,发挥农民群众主体作用,引导社会力量广泛参与,切实把国家政策宏观引导、地方政府中观层面组织控制以及农村社区微观层面具体实施结合起来,实现生态效益、经济效益和社会效益的统一[8];刘亦楠基于奥尔森集体行动理论分析我国农村水环境治理问题,认为农村水环境治理作为一种公共产品,迫切需要地方政府、企业、村民共同参与,但在参与过程中各主体为实现各自利益容易产生"搭便车"行为,因此,应健全完善激励机制,激发地方政府、企业和村民

① 林剑婷,田贵良.农村发展中水环境管理的农户参与机制设计[J].商业文化(上半月),2012(3):92-93.

② 毛馨敏,黄森慰,王翊嘉.社会资本对农户参与环境治理意愿的影响:基于福建农村环境连片整治项目的调查[J].石家庄铁道大学学报(社会科学版),2019,13(1):40-47..

③ 马鹏超,朱玉春.河长制推行中农村水环境治理的公众参与模式研究[J].华中农业大学学报(社会科学版),2020(4):29-36,175.

④ 刘叶,王军,张尚洁,等.白洋淀流域农村水环境治理农户参与意愿研究:以安新县 PPP 项目为例[J].天津农业科学,2021,27(11):58-65.

⑤ 陈晓宏,陈栋为,陈伯浩,等.农村水污染治理驱动因素的利益相关者识别[J].生态环境学报,2011,20(Z2):1273-1277.

⑥ 于潇,孙小霞,郑逸芳,等.农村水环境网络治理思路分析[J].生态经济,2015,31(5):5.

⑦ 王俊敏.农村水环境问题探讨及建议[J].现代经济探讨,2016(2):5.

⑧ 王亦宁.对健全农村水环境综合治理机制的思考和建议[J].水利发展研究,2020,20(2):21-29,39.

的活力,实现农村水环境治理的多元参与①;汪菊认为,农村水环境问题具有"公共性",地方政府应承担治理主体责任,但地方政府能力有限,难以解决所有的农村水环境问题,建议形成多元共治的农村水环境治理模式,使其他主体与地方政府共同开展治理行动,并提出明晰多元共治目标、明确多元主体职责、优化共治运行机制等对策建议②;刘永红、李凤伟认为,农村水环境治理是一项复杂的系统工程,环境的公共产品属性以及污染治理的复杂性,要求建立多元主体共同参与的网络系统,并基于网络化治理视角,从价值目标、主体职责、机制保障三方面分析农村水环境治理面临的困境,提出要培育多元共治理念,明晰主体治理权责,健全网络治理机制③;甘黎黎、帅清华认为,多元主体间尽管有主导与非主导之分,但彼此之间地位平等,政府作为推动者、引导者和服务者,需在平等协商基础上,超脱原有区域观念、行政级别观念,积极引导其他主体参与农村水环境治理④。

在治理的典型经验方面,李文杰认为,澳大利亚农村水管理体制机制比较完善,已建成责任明晰、执行有力、高效运作的农村水环境治理体系,并取得良好效果,建议借鉴分析澳大利亚的相关经验,健全政府与企业之间的利益协调机制、完善农村水环境管理体制机制运行模式,建立一套完整的农村水环境管理法律体系⑤;吴迪、张薇薇等认为,农村水环境治理是一项重要的公益事业,需要强有力的资金保障,并综合考虑地理位置、经济发展水平、水资源禀赋、行业特点等因素,选取浙江、上海、广东、北京、湖北、安徽、四川等地,深入调研农村饮用水水源保护、河道整治、生活污水处理等情况,在此基础上,梳理当前农村水环境治理投融资模式,总结投融资机制建设的经验、做法,以及存在的问题与不足,建议健全农村水环境治理投入保障制度、创新投融资机制⑥;李肇桀、王亦宁综合考虑工作基础、类型领域、特色代表性等因素,选取浙江丽水、上海嘉定、云南大理、湖南临澧四个典型案例地区,总结经验教训,基于国家总体形势和政策要求,提出健全责任体系、强化全民参与、发挥社会资本作用、实施治理保护并重等对策建议⑦。

① 刘亦楠.农村水环境治理研究:基于奥尔森的集体行动理论[J].湖北农业科学,2020,59(11):186-190.

② 汪菊.多元共治视角下农村水环境治理路径研究[J].湖北农业科学,2022,61(4):171-175.

③ 刘永红,李凤伟.农村水环境污染的网络化治理研究[J].湖北农业科学,2022,61(3):211-215,221.

④ 甘黎黎,帅清华.我国农村水环境污染及协同治理对策[J].安徽农学通报,2021,27(24):109-111,136.

⑤ 李文杰.农村水环境管理体制机制创新:基于澳大利亚经验与本土视角[J].世界农业,2016(10):181-185.

⑥ 吴迪,张薇薇,王亦宁,等.典型地区农村水环境治理投融资模式及经验启示[J].中国水利,2018(12):61-64.

⑦ 李肇桀,王亦宁.典型地区农村水环境保护治理经验启示[J].水利发展研究,2020,20(6):1-4.

1.4.2.4 整体性治理研究

国内早期整体性治理研究侧重引入式研究,重点研究阐释整体性治理理论来源、基本概念、主要内容、核心要义、应用机制等内容。最早系统研究整体性治理的代表人物是我国学者彭锦鹏,他把整体性治理表述为全观型治理,认为全观型治理追求的是问题的预防和完整、快速、高效能地解决及坚持结果导向,关注的是解决人民关心的问题,这不仅需要政治、经济和社会有相当高的发展程度,如高度发展的电子化政府,跨越政府层级鸿沟,将数量庞大的行政机关单位联结起来为民众提供整体性服务,还需要一个主动积极的公民社会持续而有力地进行政治参与和行政参与①。竺乾威精要阐述了整体性治理理论的来源、兴起、变革、功能要素、内容,认为新公共管理和整体性治理在终极目标上都是追求更快、更好、成本更低地为公众提供公共服务②。韩兆柱认为,整体性治理理论批判了新公共管理效率至上的"管理主义"倾向,强调政府的社会管理和公共服务职能,要求聚焦公众需求和公众服务,把民主价值和公共利益摆在首位,通过协调、整合的方法促使公共服务的各个主体紧密合作③。曾凡军认为,整体性治理是一种全新的治理模式,是以满足公民需求为治理理念,以信息技术为治理手段,以协调、整合和责任为治理策略,促使各种治理主体协调一致,实现治理层级、治理功能、公私部门整合及"碎片化"的责任机制和信息系统的整合,充分体现包容性和整合性的政府组织运作模式,并从结构、制度和人际关系层面建构了整体性治理的协调机制④。还有学者探讨了整体性治理的应用机制,高建华提出,沟通机制是整体性治理应用机制的前提和基础,通过合作对话交流,扩大合作空间,增强合作意愿;利益分享和补偿机制是整体性治理整合的关键要素,通过利益分享和利益补偿,弥补不同行动者合作过程中的利益损失,增强不同行动者积极合作的意愿;诱导机制是促使行动者主动参与和积极表达公共事务治理的全过程,它能激发行动者的利益需求,让合作者体验到合作带来的各种好处⑤。

近年来,一些专家学者运用整体性治理理论尝试解决大部制改革、整体性政府建设、跨域治理、府际博弈关系、公共服务"碎片化"治理等现实问题,在环境治理领域也展开了相关研究。李胜认为,整体性治理理论是一种以整体性为取向的治理

① 彭锦鹏. 全观型治理:理论与制度化策略[J]. 政治科学论丛,2005(23):61-99.
② 竺乾威. 从新公共管理到整体性治理[J]. 中国行政管理,2008(10):52-58.
③ 韩兆柱,杨洋. 新公共管理、无缝隙政府和整体性治理的范式比较[J]. 学习论坛,2012,28(12):57-60.
④ 曾凡军. 基于整体性治理的政府组织协调机制研究[D]. 武汉:武汉大学,2010.
⑤ 高建华. 论整体性治理的合作协调机制构建[J]. 人民论坛,2010(26):302-303.

理论,其最大价值在于旗帜鲜明地反对"碎片化",重视政府管理公共性和责任性的回归,主张围绕使命从顶层设计组织结构,赞成预防性、整合性、改变文化和结果导向,倡导政府组织内部的结构、权力的重新调整与协同合作,并鼓励其他主体发挥积极作用,努力寻求多元主体之间的平衡与协同,使政府跨越层级、部门、主体分裂导致的功能障碍,不断适应复杂环境的变化和全局战略的需要,更好地为人民提供服务①。贾晓烨针对流域生态环境治理观念、功能、信息、绩效评估"碎片化"等现实困境,建议明晰不同层级流域治理的责任分摊机制、推进流域政府跨部门间功能整合机制、完善流域生态环境公私信任合作机制②。詹国辉运用整体性治理理论诠释跨域水环境治理问题,针对面临的主体信任、权责对等、合作协调等"碎片化"困境,以长江流域"河长制"为例,分析建构出信任机制、维护与整合机制、协调机制、反馈机制"四位一体"的整体性治理路径③。丁超以扬中市水环境治理为研究对象,从治理理念、治理主体、治理资金、治理考核等方面剖析了扬中水环境治理中存在的治理"碎片化"问题,认为治理理念偏离治理目标、治理主体权责不明晰、治理资金整合不充分、信息机制建设不完善、考核机制不健全等是其主要影响因素,为破解"碎片化"困境,建议树立整体性治理理念、建立多元化供给机制、统筹资金管理、完善督查考核,推动实现水环境"整体性"治理的发展目标④。康军以延吉市环境治理为例,从价值理念、政府权责结构、协调机制、信息等方面深入分析了存在的"碎片化"问题,并从认知因素、体制因素、机制因素、信息因素等方面剖析了这些问题的生成原因,提出要转变政府治理理念、完善环境治理结构、坚持多方参与治理、加大现代化技术水平的应用⑤。谷贺结合北沙河流域生态环境污染案例,分析了辽阳市生态环境治理过程中存在的问题及其原因,借鉴国内外生态环境整体性治理先进经验,提出了建立以公众需求为导向的整体性治理理念、推进多元治理主体协调配合、构建整体性治理保障机制、综合运用现代化治理手段等对策建议⑥。杨志云指出,流域水环境问题在很大程度上归因于"条块分割"的"碎片化权威"体制,这类体制存在内在的高昂交易成本,无法契合流域整体性治理的要求,因此,应寻求整合机制创新重塑流域水环境治理体系,降低部门之间或地区之间的沟通协

① 李胜. 超大城市突发环境事件管理碎片化及整体性治理研究[J]. 中国人口·资源与环境,2017,27(12):88-96.

② 贾晓烨. 流域生态环境整体性治理机制研究[D]. 福州:福建师范大学,2017.

③ 詹国辉. 跨域水环境、河长制与整体性治理[J]. 学习与实践,2018(03):66-74.

④ 丁超. 扬中市水环境治理的碎片化及整体性治理对策研究[D]. 镇江:江苏大学,2020.

⑤ 康军. 整体性治理理论视域下县级政府环境治理"碎片化"问题研究:以延吉市为例[D]. 延吉市:延边大学,2021.

⑥ 谷贺. 整体性治理视角下辽阳市生态环境治理问题及对策研究[D]. 长春市:吉林大学,2021.

调成本①。张诚、刘旭从主体、目标、内容、过程四个方面指出了农村人居环境整治面临的严重的"碎片化"问题,认为以专业分工为基础的组织体制、项目制供给方式、运动式推进机制是引发"碎片化"问题的内在根源,建议基于整体性治理理论,关注公众环境需求,搭建环境合作网络,建立沟通整合机制,引入现代信息技术和培育互信合作文化②。郑泽宇、陈德敏分析了农村环境治理中的行政型治理、市场型治理、社区型治理三种模式,认为这三种模式缺少协调性与统一性的治理逻辑,呈现出价值目标异化、资源禀赋不足、政策支持不足、社会资本整合不足等"碎片化"问题,并借鉴整体性治理理论注重协同、整合与信任机制建设的治理思路,从目标、组织、市场、社会四个维度提出对策建议,认为在目标维度上要建立价值协同机制和诱导动员机制,凝聚农村主体价值目标;在组织维度上要优化政策供给靶向,推动跨界联动式治理;在市场维度上要健全农村环境治理市场体系,通过市场杠杆配置农村环境要素与资源;在社会维度上要整合农村新型社会资本,培育农村主体参与环境治理的内生动力③;等等。

1.4.3　研究述评

1.4.3.1　国外对农村水环境治理的研究相对较少

国外在公共产品供给、环境共治、水环境治理等领域形成了较丰富的研究成果。相关研究立足于公共产品供给、环境共治、水环境治理实践,倡导由传统政府干预、市场主导等单一主体供给或治理模式向政府、私人部门、非营利组织等多中心供给模式或治理模式转变,这无疑对我国农村水环境共治模式研究具有指导作用,但其研究成果根植于西方社会环境,特别是城市或流域水环境治理实践,且在研究方法上多从微观的具体情境、具体问题着手,未形成整体性的农村水环境共治理论体系。

1.4.3.2　国内对农村水环境治理的研究深度还不够

虽然我国农村水环境治理研究成果日渐丰富,但关于农村水环境共治模式的

① 杨志云.流域水环境治理体系整合机制创新及其限度:从"碎片化权威"到"整体性治理"[J].北京行政学院学报,2022(2):63-72.

② 张诚,刘旭.农村人居环境整治的碎片化困境与整体性治理[J].农村经济,2022(2):72-80.

③ 郑泽宇,陈德敏.整体性治理视角下农村环境治理模式的发展路径探析[J].云南民族大学学报(哲学社会科学版),2022,39(2):128-136.

研究还不够深入,主要表现在:一是缺乏系统研究和定量研究。相关研究侧重农村水环境污染现状、成因、对策等的陈述,对农村水环境共治模式尚未形成系统性的科学认知,对政府、市场、公众等治理主体的行为特征和利益博弈分析不够深刻,且较少系统研究农村水环境政府内部协同治理目标、任务、机制、绩效等问题,定量评价模型和协同治理绩效评价研究尤显不够,对公私合作适用范围、私人投资者选择、风险成本预测以及农户参与需求、影响因素、机制等问题的研究不够,缺乏实证分析和定量研究。二是运用治理理论特别是公共管理领域的前沿理论进行理论研究和案例分析较少,亟需采用新的理论工具对农村水环境政府内部协同治理、公私合作、农户参与等问题进行整体性研究和案例分析。

1.4.3.3　农村水环境整体性治理研究较少

国外整体性治理理论研究虽形成了比较完善的理论体系,但未超越西方国家既定的政治和行政体制,极大地制约了该理论在实践层面的应用空间。国内学者侧重对该理论的介绍和宏观论述,多从"计划—市场"的经济发展范式关注整体性治理,陷入"国家—社会—市场"的宏大理论叙事,忽视从微观层面分析维持整体性治理有效的制度逻辑,未充分反思该理论在推动治理现代化过程中存在的限度,未理顺政府职能和职责关系,未建立权责匹配的治理场域[①]。此外,虽然整体性治理理论引入我国之后在某些领域包括环境治理领域取得了一些成果,但相比之下,在农村水环境治理领域的应用研究有所不足。梳理相关文献发现,专门研究农村水环境整体性治理的学术论文较少,一般直接将整体性治理理论运用于农村水环境治理中,主要针对农村水环境治理中存在的问题,如治理主体、决策制定、决策执行、决策评估"碎片化"等问题,提出农村水环境整体性治理方案,建议构建良好的整体性治理宏观环境,推动央地政府之间、多部门之间、政府与社会之间合作治理。相关文献未深入研究应然与实然之间的偏差,忽视了整体性治理理论与农村水环境治理的理论契合分析。

综上,本书以整体性治理理论为研究视角,系统深入研究我国农村水环境治理问题,探讨分析我国农村水环境治理模式的转型之路,尝试构建符合国情的农村水环境共治模式。

---

① 周兴妍.整体性治理:一种"中国之治"的分析视角[J].云南行政学院学报,2021,23(6):53-61.

1.5　研究范围及研究内容

1.5.1　研究范围

农村水环境治理的发展趋势是多元共治。这些治理主体不仅包括各级政府及其相关职能部门,而且包括乡镇排污企业、水环境治理企业、村民自治组织、社会组织、农户、社会公众、新闻媒体、高校、科研院所、中介机构、金融机构等非政府主体,政府内外部主体之间形成了错综复杂的网络式治理结构。为了简化研究,本书基于利益相关者理论,聚焦政府、私人部门、农户三类核心主体,构建"政府主导、市场主力、农户主体"的"三主"共治体系,深入研究探讨政府内部协同治理及公私合作、农户参与等政府外部合作治理问题。同时,鉴于各主体具有不同的价值判断、利益需求和社会资源,在农村水环境治理中保持着竞争、合作、制衡等多种关系,本书仅探讨政府内部、政府与外部私人部门、农户之间的协同合作关系,并结合我国农村水环境治理属性,突出强调政府在农村水环境治理中的主导地位和协调整合作用,选取典型地区进行案例分析。

1.5.2　研究内容

本书基于整体性治理理论,围绕政府、私人部门和农户三类核心主体,从政府内部协同治理和政府外部合作治理两个维度研究农村水环境共治模式。同时考虑该模式的应用性,结合安徽省农村水环境治理实践进行案例分析。主要研究内容有:

(1) 整体性治理理论与农村水环境共治模式设计。首先,系统梳理归纳整体性治理理论的基本观点,深入剖析我国农村水环境治理现状及存在的"棘手性"难题、"碎片化"问题,并研究探讨整体性治理理论与我国农村水环境治理的契合性。然后,根据利益相关者理论,梳理出政府、私人部门、农户三类核心主体,分析农村水环境治理属性及其共治机理。最后,基于整体性治理理论,从共治博弈分析、政府内部协同治理和政府外部合作治理层面设计农村水环境共治模式框架。

(2) 农村水环境共治的博弈分析。把握政府、私人部门、农户三类核心主体的行为特征,建立政府各主体之间、政府与私人部门之间、政府与农户之间的博弈模型。通过对博弈主体与博弈模型结果的分析,分别研究共治博弈对政府内部协同治理和政府外部合作治理的影响,为农村水环境共治模式优化设计提供依据。

(3) 农村水环境政府内部协同治理研究。首先,阐述农村水环境政府内部协同治理的基本原理,明确政府在农村水环境治理中的主要职责以及农村水环境政府内部协同治理的内涵、特性、目标、任务。然后,借鉴整体性治理理论中治理层级整合、治理功能整合等知识,从动力机制、整合机制、保障机制三个层面优化设计农村水环境政府内部协同治理机制。在此基础上,借鉴平衡计分卡的核心思想,从资源投入、协同运行、协同产出、价值实现维度,构建农村水环境政府内部协同治理绩效评价指标体系和基于熵权可拓物元的绩效评价模型,并进行实证分析,为政府内部协同治理机制的有效运行提供绩效评价工具。

(4) 农村水环境政府外部合作治理研究。主要从公私合作、农户参与两个维度进行研究。在公私合作部分,分析公私合作的原理、动因、条件和困境,优化设计公私合作机制,具体包括准入退出机制、协调整合机制、利益平衡机制、风险分担机制、信任监管机制。重点构建基于多目标模糊决策的私人投资者选择模型,运用蒙特卡罗模拟预测公私合作项目全寿命周期风险成本。在农户参与部分,分析农户参与的内涵、现状,运用二元 Logistic 模型和决策树模型,从支付意愿视角探讨农户参与的影响因素,并进行调研分析。在此基础上,优化设计农户参与机制。

(5) 案例分析。以安徽省农村水环境治理实践为例,分析该省农村水环境治理现状及其"棘手性"难题、"碎片化"问题,从政府内部协同治理、公私合作、农户参与层面,有针对性地为该省提出农村水环境共治对策建议。

1.6 研究方法和技术路线

1.6.1 研究方法

(1) 文献分析法。通过检索、分析和总结国内外有关文献,力求清晰把握整体性治理理论的核心思想,厘清整体性治理、农村水环境治理相关概念、内涵和分析框架,为本研究奠定理论基础,同时全面分析现有研究的不足,找出本书的研究内容和切入点。对我国农村水环境共治模式进行重点考察,通过归纳分析和系统研究,得出相关可借鉴的经验和启示。

（2）数理模型法。采用数理模型,建立政府内部各主体、政府与私人部门、政府与农户之间的博弈模型,分析农村水环境治理三类核心主体的行为特征。

（3）定量分析法。基于熵权可拓物元模型评价农村水环境政府内部协同治理绩效;基于多目标模糊决策模型优选私人投资者;运用蒙特卡罗模拟预测公私合作项目全寿命周期风险成本;运用二元 Logistic 模型和决策树模型,从支付意愿视角对影响农户参与的主要因素进行实证分析。

（4）案例分析法。结合安徽省农村水环境治理实践,对农村水环境政府内部协同治理、公私合作、农户参与等进行研究,展现农村水环境共治模式优化设计的全过程,为改善安徽省农村水环境质量和"皖美安徽"建设提供理论参考。

1.6.2 技术路线

本书研究的技术路线图如图 1-2 所示。

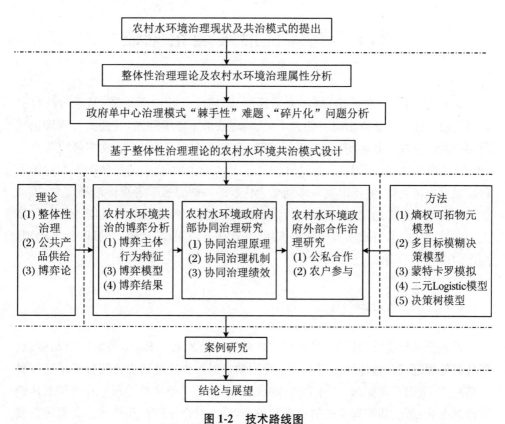

图 1-2　技术路线图

第 2 章　整体性治理理论与农村水环境共治模式设计

整体性治理理论中协调、整合等理论观点能为我国农村水环境治理"棘手性"难题、"碎片化"问题提供破解路径和优化策略。本章首先阐述整体性治理理论的主要内容,然后分析我国农村水环境治理现状及存在的"棘手性"难题和"碎片化"问题,最后以整体性治理理论为理论工具探索构建农村水环境共治模式框架。

2.1　整体性治理理论概述

20 世纪 90 年代中后期,面对大量跨界、跨域的公共治理难题,基于传统官僚制理论的治理模式暴露出应对能力不足、治理效果不佳等问题,新公共管理理论也因过于强调公共服务市场化、分工化、竞争性和管理主义至上,造成多部门各自为政,陷入"碎片化"治理困境。在这样的背景下,以英国为代表的一些西方发达国家和以佩里·希克斯、帕特里克·邓利维为代表的一些专家学者重塑治理理念,推动整体性治理理论应运而生。整体性治理理论一经提出,就迅速在英国、新西兰、澳大利亚等国的公共行政实践中得到应用,并形成了协同政府、横向治理、整体治理、协作治理等实践模式。

2.1.1　兴起缘由

回顾公共行政发展历程,最具代表性的治理范式有三种,即传统官僚制范式、新公共管理范式和整体性治理范式。我国学者彭锦鹏通过列表比较分析了这三种治理范式,全面系统梳理了它们之间的区别(表 2-1)。整体性治理范式就是对传统官僚制范式、新公共管理范式的反思和扬弃,也是对合作理论和整体主义思维的复兴和发展。

表 2-1　公共行政三种范式的比较

比较维度	传统官僚制 （19世纪80年代以前）	新公共管理 （1980—2000）	整体性治理 （2000年以后）
管理理念	公共部门形态的管理	私人部门形态的管理	公私合伙/央地结合
运作原则	功能性分工	政府功能部分整合	政府整合型运作
组织形态	层级节制	直接专业管理	网络式服务
核心关怀	依法行政	运作标准绩效指标	满足公众需求
成果检验	注重投入	注重产出	注重结果
权力运作	集权	分权	授权
财务运作	公务预算	竞争	整合型预算
文官规范	法律规范	纪律与节约	公务伦理/价值
运作资源	大量运用人力	信息科技	网络治理
服务项目	多种服务	强化中央能力	整合解决公众生活
时代特征	摸索改进	引入竞争机制	需求、科技、资源整合

资料来源：彭锦鹏.全观型治理：理论与制度化策略[J].政治科学论丛,2005,23(3):60-100.

2.1.1.1　传统官僚制范式的式微

传统官僚制强调运用等级、权威、专门化、规则化等治理工具。韦伯认为，官僚制是最为理想的行政组织形式，层次分明、责权明确、分工合理是其基本特征。官僚制在工业化时代的生产管理中具有较强的适用性，但随着经济增长放缓或经济发展不稳定情况的出现，组织流程分割、部门本位主义、低效公共服务等弊端也十分突出。政府不得不缩减机构规模，压缩财政开支，特别是20世纪七八十年代，西方国家财政无法支持巨大的福利支出，导致公共服务困难，因此，让多方行动者参与政府管理成为国家的一种选择。整体性治理理论能解决官僚制下部门分工和层级分化造成的公共服务与管理中的问题转嫁、目标冲突、沟通缺乏、各自为政、服务性较弱等问题，但该理论并不否定官僚制结构，从本质看，整体性治理尚未脱离科层制的既有范式。

2.1.1.2　新公共管理范式的反思

20世纪70年代末80年代初，西方发达国家掀起了一场"新公共管理运动"。该运动强调"效率""公平"和"效益"，绩效、成本、效能、顾客回应性、分权、授权、竞争等是其价值追求，私有化、分权化等市场化方法是其基本特征，改革的重点是公共部门市场化、专业化、重视顾客满意度，其突破性的变革在于大量建立执行机构或半自治性的分散机构来负责公共项目的执行和公共服务的提供①。新公共管理可以通过竞争机制提高公共服务供给质量和水平，但也容易忽视跨部门合作与联系，逐渐累积形成碎片化的制度结构②。整体性治理理论直接回应了新公共管理改革结构性分化缺陷，吸收其合理因子，主张从部分走向整体、从分散走向集中、从破碎走向整合。

2.1.1.3　合作理论和整体主义思维的复兴

在经济学影响下，公共管理研究曾经奉行个体主义思维，忽视整体主义思维。在现代社会，自然灾害、环境污染等各种公共治理问题呈现出复杂性和棘手性，要解决这类问题仅依靠单一政府主体是无法实现的，尤其是信息技术的迅猛发展和风险社会的来临，给政府治理带来了新的挑战。

在这种背景下，吸取了社会资本理论、多中心治理理论等精髓的合作理论和整体主义思维得到复兴。如社会资本理论认为，社会资本能促使组织成员为共同利益彼此信任合作、协调行动，提高社会效率，降低交易成本③。又如，多中心治理理论主张，多元主体通过相互博弈、调适、合作等形成协作式的公共事务组织模式，有效推进公共事务管理，供给优质公共服务④。整体性治理理论着眼于政府与社会各类组织包括私人部门和非营利部门的合作，借助信息技术优势，建立跨组织的、将整个社会治理机构联合起来的治理结构，克服政府组织内部的部门主义、各自为政的弊病，调整社会和市场的横向关系，发挥政府的战略协作与统筹服务作用，构建一种政府与市场、社会通力合作、运转协调的治理网络。

2.1.2　问题指向

2.1.2.1　"棘手性"难题

整体性治理的前提假设是有大量整合性问题，这类问题即为"棘手性"难题（wicked problems）。希克斯等人指出，"棘手"是指一种跨越了多个部门边界，以致

---

① 谭海波，蔡立辉. 论"碎片化"政府管理模式及其改革路径："整体型政府"的分析视角[J]. 社会科学，2010(8)：12-18，187.

② Horton S，Farnham D. Public administration in Britain[M]. London：Macmillan Press Ltd.，1999：251.

③ 帕特南. 使民主运转起来[M]. 王列，赖海铭，译. 南昌：江西人民出版社，2001.

④ 麦金尼斯. 多中心体制与地方公共经济[M]. 毛寿龙，译. 上海：三联出版社，2000.

没有单一部门能独自轻易解决的问题①。Helen Sullivan 和 Chris Skelcher 认为，"棘手性"难题涉及多方参与者和多种组织的权限范围，亦被称作"相互交错的议题"（cross-cuting issues）。

根据 Lynelle Briggs 的观点，"棘手性"难题具有以下特征：① 内涵、外延的界定存在很大分歧；② 问题与解决方案互相交织，互相影响，且问题无边界，没有哪个部门能单独处理；③ 与其他问题交织在一起，解决过程中常带来其他问题；④ 问题不稳定，非常复杂，没有切实的解决方案。Jake Chapman 等也分析了"棘手性"难题的基本特征，即：① 不适宜其他领域常规的理性决策流程；② 机构之间、利益相关者之间或不同群体之间存在深刻的分歧，分歧源于使用不同的视角、范式或框架观察解决问题；③ 无边界，没有哪个部门能单独处理，非常复杂，源于对复杂的人类行为系统的预测变得不可能②。国内相关研究认为，可从以下三个方面判断公共问题是否"棘手"：一是公共问题的非结构化，即公共问题内部结构混乱，问题的解决只有"相对较好"的方案，没有"绝对正确"的方案；二是公共问题的价值冲突性，即问题涉及多个利益相关者，多个利益相关者存在多个相互冲突的价值；三是公共问题的不确定性，即问题的解决方案、利益相关者的构成不断变化，对问题的预测变得不可能③。

2.1.2.2 "碎片化"问题

所谓"碎片化"（fragmentation），顾名思义，是指完整的东西破成零碎的片或块，是一种分割、零散的状态。最早对"碎片化"问题的研究见于 20 世纪 80 年代的后现代主义文献中。后工业时代，"碎片化"的趋势已体现在社会的方方面面，相关研究已深入政治学、行政学、社会学等诸多领域。在政治学领域，"碎片化"一般指国土或者国家认同出现分裂。在社会学领域，"碎片化"一般聚焦于社会阶层的断裂和分割。在行政学领域，"碎片化"是对地方政府数量庞大、功能交叉、边界模糊、缺乏协同的形象称谓④，特指不同层级政府之间、政府部门之间以及政府和社会组织之间的治理破碎，难以形成合力，在遇到共同问题时，沟通不畅、协调不足、合作不够，导致预期行政目标不能实现等困境⑤。希克斯认为，从功能方面，"碎片化"的治理存在转嫁问题、互相冲突的项目缺乏恰当的干预或者干预结果不理想、重

---

① Hicks P，Leat D，Seltzer K，et al. Towards holistic governance：the new reform agenda[M]. London：Palgrave Press，2002：34.

② Chapman J，et al. Connecting the dots. 2009(7)：15-37. www. demos. co. uk.

③ 韩小凤. 我国老年福利供给的碎片化及整体性治理[D]. 济南：山东大学，2018.

④ 罗思东. 美国地方政府体制的"碎片化"评析[J]. 经济社会体制比较，2005(4)：106-110.

⑤ 唐兴盛. 政府"碎片化"：问题、根源与治理路径[J]. 北京行政学院学报，2014(5)：52-56.

复、互相冲突的目标在对需要做出反应时各自为政等问题,这些问题正是治理中需要通过整体性运作想要并能够解决的问题①。

2.1.3　核心要义

整体性治理理论的核心理念是满足公众整体需求,关键内核在于解决治理主体单一、组织结构分割、组织功能重叠、公共服务真空等"碎片化"问题。它强调治理层级、功能、主体、工具、技术等多方面的整合,构建基于协同、合作与整合的整体性治理框架和政府运行模式。

2.1.3.1　以公共利益为治理导向

整体性治理理论把满足公众需求作为一切治理活动的逻辑起点,为实现社会公共利益的最大化和对社会公共问题的善治,强调从公共政策制定、组织架构、用户选择等层面提出整合目标。整体性治理致力于为复杂且高度分散的治理机构和治理层次寻求共同的目标——为要求越来越严格、鉴赏力越来越独特的公众提供更高质量的服务②。整体性治理的根本目标是提供优质公共服务,一般通过相互独立的政府部门与层级的行政要素整合,以及政府与私人部门、社会组织的资源整合实现公共管理目标③。为提供优质公共服务,各公共管理主体之间需持续进行资源交换与共享,构建政府与社会的良性互动机制④。

2.1.3.2　以协调、整合和信任为治理机制

1. 协调是整体性治理的首要概念

协调是实现整体性治理的前提。作为政府管理的重要职能之一,协调非常必要。一方面,随着现代经济社会的发展,政府机构虽屡次精简,但实际结果是政府机构和人员进一步膨胀,纵向各级政府之间和横向各职能部门之间迫切需要加强协调。另一方面,各类组织和公民的自主性、独立性不断增强,社会治理需要协调不同利益主体的关系。在传统政府治理模式下,以专业分工、功能分割、层级节制为特征的"碎片化"管理使各政府主体之间、政府和私人部门之间陷入协调困境。

① Hicks P. Towards holistic governance:the new reform agenda[M]. New York:Palgrave,2002:48.
② Laugharne P J. Towards holistic governance(book review)[J]. Democratization ,2004(3):165.
③ 蔡立辉,龚鸣.整体政府:分割模式的一场管理革命[J].学术研究,2010(5):33-42,159.
④ 曾维和.西方"整体政府"改革:理论、实践及启示[J].公共管理学报,2008(4):62-69,125.

希克斯认为，协调是解决"碎片化"问题和实现社会"有机团结"的必要条件，是政府机构间为发展联合性和整体性工作，联合信息系统、机构间对话、共同规划和决策过程。整体性治理中的协调具体包括对行动者和整个组织之间合作关系的协调，以及行动者之间的利益协调。

2. 整合是整体性治理的另一重要概念

整合是在协调基础上，明确合作目标，通过组织调整、公众参与等多种途径，达成一致行动，整体性回应公众需求。整体性治理中的整合包括治理层级、治理功能、公私部门三个层面的整合（图 2-1）。治理层级整合是指纵向的地方政府、区域政府、中央政府，乃至全球性的国际组织之间的整合。治理功能整合是指横向政府职能部门的功能性整合。公私部门整合是指在政府部门和私人部门、志愿组织之间建立伙伴关系①。整体性治理理论构建了三维立体整合模型（图 2-2），该模型说明，任何复杂而棘手的公共问题要想得到根本有效解决，都应当放置于多时空结构、多种方式、多元主体参与的整体性治理图景中。

图 2-1　整体性治理的三个策略

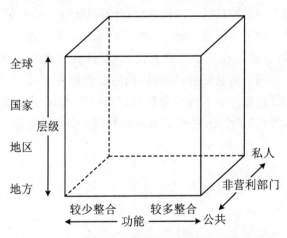

图 2-2　三维立体的整体性治理整合模型

---

① Hicks P. Towards holistic governance：the new reform agenda[M]. New York：Palgrave，2002.

3. 信任是整体性治理的保障性因素

信任是实现协调、整合的前提和基础。如果难以建立信任关系,政府内外各主体就无法有效协调整合,即使强制合作,由于缺乏信任,也因此容易出现合作不稳定、合作模式单一、合作内容不深入等问题。信任是确保整体性治理可持续的重要因素。整体性治理要求政府重视社会公众的参与,对社会公众的需求保持敏感。一旦社会公众对政府的信任遭受破坏,他们就会普遍采取不信任策略,使得政府的协调和整合面临诸多困境。因此,希克斯提出要加强信任培育:一是适时与其他机构对话并充分考虑其运作问题;二是需要出现不仅具有合法性而且还掌握信息资源及具备良好沟通能力的"新领导者和英雄";三是管理者需要能够容忍跨界运作无法确定的安全风险;四是减少跨界运作控制性的管理,较少监督人员的行动,让人拥有更多的发挥主观能动性的机会。

2.1.3.3　以信息技术为治理工具

现代信息技术的发展既加速了电子政务改革进程,又打破了官僚制下政府与社会之间的信息壁垒。信息技术作为政府重要的治理工具,已成为国家治理体系和治理能力现代化的重要支撑。信息技术的发展为整体性治理提供了技术保障。邓利维认为,在现代官僚组织中,以电子技术为基础的信息系统的地位和作用日益突出,信息技术已成为公共服务系统变革的中心;信息技术的使用不断扩大,使政府内部组织机构日益变得扁平化;计算机能建立一个更加可接触的组织记忆,能产生一种获取更多信息的潜力,并能提高组织做出决定的能力;大多数政策的变革意味着信息技术及其系统的变化[1]。整体性治理要求共享知识、传递信息,增进各供给主体间的信息互换,形成协同的联合服务方式[2]。整体性治理把信息技术作为治理手段,整合不同的信息技术,建立单一的中央数据库,简化基础性网络程序和步骤,实行"在线治理"模式及政府行政业务和流程彻底透明化、整合化的无缝隙服务[3]。

---

① Leavy P D. Digital era governance:IT corporations, the state, and e-government[M]. Oxford:Oxford University Press,2006:57.

② 张立荣,曾维和. 当代西方"整体政府"公共服务模式及其借鉴[J]. 中国行政管理,2008(7):108-111.

③ 曾凡军. 基于整体性治理的政府组织协调机制研究[D]. 武汉:武汉大学,2010.

2.1.3.4 以目标和手段的关系为判断标准

根据"目标"与"手段"之间的关系,希克斯比较分析了几种类型的政府治理模式(图 2-3):一是治理目标与治理工具相互冲突的贵族式政府;二是治理目标相互冲突、治理工具相互增强的渐进式政府;三是治理工具相互冲突、治理目标相互增强的碎片式政府;四是治理目标和治理工具既不相互冲突也不相互增强的协同型政府;五是治理目标和治理工具两者相互增强的整体性政府。整体性治理理论认为,前三种模式已不合时宜,虽然协同型政府作为新政府形态符合政府行政改革现实和未来发展方向,但还需通过强力整合向整体性政府迈进。

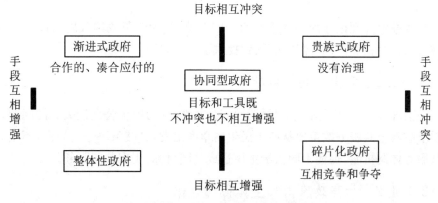

图 2-3 五种不同类型的政府治理模式

总之,与传统碎片化治理相比,整体性治理一方面要克服政府内部的部门主义、各自为政、视野狭隘等弊病,有效应对涉及政府不同层级、不同部门、不同政策范围的复杂问题,另一方面政府要协调好与市场主体、社会主体的横向关系,构建运转协调的政府、市场、社会合作的治理网络(表 2-2)。

表 2-2 碎片化治理和整体性治理两种治理模式比较

比较维度	碎片化治理模式	整体性治理模式
治理价值导向	区域利益、部门利益	公共利益、公共责任
组织设计原则	围绕功能	围绕使命
治理体制机制	条块分割、各自为政	整合、合作、协同一致
机制运行方式	命令控制、政治动员	沟通、协调
治理权力	集权与分权并存	增强中央权威
治理过程	事中	事前、事中、事后全过程

续表

比较维度	碎片化治理模式	整体性治理模式
治理信息	信息孤岛	信息共享
政府与其他治理主体的关系	主从关系	伙伴关系
时代特征	摸着石头过河	强调顶层设计

资料来源:李胜.超大城市突发环境事件管理碎片化及整体性治理研究[J].中国人口·资源与环境,2017,27(12):88-96.

2.1.4　借鉴意义

整体性治理理论作为一种政府治理的新范式,为改革我国政府行政管理体制和破解长期存在的治理"碎片化"问题提供了新的思路。

2.1.4.1　突出公共利益导向

在治理理念上,整体性治理强调回归公共性,着力解决公众最关心的问题。这就要求政府公共服务改革要从改善民生的角度出发,打破条块分割局面,不断完善公共服务体制机制,促使不同供给主体达成共同目标,实现共同服务。

2.1.4.2　加强政府内外主体协同合作

整体性治理注重治理层级整合、治理功能整合和公私部门整合,强调坚持政府主导地位,充分发挥市场和社会力量的积极作用,最大限度地调动政府外部主体合作参与公共事务管理,共同提升公共服务的品质与效率。

2.1.4.3　围绕总体目标进行组织形式创新

整体性治理并不否认官僚制组织结构的功能作用,针对机构重叠、职能交叉、政出多门等现象,主张围绕特定目标,协调整合组织结构,在组织形式上更加注重整体利益。

整体性治理理论对农村水环境治理具有重要的启示意义。农村水环境治理涉及众多治理主体,各主体之间存在着错综复杂的利益博弈,需借鉴整体性治理思维,加强协调整合,建立良好的信任关系,统筹规划、优化配置相对分散的资金、信息、技术等资源,切实提升农村水环境治理绩效,最终实现农村水环境"善治"。本书运用整体性治理理论,深入研究农村水环境治理中的"棘手性"难题和"碎片化"问题并寻求破解之策。

2.2　我国农村水环境治理的历史与现状分析

2.2.1　我国农村水环境治理的历史演进

现有研究侧重宏观梳理中国环保政策或农村环境治理情况,例如,个别文献分析了改革开放三十年来(1978—2008)我国环保政策的演变,并将环保政策划分为四个演变阶段[1];还有文献分析了改革开放以来(1978—2015)我国农村环境治理四个演进阶段的变迁逻辑[2],将农村环境治理(1949—2015)划分为五个演变阶段[3];有的文献把我国农村环境治理划分为被动起步(1949—1972)、主动调整(1972—1990)、完善强化(1990—2010)、全面深入(2010 至今)四个演进阶段[4]。目前,我国农村水环境治理研究集中在农村水环境污染现状、成因、治理存在的问题及对策建议等方面,对我国农村水环境治理的历史进程进行系统分析的文献较少。农村水环境质量与农村经济社会发展、农民生活水平的提高密切相关。新中国成立以来,我国农村水环境治理经历了从无到有、从单向到综合、从区域到整体的过程。本书将从农村水环境污染视角分析我国农村水环境治理的历史进程。

2.2.1.1　农村水环境污染初期(1958—1978)

新中国成立之初,国家百废待兴,其工作重心是恢复和发展国民经济,农村在某种程度上成为支持城市重工业发展的原材料基地和污染避难所。自 1958 年起,国家鼓励发展“五小工业”,农村局部地区出现水环境污染,但那时的主流观点是“社会主义没有污染”,所以,水环境治理政策,特别是专门针对农村水环境治理的政策鲜见。直至 1972 年,在国际环保运动的影响下,我国才从国家层面开展实质性的水环境治理行动,其中代表性的行动就是对官厅水库污染的治理,该项治理拉开了“社会主义环境保护”的帷幕,国家开始重视水污染问题,并确立防治污染的

① 周宏春,季曦. 改革开放三十年中国环境保护政策演变[J]. 南京大学学报(哲学·人文科学·社会科学版),2009,45(1):31-40,143.

② 闵继胜. 改革开放以来农村环境治理的变迁[J]. 改革,2016(3):84-93.

③ 王西琴,李蕊舟,李兆捷. 我国农村环境政策变迁:回顾、挑战与展望[J]. 现代管理科学,2015(10):28-30.

④ 林龙飞,李睿,陈传波. 从污染“避难所”到绿色“主战场”:中国农村环境治理 70 年[J]. 干旱区资源与环境,2020,34(7):30-36.

32字方针。总体而言,这一时期的水环境治理处于起步阶段,农村水环境治理并未提上议事日程。

2.2.1.2 农村水环境污染蔓延和凸显期(1979—1997)

这一阶段,家庭联产承包责任制极大地调动了广大农民的生产积极性,农村经济超常规发展。国家取消了农产品统购派购制度,农产品价格由市场调节,乡镇企业有所发展,农业农村经济稳定增长。党的十四大后,农村改革全面深化,农村市场经济体制进一步完善,农村经济实现加速发展。但这一时期以牺牲农村生态环境为代价的发展模式没有得到根本扭转,随着农业生产力、乡镇企业等的快速发展,农村水环境污染开始蔓延和凸显,国家出台了《关于加强农村环境保护工作的意见》《关于发展生态农业,加强农业生态环境保护工作的意见》等多项涉农环保政策法规,初步建立起了农村环境治理的政策法规框架。然而,囿于城乡二元的环境治理政策,上述政策未能阻止水环境污染在我国农村的持续扩散,农村水环境治理逐渐被提上日程,政策上重点关注农药、化肥、农膜等带来的水环境污染问题。

2.2.1.3 农村水环境污染加剧和积重期(1998—2012)

这一时期,我国农村改革与发展进入新时期。国家从经济发展全局出发,对农业和农村经济结构进行战略性调整,尤其是党的十六大后,提出要深化农村税费改革,统筹城乡经济社会发展,建设现代农业,发展农村经济,增加农民收入,推进社会主义新农村建设。在农村环境治理领域,党的十五届三中全会提出,要改善农村生态环境;《国家环境保护"十五"计划》要求积极发展生态农业,控制农村面源污染。但这一时期投资驱动型经济步入高速发展期,地方政府热衷于发展工业和招商引资,农村水环境治理基本上处于失控失管状态。党的十六届五中全会做出"社会主义新农村建设"的重大决定,国家开始对新农村环境进行全方位的治理,扭转城乡不对等地位、更加注重农村生态环境保护成为普遍认知。党的十七大把建设"生态文明"作为实现全面建设小康社会奋斗目标的新要求,并出台了《关于加强农村环境保护工作的意见》,要求充分认识加强农村环境保护的重要性和紧迫性,坚持以人为本、城乡统筹、以农村环境保护优化经济增长,这标志着农村环境治理已被正式纳入经济社会发展的核心议题,地方政府开始着力解决突出的农村环境问题,在农村环境综合整治中一并推进农村水环境治理。

2.2.1.4 农村水环境污染综合治理机遇期(2013至今)

党的十八大以来,中央从宏观战略层面把农村环境治理(含水环境治理)摆在经济社会发展的突出位置,全方位、宽领域、多层级对农村环境污染进行综合治理。在治理架构上,形成了农村环境治理的"四梁八柱","中央一号"文件持续关注农村环境治理,国家相继颁布了《关于开展"美丽乡村"创建活动的意见》《关于改善农村人居环境的指导意见》《生态文明体制改革总体方案》等政策文件。在治理理念上,凸显"生态共同体意识",强调非政府组织、绿色团体、高校、环保企业等社会组织协同支持农村绿色发展,治理模式由政府担责向社会共治分责过渡。在治理内容上,坚决打好农村污染防治攻坚战的"组合拳"频出。党的十九大提出"乡村振兴战略",并将"生态宜居"作为重要目标之一;《全国农村环境综合整治"十三五"规划》对农村环境进行长远规划治理;《农村人居环境整治三年行动方案》推进"厕所革命"和农村生活垃圾、生活污水治理、村容村貌提升;《农业农村污染治理攻坚战行动计划》要求"补齐农业农村生态环境保护突出短板。2021 年 11 月以来,国家密集出台《农村人居环境整治提升五年行动方案(2021—2025 年)》《农业农村污染治理攻坚战行动方案(2021—2025 年)》《"十四五"推进农业农村现代化规划》《"十四五"土壤、地下水和农村生态环境保护规划》等政策文件。在监督方式上,倡导社会公众监督,严格责任追究制度,发布《党政领导干部生态环境损害责任追究办法(试行)》,传统的以污染农村水环境换取"金山银山"的做法得到矫正。

2.2.2 我国农村水环境治理的实践成效

2.2.2.1 治理成绩

1. 农村水环境治理职能不断健全

1971 年,我国成立国家计委环境保护办公室,在政府机构名称中首次出现"环境保护"字样。1974 年,国家成立国务院环境保护领导小组,正式走出我国环境保护的第一步;1982 年,国家成立城乡建设环境保护部,内设环境保护局,农村环境保护是其重要职能之一;1984 年,环境保护局更名为国家环境保护局,并于 1988 年升格为国务院直属局,农村环境治理的权责与职能进一步优化;2008 年,成立环境保护部,与农业部协同负责农村环境治理工作;2018 年,组建生态环境部,相关职能由农业部划至生态环境部,农村环境治理的权责更加明晰,职能更加突出。伴随着我国环保机构从"小机构"到"大部门"的多次变革,我国农村水环境治理职能也不断健全完善。

2. 农村水环境治理政策逐步完善

农村水环境治理职能不断健全,推动农村水环境治理形成了由国家"元政策"为主导、各部委"基本政策"为主体、地方"具体政策"为补充的政策体系。国家"元政策"包括有关法律规范和历年颁布的"中央一号"文件,从顶层设计角度为农村水环境治理指明总的方向。各部委"基本政策"是指生态环境部、农业农村部等部委单独或联合出台的农村环境治理政策,旨在进一步明确农村水环境治理的核心目标、主要原则与关键实施路径。地方"具体政策"是指因地制宜制定的地方环境治理规范条例,目的是畅通农村水环境治理的"最后一公里"。

3. 农村水环境治理成效日益彰显

"十三五"期间,全国有 15 万个行政村完成农村环境综合整治,超额完成目标。全国行政村生活垃圾处置体系覆盖率达到 90％以上,农村垃圾围村现象得到明显改善。化肥、农药利用率逐步提高,2020 年我国主要农作物化肥、农药利用率分别为 40.2％、40.6％。农村改水、改厕稳步推进,截至 2021 年底,全国农村卫生厕所普及率超过 70％,其中,东部地区、中西部城市近郊区等有基础、有条件的地区普及率超过 90％。农村生活污水治理取得进展,2018—2020 年,全国村庄污水处理公用设施投资从 226.2 亿元提高到 352.4 亿元,增加 55.8％,人均污水处理公用设施投资从 32.8 元提高到 52.2 元,提高 59.2％,农村和城市投资强度的差距在逐步缩小。

2.2.2.2 治理经验

1. 遵循渐进式治理原则

新中国成立后很长一段时间,国家未认识到传统农村的地位和价值,重视发展城市重工业,优先开展城市水环境治理。"小康不小康,关键看老乡。"随着经济社会的快速发展,传统农村的地位和价值逐渐获得尊重,农村水环境治理也随之被逐渐重视,国家和地方政府有步骤、有重点、分阶段在农村环境整治中一并推进水环境治理。例如,在实施农村人居环境整治三年行动之后,又启动了五年提升行动,进一步夯实工作基础,深化实践路径,提出到 2025 年农村人居环境显著改善,生态宜居美丽乡村建设取得新进步。

具体来讲,在总体目标上,推动村庄环境干净整洁向美丽宜居升级;在重点任务上,从全面推开向整体提升迈进;在保障措施上,从探索建立机制向促进长治长效深化。纵观农村水环境治理渐进式演进全过程,在每个阶段都有相应的治理重点,总体与经济社会发展保持同步。

2. 注重发挥政府主导作用

一方面,加强顶层设计,发布中央"一号文件",国家相关部委跟进出台涉农环境法规政策,加固农村水环境治理的"四梁八柱"。另一方面,地方政府尤其是基层政府在农村水环境治理中发挥着引导、动员、协调、监督等作用。

政府作为农村水环境治理的核心主体,既是治理成本的主要承担者,也是多元治理体系的构建者,扮演了"掌舵人"和"划桨人"的双重角色。政府在加大农村水环境治理财政支持力度、逐步提高农村环保支出占公共财政环保支出比例的同时,还需要加强与社会资本的合作,设计和监督 PPP 模式,并支持引导社会组织、广大农户、社会公众共同参与农村水环境治理。

3. 倡导因地制宜创新治理模式

地方政府积极创新,探索出了一些典型治理模式。例如,浙江的"五水共治"模式,政府深入动员部署、细化明确任务、强化责任担当;企业提高排放标准,通过异地搬迁、技术改进、产品转型、企业兼并重组、强化管理等手段控制污染物排放量;人民群众捐资投劳,做好志愿服务,参与监督;媒体曝光问题、正面引导、教化民众,营造全民治水的良好氛围。又如,云南的"洱海模式",主要通过转变种养方式等措施抓好区域内农业农村面源污染治理,同时配合实施产业结构调整、截污治污、生态修复等工程,全面提高洱海水环境质量。再如,湖北松滋"农村水环境安全保护模式",坚持制度先行,形成完善成熟的制度体系,将工作责任层层分解;划定流域内水源保护禁养区,实行最严格的监督管理;增加资金投入,设立专门的环境保护基金,建立农村生态环境保护资金管理的长效机制;加强宣传教育,提高农村居民参与饮用水水源地保护的积极性和主动性。

2.2.3 我国农村水环境治理存在的问题及原因分析

农村水环境治理是一项长期的系统工程,在城乡分割的二元结构体制尚未从根本上改变、经济发展与环境保护的矛盾尚未完全化解的情况下,我国农村水环境治理任重道远,依然面临"棘手性"难题和"碎片化"问题。

2.2.3.1 "棘手性"难题

关于我国农村水环境治理模式,有专家学者认为主要包括政府直接管理、村民自发(市场)管理和介于两者之间的合作管理三种类型①,或者包括政府治理、公民社会治理、平行治理、网络化治理四种途径②,但总体上,我国实行的是国家统一管理与地方分级管理相结合、生态环境部门统一监管与分部门管理相结合的政府单中心属地管理模式(图2-4)。该模式分工明确,合理划分了各级政府的职责,统一监管与分部门管理相结合,有利于资源整合、优势互补。但在实践中,政府既要制定农村水环境治理政策标准、加大资金投入,又要负责收集农村水环境污染信息、发出削减污染指令、供给水环境治理公共服务,而理应成为治理主体的乡镇企业、畜禽养殖户、广大农户等被视为污染者,处于被管理的地位,环保组织等其他社会力量也未得到充分重视,政府内部各治理主体目标分散冲突、政府与非政府主体协同不够、农户参与度不足等,使农村水环境治理成为一个典型的"棘手性"难题。跨部门、跨区域、跨层级的特征使农村水环境治理相当"棘手",迫切需要政府内部各主体协同治理,政府与非政府主体密切合作,共同推进农村水环境整体性治理。

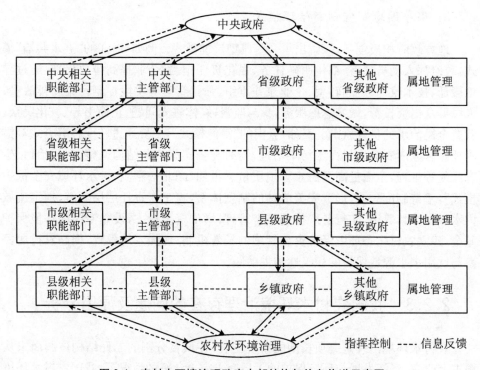

图2-4　农村水环境治理政府内部结构与信息传递示意图

①　宋国君,冯时,王资峰,等.中国农村水环境管理体制建设[J].环境保护,2009(9):26-29.
②　于潇,孙小霞,郑逸芳,等.农村水环境网络治理思路分析[J].生态经济,2015,31(5):150-154.

2.2.3.2 "碎片化"问题

1. 治理理念"碎片化"

治理理念作为价值支撑决定着治理成效。农村水环境治理效果不佳的认识论和方法论根源在于缺乏整体性治理思维。主要表现在：一是"面"上"撒胡椒面"式治理，即从"面"上同步开展农村垃圾污水治理、改水改厕、水渠清淤、道路硬化、村庄绿化等工作；二是"点"上"蜻蜓点水"式治理，即对农村某类污染源或局部区域单独进行治理，比如农村生活污水、畜禽养殖污染等治理。这两种"碎片化"、运动式的治理方式缺乏科学的治理规划，虽然短期内能改善农村水环境质量，但忽视了农村水环境治理的系统性和整体性。

此外，各地方政府之间，受经济发展水平影响，习惯于权宜性地在刺激经济增长和治理农村水环境污染之间做出偏重取舍，往往在农村水环境污染严重或面临社会公众压力后才介入治理，政绩导向和"应激性"特征比较明显。

2. 治理主体"碎片化"

农村水环境治理主体"碎片化"，主要表现在多元主体虽然一定程度参与农村水环境治理，但都未切实承担起治理责任和建立紧密联系的协同合作关系。

（1）从政府主体来看，存在治理层级、治理功能的"碎片化"问题

治理层级的"碎片化"主要表现在中央政府与地方政府、各级地方政府之间缺乏协同以及基层环保力量薄弱等问题上。一方面，由于中央部委在制定政策时的调研工作不可能面面俱到，信息传输"层级壁垒"必然导致中央部委有关政策不同程度的与基层实际脱节。另一方面，中央、省、市、县、乡镇各级政府事权不清晰、目标不一致，导致在农村水环境治理过程中呈现出"碎片化"特征。尤其是乡镇基层政府，由于财力有限、基础设施供给不足、公共服务供给短缺，陷入治理"悬浮化"与村治"空心化"的境遇①。

在后税费时代，乡镇基层政府面对农村水环境污染，"有责任无权力，有任务无资金"。治理功能的"碎片化"主要表现在同级地方政府之间和同一政府相关职能部门之间缺乏协同。《中华人民共和国环境保护法》虽规定地方各级人民政府应当对本行政区域的环境质量负责，但实际上，为获得更多的财政自由和更高的职位，

---

① 耿国阶，王亚群. 城乡关系视角下乡村治理演变的逻辑：1949—2019[J]. 中国农村观察，2019(6)：19-31.

理性的经济型政府及其官员展开了恶性竞争,在农村水环境治理上持消极观望态度。在同级地方政府之间,受制于"政治晋升锦标赛体制"和"目标责任制",地方政府在面临经济下行压力和环境污染压力时,发展经济依然是现实选择①。在同一政府内部,生态环境、农业农村、住建、城管、水利、乡村振兴、自然资源、卫生健康、财政、发改委等部门,在现行条块管理体制下,存在职能交叉、资源浪费、责任推诿等现象,出台的政策往往只针对各自领域,"多龙治水",难以发挥整体治理效果。2018年政府机构改革,相关部门环境管理职能进一步明确。例如,规定生态环境部门负责农村生态环境改善,农业农村部门牵头组织改善农村人居环境,住房城乡建设部门牵头推进农村垃圾治理,水利部门指导河湖水生态保护与修复,但实践中相关职能部门之间职责边界仍需进一步明晰。

尤其需要指出的是,在现行管理体制下,基层生态环境部门虽然承担了大量的环境管理职责,但无法获得充分的治理资源,加上生态环境部门与其他部门在行政级别上是平行的,导致生态环境部门发挥不了实质性作用。

此外,当前的农村水环境治理多采用项目制组织模式,即在某一阶段相关部门组成项目组对特定水环境污染进行集中整治,任务结束后项目组解散,其治理效果具有暂时性,难以形成常态长效机制。

最后,从执法层面看,农村执法权力界定不明晰,基层政府、生态环境、农业农村、公安等部门环境执法权力既有交叉又有冲突,如生活垃圾、生活污水等农村地区积重难返的环境问题,一直没有得到有效监管执法和妥善解决。

(2)从私人部门来看,与政府部门的合作还不够充分

农村水环境作为公共物品,具有消费的非竞争性和非排他性,农村水环境治理的公共物品属性,使其治理收益远低于治理投入,很难以较低成本实现"选择性进入",私人部门参与农村水环境治理的动力不足。目前,农村水环境治理公私合作并不理想,存在诸多困境。农村水环境治理项目不具备收费条件,近乎纯公益性质,地方政府财力有限、投入不足,多数水环境治理企业不愿参与。已合作的一些项目缺乏强有力的监督约束机制,项目建设和运营维护不规范,影响效益发挥。一些地方政府对合作项目缺乏监督管理,重项目引进、轻绩效考核,重融资、轻运营,重短期利益、轻长远可持续发展,合作过程中将治理责任甩给私人部门,未形成合理的合作方案特别是风险分担方案,使一些投资于农村水环境治理的环保企业"吃尽苦头"。如财政部第三批国家级示范PPP项目——海南琼中某农村污水处理项

---

① 盛明科,李代明.地方生态治理支出规模与官员晋升的关系研究:基于市级面板数据的结论[J].中国行政管理,2018(4):128-134.

目,总投资 13 亿元,在公私合作"蜜月期"后,出现已建项目未验收、其他项目建设未完成、运营费用捉襟见肘等现象,导致政企合作可能宣告流产①。此外,利益协调机制不健全。在合作过程中,一些地方政府名义上加强监督管理,实际上插手水环境治理企业营运,在收益分配上缺乏契约精神,不愿过多给予企业经济回报,有的甚至想"搭顺风车",分享企业经营效益,这直接影响企业参与农村水环境治理的积极性。

(3) 从村民自治组织和农户个人来看,参与治理的程度不高

近年来,随着城乡流动的加快和农民收入的增加,以村委会为代表的自治组织自治权威不断下降,尤其在农村税费改革后,受制度、资金、技术等条件限制,村委会往往对农村水环境治理"有心无力"。农户作为重要成员,参与农村水环境治理的程度也严重不足。我国现行的农村水环境管理体制是一种自上而下、层层分解指标的行政化体制,农村水环境治理大多由各级政府按照各自意愿来实施,难以切实反映广大农户对水环境污染的治理需求偏好。受传统观念、文化素质、经济能力等因素的影响,农户片面追求经济效益,对农村水环境污染带来的危害认识不够,所以,随意排放生活垃圾、污水,过量使用化肥、农药,其不良生产生活习惯加剧农村水环境污染。此外,农户缺少参与治理的内生动力和筹资投劳的热情,相比于长远的农村水环境治理收益,他们对近期经济回报的需求更加迫切,加之政府宣传教育引导不够、激励约束机制缺失,在收入不断提高的同时,农户参与水环境治理的意识依然不强,参与模式也比较单一,通常是被动参与或操纵式参与,有时甚至把治理责任推给政府,或对农村水环境保护政策、治理措施、治理技术采取反对和抵制行动。在农村环境治理中,主要采用项目制方式,从"发包""打包"到"抓包",国家部门、地方政府与村庄形成了"自上而下"的控制逻辑和"自下而上"反控制逻辑②的双重链条,社会组织和民众缺乏自主性③,从项目开发到环境决策再到项目实施基本上都是"政府说了算",农村居民环境治理参与空间被挤压④。这就导致在遭遇环境危害时,农村居民只能采取激进或默许的态度,在"参与爆炸"和"参与冷淡"之间游离⑤,难以借助组织渠道表达自身诉求。

① 黄思卓. 计划投资 13 亿,海南琼中国家级示范 PPP 项目缘何暂停? [EB/OL]. (2021-01-12). https://www.huanbao-world.com/a/quanguo/hainan/173554.html

② 折晓叶,陈婴婴. 项目制的分级运作机制和治理逻辑:对"项目进村"案例的社会学分析[J]. 中国社会科学,2011(4):126-148,223.

③ 吴月. 治理取向、项目制与社会组织发展:一项经验研究[J]. 人文杂志,2019(5):119-128.

④ 李咏梅. 农村生态环境治理中的公众参与度探析[J]. 农村经济,2015(12):94-99.

⑤ 詹国彬,陈健鹏. 走向环境治理的多元共治模式:现实挑战与路径选择[J]. 政治学研究,2020(2):65-75,127.

此外,养殖户、乡镇企业等追求经济利益最大化,往往消极、被动参与农村水环境治理。农村环保组织数量少、组织松散,环境治理作用发挥有限。

3. 治理政策"碎片化"

囿于农村水环境治理在城乡二元发展格局中长期处于次要地位的现实背景,用于维系农村水环境治理的政策供给普遍存在滞后性。和城市相比,广大农村生活污水排放管网等基础设施仍处于欠缺状态,农村现有的生活污水治理设施水平仍难以应对日益增强的水环境污染负荷。

《国家乡村振兴战略规划(2018—2022)》《农村人居环境整治三年行动方案》《全国农村环境综合整治"十三五"规划》《"十四五"规划和2035年远景目标纲要》等政策文件,虽为农村水环境治理提供了丰厚的政策土壤,但相关政策供给仍集中在国家大政方针和部委政策文件层面,缺少针对农村水环境治理的专项法律法规,关于农村水环境治理的规定散见于《中华人民共和国环境保护法》《中华人民共和国农业法》《中华人民共和国水污染防治法》《中华人民共和国土壤污染防治法》等有限的法律条文中。从内容上看,仅零星条款涉及农村水环境治理规制问题,对农药化肥使用以及发展畜禽养殖场、水产养殖场等容易造成面源污染行为的规制过于原则性,对工业污染源仍采用"末端控制"模式,对环保"三同时"制度、环境影响评价制度以及对农村水环境各治理主体的职责责任、水环境污染违法主体的惩罚等未明确规定。《水污染防治行动计划》《土壤污染防治行动计划》暂时还无法对农村水环境治理起到全面覆盖的功效。

在缺少国家法律法规的背景下,地方政府立法积极性也不高,农村水环境治理规制散见于地方生活垃圾分类、畜禽养殖、工业污染防治的相关条例规章中,缺乏可操作性的地方政策法规。例如,农村生活污水处理,多数地方无相关政策法规对污水处理设施建设、运维、改造、监管等做出明确规定。此外,农村水环境治理政策也呈现出碎片化特征,不同部门制定农村水环境治理政策缺少沟通协调,政出多门导致相互矛盾冲突、缺少统一的具有权威性的治理依据和有效的治理标准。

4. 治理内容"碎片化"

农村水环境污染是土壤污染、养殖污染、生活污染、工业污染、城市转移污染等多种污染综合而成的结果,其治理内容不仅包括处理和解决这些污染,还包括建设水环境治理设施、提高农户水环境保护素养、加强宣传教育、完善规章制度、建立水环境保护标准等,只有进行整体性治理,才能彻底解决农村水环境污染问题。而当前一般采用项目制方式,主要由中央和地方政府提供治理资金,推动基层建设农村水环境治理项目、提供农村水环境治理公共服务。这种方式虽在一定程度上能改善农村水环境质量,但也存在项目内容单一、资金使用缺少灵活性、水环境治理服务与农户需求之间存在差距、忽视农村水环境治理的系统性和综合性等诸多问题,导致农村水环境治理内容"碎片化",无法从根本上解决农村水环境污染。

5. 治理过程"碎片化"

农村水环境治理不仅需要在时间上将长期目标与短期目标相结合,而且还需要在实践上实现政策制定、执行、监督、评估、改进的统一。在农村水环境治理过程中,基层政府一般采取"运动式治理"方式,即在某一时间段突击开展农村水环境治理,而后则恢复正常。同时,往往比较重视水环境治理政策的制定和执行,而对政策监督、评估、反馈和改进等关注不够,对农村水环境污染问题发生的根源未进行深刻反思,并总结经验教训。

6. 治理信息"碎片化"

信息不完全、不对称和不准确直接影响农村水环境治理决策的准确性、及时性、连续性。目前,我国农村水环境治理信息化程度远落后于城市,主要表现在以下两个方面:一是政府内部出现"信息孤岛""信息壁垒"问题,无论是纵向各级政府,还是横向政府相关职能部门,分散割裂的数据信息难以织成统一的大数据网,治理信息呈"碎片化"状态;二是政府与社会信息共享平台缺乏,农村水环境治理大数据平台建设滞后,私人部门、农户等主体与政府互动缺乏网络平台和信息共享平台,治理信息互通与资源共享存在障碍。

2.2.3.3 原因分析

农村水环境治理是以实现公共利益最大化,引入多元社会主体共同参与,依法引导和规范治理事务、社会组织和社会生活有序运行的综合性系统工程,各主体治理目标异质化、治理结构功能"离散化"及治理方法简单化是导致农村水环境治理"碎片化"问题的主要原因。

1. 治理主体目标异质化

治理主体目标异质化的根源:一是工具理性和价值理性的冲突;二是部门利益化。工具理性是指以工具崇拜和技术主义为价值理念,追求治理效率最大化;价值理性是指以公共利益为核心,将满足人民群众日益增长的多样化需求作为治理出发点。两者相辅相成,前者为后者的实现提供工具和技术支撑,后者为前者的存在和发挥提供目标。有效的农村水环境治理应该是两者的统一。

农村水环境治理理念"碎片化"问题表现在工具理性抑制着价值理性。在传统科层制下,农村水环境治理以计划手段为管控工具,通过规范的处置程序,提高政府对农村水环境治理的可预测性和可控性,效率成为衡量政府管理成效的主要标准之一,但过分地强调工具理性容易忽视长远利益和公共利益。

进入新时代,我国社会主要矛盾已发生根本转变,一些基层政府依旧停留在管控层次,强调效率的工具理性,工具理性与以公共利益为核心的价值理性相冲突,导致农村水环境治理主体目标的异质化。同时,社会化分工使得不同治理主体拥有相对独立的功能和利益。农村水环境治理涉及众多治理主体,各主体在治理过程中对治理目标有着部门利益化色彩的个性理解,淡化了"公共利益责任",无法凝聚有效的治理合力,从而产生了治理"碎片化"问题。

2. 治理结构功能离散化

当前,我国农村水环境治理权责仍然集中于政府部门,这种传统的行政管理模式虽然充分发挥了"集中力量办大事的优势",但在一定程度上挤压了社会自治力量的生存空间。

目前,农村水环境治理领域尚未形成成熟的多元共治格局,尽管近年来理论界和实务界积极倡导多中心治理模式,但社会力量还难以与政府协同共治。政府习惯于"大包大揽",受传统"大政府、小社会"社会管理理念和模式的影响,社会自治力量难以成长,其他治理主体,如乡村社会组织发育不足,乡镇企业缺乏社会责任和投资意愿,农户的环保价值观念也尚未成型,政府与社会组织之间依旧维持着"强政府—弱社会"的权力关系格局,致使"中心—边缘"治理结构难以打破,整个治理结构的运行自然呈现出功能"离散化"倾向,大大降低了政府部门的适应性和主动性,使农村水环境治理呈"碎片化"现象。

3. 治理手段简单化

长期以来,政府习惯于采取"自上而下"任务下达的行政控制手段,主要通过控制资源流动、绩效量化考核下达任务,激励下级部门迅速采取行动解决农村水环境污染问题。但行政控制手段的强制性和单一性严重制约了政府职能转变。实践中,"政府主导"往往成为"政府包揽",在特定的时期,采用运动式治理模式,轻视和排斥非政府主体的参与,加之政府部门之间利益的掣肘和治理责任的模糊,使公共利益最大化的治理目标容易流于形式。"运动式"的治理方式和"碎片化"的治理过程难以维系农村水环境污染的持续治理。

2.3 基于整体性治理理论的农村水环境共治模式框架设计

2.3.1 农村水环境治理属性

同城市水环境污染相比,农村水环境污染具有点多、面广、分散、量小等特点。农村水环境治理属于农村公共产品或公共服务供给,具有公共属性,其自然属性、产权属性、经济属性和社会属性是农村水环境共治模式设计的理论依据。

2.3.1.1 自然属性

1. 地域的差异性

我国农村幅员辽阔,气候、地理环境、经济发展水平等地区差异大。根据农村水环境的区域特征,可划分为东北、西北、黄淮海、长江中下游、东南、青藏高原六个管理片区。东北气候寒冷,农业集约化发展水平较高。西北干旱少雨,人口分散,是我国重要的畜牧业基地。黄淮海地区是粮食、蔬菜主产区,化肥、农药使用量较大,畜禽养殖和生活污染也大。长江中下游地区水系发达,种植业、养殖业对水污染的贡献较大,局部地区农村生活污染严重。东南地区水体众多,人口密集,工业、种植业、养殖业污染和生活污染都比较严重。青藏高原农牧区人口密度小,分布分散,畜牧业发达。因此,在设计农村水环境共治模式时,应因地制宜、分区治理。

2. 形式的多样性

农村水环境污染随机性强、影响因子多,具有时空分散性和复杂多样性。农村复杂的自然地理条件和众多的污染来源,决定了农村水环境治理形式的多样性。农村水环境治理可分为农村河道和坑塘等小微水体的防治、水源涵养和治理、污染源治理三类活动(图 2-5),其治理涵盖了治理项目的规划、投资、建设、运行管护等各个环节;治理措施既包括工程措施,又包括管理措施,且以工程措施为主。其中,工程措施涉及多种模式和工艺。根据原国家环保部《农村生活污水处理项目建设与投资指南》,农村生活污水处理可分为集中处理和分散处理两种模式,每种模式又可细分为不同类型和处理工艺(图 2-6)。加上不同地区的农户对农村水环境治理有不同的需求偏好,在设计共治模式时,应充分考虑各地农村的自然地理条件和污水来源,将相关因素纳入模式的设计中。

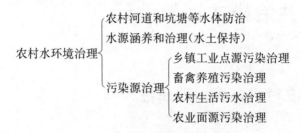

图 2-5　农村水环境治理活动分类

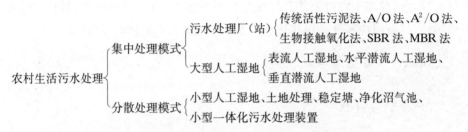

图 2-6　农村生活污水主要处理模式和处理工艺

3. 需求的基础性

农村水环境治理是重要的民生工程,通过开展水环境治理,能提高农民生活质量、促进农村经济社会发展,而目前我国农村大多数地区缺少水环境治理基础设施。农村水环境治理投资需求庞大,根据《农业农村污染治理攻坚战行动方案(2021—2025 年)》,到 2025 年,我国计划新增完成 8 万个行政村环境整治,农村生活污水治理率将达到 40%,主要农作物的化肥、农药利用率将达到 43%,畜禽粪污综合利用率达到 80% 以上,较大面积农村黑臭水体基本消除,农村污水处理市场将迎来历史性发展机遇。根据相关预测分析,如果按未来 30 年 5000 元/人计算,需 2.5 万亿元;运行成本按 60 元/人/年计算,需 300 亿元/年。

4. 运维的复杂性

农村水环境治理项目运行维护费用占比较大,实践中,不少地方存在重建设、轻维护的问题。一方面,我国农民收入比较低,不愿意支付运行费用。相对于工程投资额,治污费的收取难以支撑工程建设成本和运行成本。另一方面,此类项目多分散建于野外,容易损坏,其维护工作量和维护难度大。运行维护困难增加了项目的技术风险和资金回收风险。

2.3.1.2 产权属性

根据投资者的不同,农村水环境治理项目一般可以分成以下几种类型:

(1) 以政府投资为主,规模较大的乡镇污水处理项目,主体工程产权归国家所有。

(2) 政府财政投入为主兴建的规模较小的污水处理项目,即单村或跨村集中污水处理项目,国家财政投入和补助资金形成的产权归村集体所有。

(3) 政府投资的城镇污水处理管网延伸工程,产权归市政部门所有。

(4) 由政府财政资金、农户自筹、私人投资者共同投资的污水处理项目,产权比例根据各方投资比例确定。

(5) 由私人投资者或多方合资的污水处理项目,产权归投资者所有。

(6) 由国家财政补助、农户筹资投劳兴建的单村治污工程,产权归村集体所有。

(7) 由国家财政补助,农户自建的分散治污工程产权归农户所有。

从全国范围来看,绝大多数农村水环境治理项目以政府投资为主。

2.3.1.3 经济属性

1. 准公益性

公共物品具有受益的非排他性和消费的非竞争性两个基本特征。农村水环境治理符合公共物品的特性,任何一个农村居民从农村水环境治理中得到平等影响,多一个或少一人都不影响其他人对水环境治理产品的消费,其消费利益只与农村水环境治理服务是否被提供有关;在技术上,农村水环境治理很难把区域内不付费的农村居民排除在外,同时从效率和伦理上也不应该把他们排除在外[1]。

2. 自然垄断性

主要表现在三个方面:一是随着治污量不断增大,长期平均成本不断下降,即规模经济效益明显;二是项目投资的资产专用性强,存在大量沉没成本;三是公共产品的供给地域性较强。农村水环境治理项目单体规模较小,只有采取整体打捆方式才能获得规模效应。现实中,农村环境"连片整治""拉网式全覆盖"及农村人

---

① 郑开元,李雪松.基于公共物品理论的农村水环境治理机制研究[J].生态经济,2012(3):162-165.

居环境整治等是政府主要的推进方式,社会参与的第三方治理也在逐步发展。

3. 正外部性

外部性是指一个人或一群人的行动和决策使另一个人或一群人受损或受益的情况。农村水环境是农村大地的脉管系统,是一个特殊的"自然—经济—社会"复合生态系统,具有正外部性。毫无疑问,农村水环境污染是属于负的外部性效应即外部不经济。农村水环境治理最显著的社会属性是具有较强的外部性特征,其社会效益远大于经济效益。农村水环境质量关系到农村居民的生命健康,配套齐全的农村水环境治理项目,是关系农村居民切身利益的重要生活保障。因此,开展农村水环境治理,事关整个农村地区的和谐稳定。

2.3.1.4 社会属性

1. 多主体性

农村水环境污染具有跨域、跨界的特点,不能单靠某个地方政府或某个职能部门来治理,需要政府内外各主体协同治理。从理论上讲,各主体相互平等、各自独立,尽管各自存在不同的利益诉求,但为实现共同目标,最终能够形成一个相互妥协的方案。实践中,政府内部管理机制不够完善,狭隘的部门利益、各参与方信息不对称等可能阻碍形成一个较优的结果,各主体间的复杂关系使得合作治理的过程变得复杂起来。各主体利益诉求和关注点不同,导致其行为模式也不同。各主体的"经济人"理性以及农村水环境治理项目在投入产出、投资回收期等方面的特殊性,使各主体之间存在着是否投入、投入什么、投入多少的博弈。在这过程中,需要各主体有序参与、良性互动,以求达到动态平衡的最终目标。所以,为实现各方满意的最佳情况,在进行共治模式设计时需进行博弈分析,充分考虑各方的利益均衡点。

2. 政策性

农村水环境治理是国家惠民政策的重要体现,是一系列政策工具的有机组合。政策工具(policy instruments)是政府用于达到一定目的的政策措施,也是政府用来影响政策变量的经济与社会变量。环境治理中的政策工具是政府部门为解决特定环境问题或实现环境治理目标而采取的措施、手段和方法的总和,具体可分为以下三类:一是命令控制型政策工具,即政府运用规制、强制行动等方式影响市场组织、社会个人的环境行为,以实现环境保护政策目标的措施;二是市场激励型政策工具,即管理部门通过市场机制间接影响行为者选择行为的方式,通过价格杠杆改变人们生产及消费能力,把环境污染成本由外部转化为内部,促进环境、经济和社会可持续发展的工具形态;三是自愿性政策工具,是指在很少或几乎没有政府干预的情况下以自愿为基础完成预定任务、实现政策目标的手段。农村水环境治理经济效益不明显,从资金筹措到项目建设和运行维护,都需要政府给予政策支持。

3. 福利性

生态环境是特殊的公共产品,用之不觉、失之难存。伴随着经济社会的快速发展和人民生活水平的不断提高,环境问题日益成为重要的民生问题,生态环境在人民群众幸福指数中的地位也不断凸显。"良好生态环境是最公平的公共产品,是最普惠的民生福祉""生态环境是关系党的使命宗旨的重大政治问题,也是关系民生的重大社会问题"。农村水环境治理与农户的生产生活密切相关,是一项重大的民生工程,其出发点是增加农户的生态福祉。因此,应坚持以人民为中心的发展思想,把建设优美的农村水环境作为一项基本公共服务,把治理农村水环境污染作为民生优先领域,让广大农户共享生态红利,切实感受到环境效益。

2.3.2 农村水环境共治机理

2.3.2.1 主体构成及其关系结构

农村水环境治理涉及"治什么""谁来治""怎么治"等问题。其中,"谁来治"关系治理主体的界定。

对治理主体的认识,国外理论界经历了三个阶段:第一阶段是"二战"后,受凯恩斯主义和福利国家思潮的影响,公共行政理论占据主流,政府对社会政策等一系列事务大包大揽。第二阶段是 20 世纪 80 年代后,借鉴企业治理经验的新公共治理理论大行其道。盖布勒和奥斯本在《重塑政府》中提出,政府的职能不是划桨,而是掌舵,一些职责可以通过合同外包出去。第三阶段是 21 世纪初,新公共服务理论兴起,登哈特在《新公共服务》一书中提出,政府的职责不是掌舵,而是服务,政府要尽量满足公民个性化的需求,而不是替民做主。

以上观点对我们界定农村水环境治理主体具有启发意义。农村水环境治理是一个复杂而艰巨的系统工程,需要调动社会力量积极参与。实践中,农村水环境治理涉及政府、私人部门、村民自治组织、农户、乡镇企业、养殖户、第三部门、高校、科研院所等多个主体。

1. 政府

政府是公共部门的最主要成员。公共部门（public sector）是指以社会公共利益为组织目标，被国家授予公共权力管理社会公共事务、向全体社会成员提供法定服务的政府组织。提供公共服务是政府的基本职责，现代政府的价值追求是为社会和公民提供公共服务、实现公共利益。在农村水环境治理中，各政府主体合理划分边界权限，共同扮演非政府主体的合作者和促进者的服务角色。现阶段，政府主要在科层制模式下进行农村水环境治理，水环境治理目标和相关政策由政府逐层制定并负责实施。政府在开展农村水环境治理的同时，还需履行发展地方经济的责任，导致在治理水环境和发展经济之间存在一定的矛盾冲突。

2. 私人部门

私人部门（private sector）也称私有部门，是相对"公共部门"而言的，是指以利润最大化为组织目标、为私人所拥有，通过在市场上出售产品或提供服务以获得利润的各类工商企业组织。相关理论一般认为，公共产品是典型的"市场失灵"领域，具有非排他性和非竞争性、成本和收益不对称，私人部门难以有效供给。20世纪六七十年代以来，福利国家纷纷出现危机，戈尔丁、布鲁贝克尔、史密兹、德姆塞茨、萨瓦斯等人开始质疑政府作为公共产品唯一供给者的合理性，并从理论或实践方面论证了公共产品私人供给的可能性。在农村水环境治理领域，大量准公共产品的存在为私人部门参与治理创造了条件。私人部门可以利用其自身机制的自主性、灵活机动性提供农村水环境治理服务，民营环保企业就是其中的代表。

3. 村民自治组织

村民自治是我国农村基层组织建设的重要特征。村民自治组织是指由中国大陆地区乡（镇）所辖的行政村的村民选举产生的群众性自治组织，例如，村民委员会、村经济合作社、村妇女代表委员会等。根据《村民委员会组织法》，村民委员会是村民自我管理、自我教育、自我服务的基层群众性自治组织，实行民主选举、民主决策、民主管理、民主监督，负责本村公共事务和公益事业。现实中，村民委员会作为基层群众性自治组织，在农村水环境治理中充当协调者的角色，体现的是政府职能向基层一线的延伸，具有国家管理层次中最基层一级组织单位的特点，具备"半官方"的性质。

4. 农户

农户是指户口在农村、参加乡村集体经济组织的常住户，不包括在乡村地区内的国家所有的机关、团体、学校/企业、事业单位的集体户。农户既是农村水环境污染的受害者,又是农村水环境污染的破坏者,同时还是农村水环境治理的受益者。农户在表达水环境治理需求、参与水环境治理决策和项目建设之后,作为消费者将直接享受农村水环境治理服务,这就使得农户作为农村水环境治理主体,在之后的农村水环境治理绩效评估、问责环节中都扮演最直接和重要的角色。但农户也是理性"经济人",当水环境污染程度还未达到明显威胁其生命安全的程度时,他们往往会"搭便车",以实现自身利益最大化,通过牺牲水环境来增加自身收入,一般不会主动采取行动开展水环境治理。

5. 乡镇企业和养殖户

乡镇企业是我国乡镇地区多形式、多层次、多门类、多渠道的合作企业和个体企业的统称,是指农村集体经济组织或者农民投资为主,在乡镇(包括所辖村)举办的承担支援农业义务的各类企业,包括乡镇办或村办企业、农民联营的合作企业、其他形式的合作企业和个体企业五级。从理论上讲,乡镇企业和养殖户应承担社会责任,通过参与农村水环境治理,收获社会声誉、实现长期的环境收益,但作为营利主体和理性"经济人",受经济利益最大化目标驱使,往往注重生产而忽视污染物处理,甚至采用违法方式逃避治污责任,损害农村公共环境利益。

6. 第三部门

第三部门是指以服务公众为宗旨,不以营利为目的,所得不为任何个人牟取私利,自身具有合法的免税资格和提供捐赠人减免税的合法地位的组织。常见的有社会福利机构、非盈利组织、志愿者组织、慈善组织等,在我国一般称之为"民间组织"。这类组织以组织性、民间性、非营利性、自治性、自愿性为特征,在自愿、联合、共享、互助的基础上承担社会职能。在西方社会,第三部门与政府之间是多维合作伙伴关系,但由于我国国情和历史渊源,我国第三部门组织的民间性、志愿性以及自治性表现均不够明显。农村水环境治理事关农户的整体利益,第三部门作为第三方,是广大农户参与农村水环境治理的重要途径,农村水环境治理需要环保社会组织等第三部门的深度介入。

7. 其他主体

高校、科研院所作为农村水环境治理中的重要利益相关者,在研发新型的乡村除污技术、加强农村环保设备推广、普及农民生产生活环保知识等方面都负有重要责任。但目前这类机构在农村水环境治理中依然未能充分履行其角色。

农村水环境治理是由上述多元主体共同治理水环境污染的动态过程。构建农村水环境共治模式，首先要理顺多元主体之间的关系，明确各主体在农村水环境治理中的职责，通过设计科学合理的治理结构，推动形成相互依赖、彼此配合、上下联动的共治网络体系。在这一体系中，除政府主体外，市场主体（私人部门、乡镇企业、养殖户等）、社会主体（社会组织、高校、科研院所等）、村民自治组织、公众（农户）被纳入农村水环境治理体系中，成为农村水环境治理的重要主体。政府主体、市场主体、社会主体、村民自治组织和公众（农户）五类主体相互支撑，共同构成了一个完整的农村水环境共治体系。政府位于共治结构的中心，在农村水环境治理中居主导地位，市场主体、社会主体、村民自治组织、公众（农户）作为农村水环境治理的参与者，在政府的引导和支持下参与农村水环境治理。

2.3.2.2 核心主体及其治理能力

为把握主要矛盾，需明确农村水环境治理的核心主体，为共治模式设计提供依据。根据利益相关者理论，判断某主体是否属于农村水环境治理的直接利益相关者，有以下三个标准：一是其行为影响农村水环境的方式，有直接影响的则属于直接利益相关者；二是其拥有资源对农村水环境影响的大小，影响较大的就属于直接利益相关者；三是其投入资产的专用性程度，投入的资产专用性程度高，就属于直接利益相关者。根据以上标准，农村水环境治理直接利益相关者包括政府、私人部门和农户。

1. 政府

作为典型公共产品的农村水环境，需要合理的制度安排，否则会出现众多消费主体"搭便车"而过度使用水环境。农村水环境的外部性特征使得通过市场配置方式无法得到有效供给。对排污者而言，水环境污染成本除了使社会总成本增加外，排污者自身并不承担相应成本，加之无法确定排污者消费农村水环境的量，致使价格机制无法发挥调节作用。因此，需要政府实施干预，有效控制农村水环境污染。农村水环境治理具有非营利性、非竞争性和非排他性，其公共产品特质决定了政府理应成为农村水环境治理的核心主体。作为公共利益的"代理人"，政府既要维护农村公共环境利益，又要维护其自身利益，在考虑经济利益的同时，还要考虑政治稳定等政治利益因素，且把政治利益因素放在首位。

作为农村水环境治理的主要发起者、投资者和监督者，政府的治理能力主要表现在：一是权威的广泛性，政府能遍及所辖范围内的所有地域和人群；二是合法使用强制力，政府能有效减少个体或群体集体行动付出的协调成本，提高农村水环境治理效率。传统观点认为,政府应扮演"守夜人"角色,为公共产品买单。但在实践中,由政府单一主体实施的农村水环境治理并不理想,政府特别是作为农村水环境治理直接组织者、推动者的乡镇基层政府,自全面取消农业税以来,面临严峻的财政危机,迫切需要其他主体共同治理。

2. 私人部门

在农村水环境治理中,私人部门主要指民营或国有的环保企业。这些企业一般通过参与公开竞标获得水环境治理合同,同时也可以和小型治污公司、乡镇企业、畜禽养殖户等签订合同承担一些治污项目。乡镇企业和畜禽养殖户也可归入私人部门,但通常在政府权威下消极被动治理或协助政府委托第三方治理。私人部门实行企业化管理,需在保证农村水环境治理社会效益的前提下,实现自身的经济效益。

针对"政府失灵",一些专家学者认为公共产品应该由市场配置,通过合理界定产权来克服市场本身难以解决的弱点[①]。作为市场主体的重要成员,私人部门的治理能力集中体现在治理效率上。私人部门通过科学的分工和专业化生产,以及充分的经济激励和绩效考核,提高投入产出效率和资源配置效率。但市场也会失灵,私人部门一旦拥有了影响市场走势的力量,价格机制就容易扭曲,产生市场垄断现象,且单纯依靠市场无法解决农村水环境污染外部效应。

此外,因参与企业众多,容易产生信息不对称现象。关于"市场失灵"的原因,奥斯特罗姆认为,直接原因在于政府干预,必须改变政府单一供给模式,促进公私合作,由政府通过提供补偿、授权经营、参股投资、市场管制等方式,实现准公共物品供给的市场均衡[②]。

(3) 农户

针对"政府失灵"和"市场失灵"的情况,一些专家学者提出要发挥农户的主体作用。农户参与在很大程度上决定了农村水环境治理能否有效开展,广泛的农户参与能降低交易成本和管理成本,确保农村水环境治理决策符合农户需求偏好,最终达成农村水环境治理目标。

农户的治理能力主要有:一是具有相对较大的活动范围和解决问题的能力;二是具有相对较小的垄断性和相对较大的竞争性;三是对个性化需求具有较好的回应性。

---

① Kaplan R S, Norton. D P. The balanced scorecard: translating strategy into action[M]. Boston: Harvard Business School Press, 1996.

② Ostron E, et al. Institutional incentives and sustainable development: infrastructure policies in perspective[M]. Oxford: Westivew Press, 1933.

但农户参与也存在缺陷：① 单纯依靠农户一般不能提供足够的农村水环境治理产品；② 农户所提供的志愿性农村水环境治理服务在分布上可能具有不平衡性；③ 农户可能因多方面因素制约其治理能力；④ 农户作用的发挥受农村水环境治理外部制度和环境的影响较大。

2.3.2.3 核心主体的博弈分析

所谓博弈分析，是指利用博弈规则和标准来预测利益相关者之间博弈的均衡结果，其目的是使用博弈规则预测均衡。博弈论关注利益相关者之间的冲突、偏好、决策影响，能反映利益相关者之间的关系本质。农村水环境共治是各主体特别是核心主体博弈的过程。本书主要探讨农村水环境治理各主体之间的利益冲突和合作关系。根据农村水环境治理博弈主体，可将其划分为多个博弈主体之间的两两博弈。在个体效用最大化目标的驱使下，由于信息不对称，各主体之间会暴露出利益矛盾甚至冲突，各自会利用自身资源做出最有利于自身利益的决策。在农村水环境治理过程中，各利益相关者之间存在合作博弈和非合作博弈两种行为，并通过制定的激励标准和约束规则得到特定的博弈均衡结果。为抓住主要矛盾，本书运用博弈论的原理和方法，主要分析政府、私人部门、农户等核心主体之间的博弈行为。

农村水环境治理三大核心主体异质性明显，具有不同的利益需求。为确保农村水环境长效治理，需构建农村水环境共治模式，并考虑以下问题：一是核心主体之间目标的一致性，即目标协同；二是实现目标协同的过程和环节，即流程协同；三是根据共治方式，制定相应的治理措施。综合考虑我国农村水环境治理实际，可按照"政府主导、市场主力、农户主体"的思路构建农村水环境共治模式，三类核心主体之间的作用关系，如图 2-7 所示。

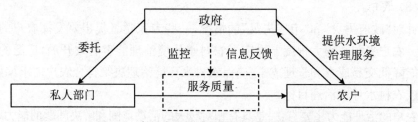

图 2-7　农村水环境治理核心主体之间的关系

农村水环境共治模式设计是对政府、私人部门以及农户的利益博弈、治理能力进行比较选择的结果，农村水环境治理绩效主要取决于政府、私人部门及农户的参与程度。政府依据相应职能对农村水环境治理项目和私人部门的行为进行监管，同时委托招标代理机构择优选择私人投资者，实行企业化运作。农户全程参与农村水环境治理,充分享有知情权、监督权、参与决策和管理权,使水环境治理更符合农户需求和当地实际。图 2-7 展示的各核心主体之间的关系,有利于明确农村水环境治理核心主体的责任与义务,具有较强的约束性;同时,也可以发挥市场在优化资源配置的决定性作用,有利于农村水环境治理的可持续发展。

2.3.3 整体性治理理论与农村水环境治理的契合性

整体性治理理论虽是西方发达国家为适应社会需要而构建起的理论体系,但也契合了中国改革发展的实际需要[①]。在我国农村水环境治理中,政府内部缺乏协同,政府与市场、农户等主体合作不充分等问题涉及整体性治理理论的核心要义,整体性治理理论与农村水环境治理具有诸多契合性(表 2-3),主要表现在以下几个方面:

2.3.3.1 治理理念契合农村水环境治理属性要求

农村局部区域水环境污染会对其他区域造成影响和危害,需着眼于整体性治理思维,在制定政策、实施治理时考虑农村水环境的整体性,从整体上改善农村水环境质量。而整体性治理是一种整体主义思维、合作式与一体化的治理范式,能充分调动社会资源实现对农村水环境污染的系统治理。此外,农村水环境治理具有公共产品属性,关系公共利益。而整体性治理以公共问题解决为各个利益主体一切活动的逻辑起点[②],能协调不同治理主体分散的价值目标,让农村水环境治理回归公共性价值追求,擦亮农村绿色发展底色,增进农村生态惠民福祉。

2.3.3.2 协调整合机制契合农村水环境多元共治趋势

农村水环境治理各主体"经济人"理性及农村水环境治理项目在投入产出、投资回收期等方面的特殊性,使各主体之间存在着是否投入、投入什么、投入多少的利益博弈。各主体协同合作对农村水环境的整体改善有着重要意义。整体性治理基于问题导向,借助各主体资源禀赋,通过无缝隙的组织结构和动态的网络结构,发挥组织协同效应。农村水环境整体性治理能克服政府内部多头管理、各自为政的弊端,在政府与非政府主体间建立合作关系,实现跨层级、跨部门、跨地域的协同治理。

---

① 李胜. 超大城市突发环境事件管理碎片化及整体性治理研究[J]. 中国人口·资源与环境,2017,27(12):88-96.
② 董礼胜:西方公共行政学理论评析:工具理性与价值理性的分野与整合[M].北京:社会科学文献出版社,2015.

2.3.3.3 信息技术契合农村水环境治理资源共享平台的构建

复杂的自然地理条件和众多的污染来源,决定了我国农村水环境治理的复杂性、差异性,仅靠当前的传统技术很难从根本上治理农村水环境污染。信息技术的发展与应用为创新农村水环境治理方式、提高治理水平提供了技术支持。整体性治理理论将信息技术作为实现机构改革、流程再造、治理模式变革的重要手段和保障,契合农村水环境治理对信息技术的需求。

表 2-3 整体性治理理论核心要义与农村水环境治理的契合一览表

问题指向	破解"棘手"难题和"碎片化"困境	水环境污染具有流动性、跨域性,农村水环境治理是一个复杂的"棘手"难题;地域分割、条块分割、部门分割及政府与市场、农户等主体的合作不充分,使农村水环境治理呈"碎片化"状态
价值取向	追求公共利益	整体性治理原本是针对环境污染等公众最关心的问题展开的;农村水环境治理是为农户提供水环境公共产品,符合区域公共利益
判断标准	目标与手段相互增强	通过整体性谋划,确立集体行动目标,协同治理农村水环境污染
功能因素	信任及组织架构	协调、整合和信任是实现整体性治理的关键机制,在相互信任、互惠共赢基础上,构建农村水环境污染多元主体共治网络
操作路径	整体性整合及实施无缝隙项目	农村水环境污染需因地制宜、因时制宜进行不同的政策安排,这一要求与整体性治理理论所主张的协调和整合相吻合;加强协调整合,依托信息技术,实现治理层级、治理功能、公私部门之间整合,能更加高效乃至"无缝隙"地提供农村水环境治理服务

此外,我国传统文化中蕴含的"整体观""集体观"等思想,以及现实中我国不少地方"整体改革"的实践,比如"城乡统筹""五水共治"等,尤其是党的十八大以来坚持系统治理、发挥政府主导作用、鼓励和支持社会力量参与等治理举措,以及构建政府为主导、企业为主体、社会组织和公众共同参与的环境治理体系,都体现出整体性治理的基本理念。因此,整体性治理理论与我国农村水环境共治模式具有天然的契合性。在农村水环境污染成为公众关心的重要问题、治理的"棘手性""碎片化"状况影响农村水环境治理效果的形势下,基于整体性治理理论探索构建农村水环境共治模式,对于解决跨层级、跨部门、跨区域的农村水环境治理"棘手性"难题和"碎片化"问题有着重要的应用价值。

2.3.4 整体性治理理论视角的农村水环境共治模式设计流程

在传统属地管理模式下,政府水环境治理权力看似集中,实则"碎片化"。农村水环境污染多以区域性呈现,传统的科层治理模式处境尴尬,共治模式成为必然要求。共治模式遵从农村水环境污染跨域的自然规律,能使农村水环境污染的负外部性问题内部化,避免"公地悲剧"和"囚徒困境"。

具体来讲,有以下几个方面优点:一是有利于优化农村水环境治理的组织结构。当前临时性的项目型组织,面临着组织构造简单、权责不清、缺乏权威等困境,而网络式的共治组织结构能聚集相关利益主体,形成全面、权威、持续的网络组织形式。二是有利于完善区域联防联控机制。属地管理模式容易导致各地区间农村水环境治理信息不对称、规则不统一、行动不协调等问题。共治模式下,区域内各方主体相互依存,执行统一的标准和政策,共享资源和信息。三是有利于协调各方利益。"全能政府"、单一治理主体的窘境愈发突出,共治模式有利于平衡多元主体利益关系,调动私人部门、农户等主体积极参与农村水环境治理。

整体性治理的关键是目标、职能的整合和权力的统一,目的是防止治理主体的零散,职能的割裂及服务效率的低下,方式是不同政府主体之间、公私部门之间、不同政策领域参与者之间的多方合作。本书基于核心主体共治博弈分析的结论,结合整体性治理理论和农村水环境治理属性,以及农村水环境治理中存在的政府内部缺乏协同、公私合作不充分、农户参与程度低等问题,将农村水环境共治模式分为政府内部协同治理和政府外部合作治理两个部分,其中政府外部合作治理包括公私合作、农户参与两个方面。农村水环境共治模式的设计流程包括以下主要步骤(图 2-8)。

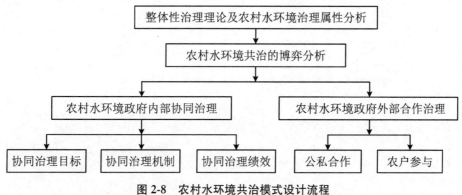

图 2-8 农村水环境共治模式设计流程

2.3.4.1 农村水环境共治博弈分析

农村水环境治理模式的演变是各主体进行利益博弈的过程,主体尤其是核心主体的利益博弈是推动模式演变的根本动力所在。本书采用非合作博弈,集中探讨政府内部各主体之间、政府与私人部门之间、政府与农户之间的非合作博弈行为,并分析博弈结果对政府内部协同治理和政府外部合作治理的影响,为农村水环境政府内部协同治理和政府外部合作治理研究提供参考依据。

2.3.4.2 农村水环境政府内部协同治理研究

关于实现政府内部协同治理,存在多种观点,例如,有人主张组织重构,有人建议逐步推进组织革新,还有人认为更多地借助现有组织机构可解决现实中的复杂问题。本书认为,农村水环境政府内部协同治理所要解决的核心问题是农村水环境治理服务分散和责任主体模糊所呈现出的"碎片化"问题。根据整体性治理理论,重点解决政府内部治理层级整合、治理功能整合等问题,主要探讨政府内部协同治理的目标、机制和绩效等方面的内容。

2.3.4.3 农村水环境政府外部合作治理研究

整体性治理理论既强调政府内部协调整合,又重视发挥市场和社会力量的积极作用,主张调动政府外部主体积极参与公共服务,协调整合多元力量共同提升公共服务的品质与效度。本书从公私合作、农户参与两个方面研究探讨农村水环境政府外部合作治理,重点明确公私合作范围、构建私人投资者选择模型、分析公私合作项目全寿命周期风险成本和农户参与的影响因素,并优化公私合作机制和农户参与机制。

第3章 农村水环境共治的博弈分析

博弈论研究参与主体在既定的规则下如何进行策略选择,博弈包括合作博弈与非合作博弈两类,且通常指既定条件下各参与方追求自身利益最大化的非合作博弈。潜在收益是各利益相关者参与共治的内在驱动力,利益相关者之所以合作共治,是权衡共治收益(即成本)后做出的理性选择,共治收益、风险大小和利益相关者风险偏好以及合作项目属性等均对博弈产生影响。所以,要注意把握农村水环境共治主体的利益需求和风险偏好。本章结合分析政府、私人部门、农户三类核心主体的行为特征,重点探讨政府内部主体、政府与私人部门之间、政府与农户之间复杂的博弈关系,并总结博弈结果,为共治模式设计提供依据。

3.1 农村水环境共治博弈主体的行为特征

著名哲学家爱尔维修认为,"利益是社会生活中唯一的普遍起作用的因素,一切错综复杂的社会现象都可以从利益的角度得到解释。"[1]例如,跨区域的水环境污染治理,之所以存在执法和协调困难,其根本原因在于地方政府间存在利益博弈关系[2]。在农村水环境治理中,各治理主体异质性明显,具有不同的利益需求,呈现复杂的博弈关系。可以说,农村水环境共治是多元主体利益博弈的过程。

3.1.1 政府的行为特征

在我国农村水环境治理中,政府既是参与者、组织者,又是主导者,其行为特征可表述为社会效益导向与追求自身利益并存。考核政府的工作绩效,不仅要关注

---

① 北京大学哲学系外国哲学史教研室.十八世纪法国哲学[M].北京:商务印书馆,1963.
② 杨宏山.构建政府主导型水环境综合治理机制:以云南滇池治理为例[J].中国行政管理,2012(3):13-16.

经济效益指标,而且更应关注社会效益指标。作为典型的民生工程,农村水环境治理效用主要体现在社会效益上。从理论上讲,中央和地方各级政府、政府相关职能部门不能缺位,理应主动开展农村水环境治理,然而现实是,作为人格化的组织,政府同样会全面权衡预期成本和收益。正如布坎南所说:"人的政治行为与经济行为一样,都受自利动机的支配,经济主体是经济人,政治主体毫不例外也是经济人,他们的目标都是追求自身效用最大化,都按成本——收益原则来行动。"[①]但各级政府承担的农村水环境治理责任存在差异,如中央政府,行动的出发点是追求全局利益,在调动地方政府积极性的同时,还要防止地方政府投资冲动。根据官员预算最大化模型,地方政府有权力扩张的倾向,在出台农村水环境治理政策时,往往"一刀切",使政策执行效果打折扣。地方政府作为垂直管理层级,既要对上级政府负责,又要对辖区内事务负责,其目标具有三重性,即中央政府满意、最大化自身利益和最大化本地福利。"随着纵向政府内层层放权让利,地方政府逐渐成为一个独立的利益实体,扮演的角色从代理型政权经营者向谋利型政权经营者转化,追求自己利益成为地方政府一种自觉的行动。"[②]

我国农村水环境治理比较"棘手"的重要原因,在于中央政府和地方政府之间、各级地方政府之间、同级地方政府之间、政府相关职能部门之间存在着错综复杂的利益博弈。纵向上,中央政府的放权为地方政府发展经济提供了条件,为谋求地方利益、增加财政收入,地方政府想方设法博弈和调整各种策略,在"晋升锦标赛"机制下,"发展优先"的短期经济利益超越农村水环境治理所带来的长期公共利益;横向上,由于农村水环境污染来源众多,其治理过程具有典型的跨区域、跨部门特征,受属地责任、部门责任制约和地方利益、部门利益羁绊,不同地区、不同部门之间矛盾冲突或缺乏信任,导致农村水环境治理中集体行动困难。在"利益过滤"的影响下,中央制定的农村水环境治理政策受到阻滞,公共利益最大化目标让位于不同地区、不同部门的利益博弈。

3.1.2 私人部门的行为特征

经济效益导向下谋求政府支持是私人部门的行为特征。西方国家市场化改革表明,市场可以配置公共资源,私人部门的介入和竞争机制的引入,能促进公共资

---

① 陈振明.非市场缺陷的政治经济学分析:公共选择和政策分析学者的政府失败论[J].中国社会科学,1998(6):89-105.

② 杨善华,苏红.从"代理型政权经营者"到"谋利型政权经营者":向市场经济转型背景下的乡镇政权[J].社会学研究,2002(1):17-24.

源的有效配置和公共服务的有效供给。农村水环境治理领域可以鼓励私人部门开展市场化运作。近年来,我国环境服务业迅速发展,为农村水环境治理提供了具有较强融资能力和技术集成能力的环保企业,在利益的驱动下,这些企业开始参与农村水环境治理。

在市场经济条件下,商人逐利的动机能激发私人部门不断创新发展。私人部门参与农村水环境治理,可以打破政府垄断局面,从而降低治理成本、提高治理绩效。但受创收和剩余索取动机的诱导,在利润最大化目标驱使下,私人部门一般会选择更容易获利的农村水环境治理项目,忽视微利、无利但属于强制供给的农村水环境治理项目,导致市场化运作下农村水环境治理公共责任、公共精神的缺失。这就需要在政府支持下,既要充分发挥私人部门灵活供给的优势,同时又要防范"市场失灵"。鉴于政府和私人部门之间存在委托代理关系,为规范私人部门农村水环境治理行为,政府可将私人部门的角色定位为"互利共赢",通过多种方式实现优胜劣汰,既满足私人部门获利需求,又实现农村水环境治理成本最低和效果最优。

3.1.3 农户的行为特征

在现实社会中,当公众的公共环境利益受到损害时,往往会通过公共权力的代理人——政府来解决,有时甚至采用过激的行为来表达环境治理诉求。在公共选择活动中,公众首先是追求个人利益,绝不像传统政治学理论中所认为的那样,只追求公共利益而不考虑个人利益[①]。据此,整体的公共利益和片面的个人利益之间必然会产生矛盾冲突。作为理性"经济人",农户会选择自身利益最大化的行为策略,其行为特征可概述为改善农村水环境质量的强烈诉求与水环境治理的"搭便车"行为并存。

首先,农户是农村水环境治理的重要参与者。喝上干净的水、保护农村水环境是广大农户的现实需要。农户可通过良好的生活方式保护农村水环境,也可通过投票、监督等方式参与农村水环境治理。相关调查研究表明,一些农户还愿意通过筹资投劳参与农村水环境治理。其次,农户是农村水环境治理的受益者。良好的水环境既是农户饮水安全、身体健康的基本保障,更是农村经济社会可持续发展的前提。再次,农户也可能是农村水环境污染的破坏者。农户水环境保护意识薄弱,一般注重眼前利益,缺乏清洁生产、生活的内生动力。

---

① 丁煌. 利益分析:研究政策执行问题的基本方法论原则[J]. 广东行政学院学报,2004(3):27-30,34.

需要指出的是,农户还存在隐藏真实需求、"搭便车"行为。由于农村交通不发达,经济社会发展水平相对落后,受利益最大化目标驱使,为增加自身收入,农户往往无暇顾及水环境防治问题。作为特殊的公共产品,农村水环境具有非竞争性、非排他性,农户往往认为投入时间、精力或资金来治理水环境污染,自己获益不多。在没有政府政策支持、强力监管的情况下,作为农村水环境污染的主要制造者,农户缺乏强烈的意识和动力治理水环境污染,一般会选择"搭便车",让政府或其他主体提供水环境治理服务。

3.2 农村水环境共治的博弈模型

为简化分析,本书在此主要建立政府主体之间、政府与私人部门之间、政府与农户之间的博弈模型,进一步描述三类核心主体参与农村水环境治理的行为特征。

3.2.1 政府主体之间的博弈

3.2.1.1 上下级政府博弈

上下级政府在农村水环境治理中的目标函数是不相同的。对上级政府来说,某一区域农村水环境污染严重会导致整体水环境质量下降,下级政府作为上级政府的"代理人"存在私人信息,上级政府作为"委托人"不存在私人信息。在现行水环境管理体制下,中央政府下达农村水环境治理任务给省级政府,省级政府再层层"发包"到市县地方政府,这样就形成了典型的委托—代理关系。下面就上下级政府治理农村水环境污染构建博弈模型。

1. 基本假设

(1) 上级政府监管下级政府治理农村水环境污染的成本为 C_1。

(2) 下级政府治理农村水环境污染的成本为 C_2,$C_2 = f(Q, G, Z_2)$;其中,Q 为治理农村水环境污染物的总量,G 为农村水环境治理的投资,Z_2 表示工业增加值占 GDP 的比重。

(3) 下级政府不按上级政府要求进行农村水环境治理,受到上级政府的惩罚为 F。

（4）下级政府治理农村水环境污染的收益为 Y；下级政府不治理农村水环境污染、上级政府不监管下级政府的收益为 R，$Y < C_2 < R$。

（5）下级政府治理农村水环境污染，上级政府的收益为 S。

2. 博弈分析

根据以上假设，上下级政府之间治理农村水环境污染的博弈矩阵见表3-1。

表3-1　上下级政府之间治理农村水环境污染的博弈矩阵

政府主体及其策略		下级政府	
		治理	不治理
上级政府	监管	$S - C_1, Y - C_2$	$D - C_1, -F$
	不监管	$S, Y - C_2$	$0, R$

（1）在给定 φ 的情况下，设 φ 为下级政府进行农村水环境治理的概率，k 为上级政府监管下级政府治理农村水环境污染的概率，监管（$k = 1$）和不监管（$k = 0$）情况下的期望收益分别为：$U_1(1, \varphi) = (S - C_1)\varphi + (F - C_1)(1 - \varphi) = F - C_1 + (S - F)\varphi$；$U_1(0, \varphi) = S\varphi + 0(1 - \varphi)$。解 $U_1(1, \varphi) = U_1(0, \varphi)$ 得纳什均衡解 $\varphi' = (F - C_1)/F$，φ' 表示如果下级政府治理农村水环境污染的概率等于 $(F - C_1)/F$，监管和不监管的效果是一样的；如果概率大于 $(F - C_1)/F$，上级政府的最优选择是不监管；如果概率小于 $(F - C_1)/F$，上级政府的最优选择是监管。

（2）在 k 给定的情况下，下级政府选择治理（$\varphi = 1$）和不治理（$\varphi = 0$）农村水环境污染的期望收益分别为：$U_2(k, 1) = (Y - C_2)k + (Y - C_2)(1 - k) = Y - C_2$；$U_2(k, 0) = -Fk + R(1 - k) = -(R + F)k + R$。解 $U_2(k, 1) = U_2(k, 0)$ 得纳什均衡解 $k' = (R + C_2 - Y)/(R + F)$。$k'$ 表示如果上级政府监管的概率等于 $(R + C_2 - Y)/(R + F)$，下级政府随机选择治理或不治理；如果概率小于 $(R + C_2 - Y)/(R + F)$，下级政府的最优选择是不治理；如果概率大于 $(R + C_2 - Y)/(R + F)$，下级政府的最优选择是治理。因此，此时的混合战略纳什均衡是 $k' = (R + C_2 - Y)/(R + F)$，$\varphi' = (F - C_1)/F$。表明下级政府以 $(F - C_1)/F$ 的概率治理农村水环境污染，上级政府以 $(R + C_2 - Y)/(R + F)$ 的概率监管。

3. 基本结论

根据以上博弈分析可知，下级政府选择治理农村水环境污染的概率，既与上级政府对其监管的成本成反比，又与上级政府对其惩罚成正比，两者的博弈均衡解为（不监管，不治理）。因为下级政府拥有占优策略，所以在双方博弈中明显处于主动地位。上级政府对下级政府的监管成本越高,下级政府就越可能不治理农村水环境污染;上级政府对其惩罚越大,下级政府治理农村水环境污染的概率就越大。可见,在不完全信息条件下,上下级政府在农村水环境治理上呈典型的"囚徒困境"状况。

3.2.1.2 同级地方政府博弈

同级地方政府之间在农村水环境治理中的关系微妙。农村水环境作为典型的公共产品,具有正外部性和溢出效应。由于追求地方经济利益,地方政府往往不会主动治理农村水环境污染,而是想方设法转嫁给相邻地方政府。同级地方政府之间的博弈使农村水环境污染难以实现区域协同治理。下面选择同级地方政府 A 和政府 B 进行博弈分析。政府 A 和政府 B 都可以将政府财政资金用于农村水环境治理,也可用于地方经济发展。任何一方投资于农村水环境治理都能使双方受益,而投资经济生产会使自身受益且使另一方遭受污染。把投资农村水环境治理记为 H 类行为,呈正外部性;把投资经济生产排放污染称为 W 类行为,呈负外部性。

1. 基本假设

(1)假设同级政府 A 和政府 B 的投资效益函数取如下柯布-道格拉斯形式:

$$R_i = (H_i + \gamma H_j)^\alpha (W_i - \theta W_j)^\beta \tag{3-1}$$

式中,$i, j =$ A,B;且 $i \neq j$,$0 < \alpha, \beta, \gamma, \theta < 1$;$\alpha + \beta < 1$。$\gamma$ 表示一方投资农村水环境治理给另一方带来的正外部性大小的参数,θ 表示投资经济生产排放的污染物给另一方带来的负外部性大小的参数。

(2)假设政府 A 和政府 B 的投资总预算既定且等于 T。

2. 假设政府 A 和政府 B 不合作

地方政府作为理性"经济人",会追求自身收益最大化。政府 A 和政府 B 的目标函数和约束函数分别为

$$\max R_A = (H_A + \gamma H_B)^\alpha (W_A - \theta W_B)^\beta \tag{3-2}$$

$$H_A + W_A = T, H_A \geqslant 0, W_A \geqslant 0 \tag{3-3}$$

$$\max R_B = (H_B + \gamma H_A)^\alpha (W_B - \theta W_A)^\beta \tag{3-4}$$

$$H_B + W_B = T, H_B \geqslant 0, W_B \geqslant 0 \tag{3-5}$$

求解由式(3-2)~式(3-5)构成的最优化问题,由一阶条件可求出政府 A 和政

府 B 的反应函数为

$$H_A = \frac{(\alpha - \alpha\theta)}{\alpha + \beta}T + \frac{(\alpha\theta - \beta\gamma)}{\alpha + \beta}H_B \tag{3-6}$$

$$H_B = \frac{(\alpha - \alpha\theta)}{\alpha + \beta}T + \frac{(\alpha\theta - \beta\gamma)}{\alpha + \beta}H_A \tag{3-7}$$

由式(3-6)、式(3-7)可得：

$$H_A^* = H_B^* = \frac{\alpha - \alpha\theta}{\beta + \beta\gamma + \alpha - \alpha\theta}T \tag{3-8}$$

将式(3-8)代入式(3-2)和式(3-4)中,得政府 A 和政府 B 均衡收益：

$$R_A^* = R_B^* = \left[\frac{(\alpha - \alpha\theta)}{\beta + \beta\gamma + \alpha - \alpha\theta}(1 + \gamma)T\right]^\alpha \times \left[\frac{(\beta - \beta\theta)}{\beta + \beta\gamma + \alpha - \alpha\theta}(1 - \theta)T\right]^\beta$$
$$\tag{3-9}$$

3. 政府 A 和政府 B 合作

假设一个机构能使政府 A 和政府 B 合作,追求两地收益最大化目标,即

$$\max R_A = R_A + R_B \tag{3-10}$$

$$H_A + W_A = H_B + W_B = T$$

且

$$H_A \geqslant 0, W_A \geqslant 0, H_B \geqslant 0, W_B \geqslant 0 \tag{3-11}$$

因为政府 A 和政府 B 合作,所以把两者视为一个整体,区域内就不存在正负外部性,因此,$\gamma = 0, \theta = 0$。求式(3-10)和式(3-11)构成的最优化问题,得：

$$H_A' = H_B' = \frac{\alpha}{\alpha + \beta}T \tag{3-12}$$

把式(3-12)代入式(3-10),得：

$$R_A' = R_B' = \left(\frac{\alpha}{\alpha + \beta}T\right)^\alpha \left(\frac{\alpha}{\alpha + \beta}T\right)^\beta \tag{3-13}$$

4. 基本结论

比较分析个体理性下的纳什均衡条件式(3-8)、式(3-9)及整体理性下的帕累托最优条件式(3-12)和式(3-13),发现 $H_A' > H_A^*$,$H_B' > H_B^*$,即如果双方不合作,政府 A 和政府 B 投资农村水环境治理的比重会少于双方合作时的最佳投资比重；同时还发现 $R_A' > R_A^*$,$R_B' > R_B^*$,即如果双方不合作,政府 A 和政府 B 治理农村水环境污染获得的收益比双方合作时少。这就解释了地方政府农村水环境治理配套

资金到位率较低的原因。地方政府发展经济的竞争,导致农村水环境治理资金不到位。因此,要优化设计相关制度约束同级地方政府之间的竞争行为,激励双方合作治理农村水环境污染。

3.2.1.3 政府相关职能部门博弈

农村水环境治理职能分散在诸多职能部门,这些部门之间在农村水环境治理中存在着激烈的利益博弈,加上管理中的权力掣肘,使农村水环境治理陷入困境。只有使相关部门合作治理,才能实现农村水环境治理利益的最大化。

1. 模型假设

假定 A 和 B 是博弈中的两个职能部门,水环境治理任务为 r_i,$i=1,2$,且 $0<r_i<1$,$r_1+r_2=1$。下面分三种情况来分析:

(1) 部门 A 和部门 B 合作

双方合作时的收益和成本分别为 $R(r_i)$ 和 $C(r_i)$,$i=1,2$,且 $R'(r_i)\geqslant0$,$R''(r_i)\leqslant0$,$C'(r_i)\geqslant0$,$C''(r_i)\leqslant0$。双方合作的净收益分别为 $R(r_1)-C(r_1)$ 和 $R(r_2)-C(r_2)$,且一般有 $R(r_i)-C(r_i)\geqslant0$。

(2) 部门 A 和部门 B 只有一方合作

合作方的净收益取决于农村水环境治理的任务大小 r_i 和不合作方农村水环境治理的任务大小 r_{-i},合作方的净收益为 $r_2[R(r_1)-C(r_1)]$ 或 $r_1[R(r_2)-C(r_2)]$,这说明合作方的净收益受不合作方治理行为的约束。而不合作方会受到与其承担的农村水环境治理任务大小相关的惩罚 $F(r_i)$,$i=1,2$,且 $F(r_i)>0$,$F'(r_i)\geqslant0$,$F''(r_i)\geqslant0$,如果合作方向共同的上级反映不合作方的不合作行为,使不合作方承担相应的责任,且社会舆论对其不作为进行指责等,此时不合作方的净收益为 $R(r_i)-C(r_i)-F(r_i)$,$i=1,2$。

(3) 部门 A 和部门 B 都不合作

在这种情况下,净收益为 $R(r_i)-C(r_i)-F(r_i)$,$i=1,2$。A 和 B 之间信息不对称。假设 A 合作治理农村水环境污染的概率为 α,不合作治理农村水环境污染的概率为 $1-\alpha$;假设 B 合作治理农村水环境污染的概率为 β,不合作治理农村水环境污染的概率为 $1-\beta$;那么,A 和 B 静态混合策略博弈矩阵如下:

表 3-2　农村水环境治理职能部门之间的博弈矩阵

		部门 B	
		合作(β)	不合作($1-\beta$)
部门 A	合作(α)	$R(r_1)-C(r_1),$ $R(r_2)-C(r_2)$	$r_2[R(r_1)-C(r_1)],$ $R(r_2)-C(r_2)-F(r_2)$
	不合作($1-\alpha$)	$R(r_1)-C(r_1)-F(r_1),$ $r_1[R(r_2)-C(r_2)]$	$R(r_1)-C(r_1)-F(r_1),$ $R(r_2)-C(r_2)-F(r_2)$

2. 模型分析

（1）部门 B 选择合作的最优概率

部门 A 的期望效用函数为

$$E_1 = \alpha\{\beta[R(r_1)-C(r_1)]+(1-\beta)r_2[R(r_1)-C(r_1)]\}+(1-\alpha)$$
$$\cdot\{\beta[R(r_1)-C(r_1)-F(r_1)]+(1-\beta)\ [R(r_1)-C(r_1)-F(r_1)]\}$$

则部门 A 行为最优化的一阶条件为

$$\frac{\partial E_1}{\partial \alpha} = [\beta(1-r_2)+r_2][R(r_1)-C(r_1)]-[R(r_1)-C(r_1)-F(r_1)] = 0$$

$$\beta^* = 1-\frac{F(r_1)}{(1-r_2)[R(r_1)-C(r_1)]}$$

（2）部门 A 选择合作的最优概率

部门 A 和部门 B 农村水环境治理的成本、收益、惩罚函数相类似，都取决于承担的农村水环境治理任务和对方的合作倾向，依据对偶性理论，得到部门 A 的最优合作倾向：

$$\alpha^* = 1-\frac{F(r_2)}{(1-r_1)[R(r_2)-C(r_2)]}$$

3. 基本结论

根据博弈结果，则

$$\alpha^* = 1-\frac{F(r_2)}{(1-r_1)[R(r_2)-C(r_2)]}$$

$$\beta^* = 1-\frac{F(r_1)}{(1-r_2)[R(r_1)-C(r_1)]}$$

两者是部门 A 和部门 B 混合策略博弈的唯一的纳什均衡。

$$\frac{\partial \alpha^*}{\partial r_1} = \frac{F(r_2)}{R(r_2)-C(r_2)(1-r_1)}\times\frac{1}{(1-r_1)^2} > 0$$

$$\frac{\partial \beta^*}{\partial r_2} = \frac{F(r_1)}{R(r_1) - C(r_1)(1 - r_2)} \times \frac{1}{(1 - r_2)^2} > 0$$

以上研究说明，α 和 β 分别与 r_1 和 r_2 正相关，表示相关职能部门承担的农村水环境治理任务越重，合作治理倾向就越大。鉴于部门 A 和部门 B 的合作治理倾向与承担的农村水环境治理任务相关，因此，要使部门 A 和部门 B 合作，关键要合理配置治理权限。但部门 A 和部门 B 行政地位平等，任何一方都不能指挥另一方，要求在部门 A 和部门 B 之上有一个共同的强有力的综合协调机构展示足够的控制力，以有效协调双方合作治理农村水环境污染的行为。

农村水环境治理涉及生态环境、农业农村、水利、住建、城管、财政、发改委、自然资源、卫生健康等众多职能部门，这些部门之间的博弈远比两两博弈复杂。如果某一部分不合作或不作为，其他部门再怎么努力也于事无补，这印证了"反公地悲剧"："每个人都有产权，但每个人都没有有效的使用权，导致资源的闲置和使用不足，造成浪费。"[1]

3.2.2 政府与私人部门之间的博弈

私人部门主要包括治污企业和乡镇企业。受经济利益的驱使，一些乡镇企业宁愿交纳罚金排污也不愿意主动治污。假设有两个乡镇企业 A 和 B，它们都倾向于降低成本以增加利润。在生产中，假设乡镇企业的正常利润水平为 P，自己购买治污设备将形成企业成本，如果偷排将节省这部分支出，形成额外的收益 P_0。从博弈的支付矩阵表 3-3 可见，假如排污不受惩罚，企业 A 和企业 B 都会选择（排污，排污）的纳什均衡解。企业 A 和企业 B 各自选择利益最大化的策略后，将会造成农村水环境污染，最终使周边农户承担污染后果。

表 3-3　乡镇企业 A、B 博弈的支付矩阵

企业 A	企业 B	
	排污	净化
排污	$P + P_0, P + P_0$	$P + P_0, P$
净化	$P, P + P_0$	P, P

周边农户属于弱势群体，于是寻求基层政府干预。出于减少工作量、降低监管成本及考虑到地方财政收入来源于乡镇企业税收，基层政府往往选择对乡镇企业

---

① Heller M A. The tragedy of the anticommons: property in the transition from marx to markets[J]. Harvard Law Review, 1988,111(3): 621-688.

进行象征性的罚款,导致政府监管不力、乡镇企业污染不止。为破解这一难题,一些地区委托以治污企业为代表的私人部门参与农村水环境治理,但政府与私人部门之间同样存在着利益博弈。

3.2.2.1 模型构建

在农村水环境治理中,政府的行政资源和私人部门先进的治理技术分别是双方拥有的特质资源,两类资源结合就会产生一个"租"。两者围绕"租"的分配讨价还价,最终达成纳什均衡,表示如下:

$$\max (u_A - d_A)(u_B - d_B)$$

其中,$u_A = U_A(X_A)$,$u_B = U_B(X_B)$,$X_A + X_B = $,$u_A \geqslant d_A$,$u_B \geqslant d_B$

政府和私人部门不合作时的效用分别为 d_A、d_B,即保留效用;π 为合作产生的收益;X_A、X_B 是政府和私人部门获得的收益,u_A,u_B 是相应的效用。

事实上,还有许多因素会影响博弈结果,比如谈判、信息和参与人的贴现率等,在此引入不对称的纳什均衡合作解,对每一个 $\in (0,1)$,最大化如下:

$$\max (u_A - d_A)^T (u_B - d_B)^{1-T}$$

其中,当 T 增加时,政府的效用增加,私人部门的效用减少。

为化繁为简,假设两者风险为中性。对所有的 $X_A \in [0, \pi]$,有 $U_A(X_A) = X_A$,私人部门对所有的 $X_B \in [0, \pi]$,有 $U_B(X_B) = X_B$,可得均衡解为

$$u_A^N = d_A T(\pi - d_A - d_B)$$
$$u_B^N = d_B + (1 - T)(\pi - d_A - d_B)$$

则政府的效用增加量为

$$u_A^N - d_A = T(\pi - d_A - d_B)$$

3.2.2.2 模型分析

分析上述博弈可知,政府与私人部门合作的收益取决于讨价还价能力(T)、合作产生的"租"(π)和双方的保留效用水平(d_A、d_B)的大小。据此,可推出如下假设:

H_1:政府的保留效用越低,合作的绩效越好。

H_2:私人部门的保留效用越低,合作的绩效越好。

H_3:政府的讨价还价能力越强,合作的绩效越好。

H_4:两者通过合作产生的"租"越大,合作的绩效越好。

3.2.2.3 基本结论

要提高政府与私人部门合作治理农村水环境污染的绩效,可从两方面入手:一

是政府和私人部门充分合作,综合运用双方特质资源,并在合作共治的制度机制方面创造条件,使之尽可能产生更多的水环境治理收益或"租";二是政府强化公私合作的专业化程度,科学把握合作项目风险及其成本,提升讨价还价能力,"租"的分配在双方达到某种均衡的基础上,使政府获得更多的农村水环境治理收益,即水环境治理绩效。

3.2.3 政府与农户之间的博弈

为改善水环境质量、维护身体健康,农户作为理性"经济人",有可能为治理水环境污染筹资投劳。但农户与政府之间也存在着利益博弈,由于缺乏政策支持,农户参与意愿不高。

3.2.3.1 模型构建

设某地农村水环境污染涉及 n 个农户,这些农户都是理性经济人。用 M_i 表示参与农户 i 的预算总支出;X_i 表示参与农户 i 对农村水环境污染的自愿治理量;y_i 表示农户从事其他项目的量。假设 P_x 为同一强度单位污染的治理费用;W_i 表示参与农户治理该污染物的强度,$W_i > 0, i = 1, 2, \cdots, n$,那么,$W_i P_x X_i$ 表示参与农户为农村水环境污染所支付的治理费用。P_y 表示农户从事其他项目的单位费用(假设各参与农户的 P_y 相同)。令 $X = \sum_{i=1}^{n} X_i$,设 $U_i(X, y_i)$ 为参与农户 i 的投入 X_i,y_i 后所产生的效用,根据实际,假设 $\frac{\partial U_i}{\partial X} > 0, \frac{\partial U_i}{\partial y_i} > 0$,由此可知,治理农村水环境污染支出与其他项目支出的边际替代率是递减的,即 $P(X) = \dfrac{\partial U_i/\partial X}{\partial U_i/\partial U_i}$ 是 X 的减函数。

如果每个参与农户 i 从各自利益出发,都希望最大化各自效用。此时,参与治理的每个农户在给定其他参与农户选择的情况下,选择各自的最优策略 (X_i, y_i) 以最大化下列问题:

$$\max U_i(X, y_i)$$

$$s.t. \omega P_x X_i + P_y y_i \leqslant M_i, X = \sum_{i=1}^{n} X_i$$

采用拉格朗日乘数法,上述最优化问题相当于

$$\max L_i = U_i(X, y_i) + \lambda(M_i - \omega_i P_x X_i - P_y y_i)$$

λ 是拉格朗日常数,最优化一阶条件为

$$\frac{\partial U_i}{\partial X} - \lambda P_x \omega_i = 0, \frac{\partial U_i}{\partial y_i} - \lambda P_y = 0$$

消去 λ 得

$$\frac{\partial U_i/\partial X}{\partial U_i/\partial y_i} = \frac{\omega_i P_x}{P_y}, i = 1, 2, \cdots, n \qquad (3\text{-}14)$$

n 个均衡条件决定了 n 个参与农户自愿支付的治理费用,即纳什均衡为

$$X^* = (X_1^*, X_2^*, \cdots, X_n^*), \quad X^* = \sum_{i=1}^{n} X_i^*$$

但从全局利益考虑,通常希望参与农户自愿治理越多越好,即希望整体最优,也就是帕累托最优,这时相应的模型就变为

$$\max U = \sum_{i=1}^{n} \gamma_i U_i(X, y_i)$$

$$s.t. \sum_{i=1}^{n} \omega_i P_x X_i + \sum_{i=1}^{n} P_y y_i \leqslant \sum_{i=1}^{n} M_i$$

其中,系数 γ_i 代表不同参与农户的地位或重要程度,采用拉格朗日乘数法,上述最大化问题相当于:

$$\max L_p = \sum \gamma_i U_i(X, y_i) + \lambda \left| \sum_{i=1}^{n} M_i - \sum_{i=1}^{n} \omega_i P_x X_i + \sum_{i=1}^{n} P_y y_i \right|$$

λ 是拉格朗日常数,最优化一阶条件为

$$\sum_{i=1}^{n} \gamma_i \frac{\partial U_i}{\partial X} - \lambda P_x \omega_i = 0, \quad \frac{\partial U_i}{\partial y_i} - \lambda P_y = 0$$

消去 λ,得

$$\sum_{i=1}^{n} \frac{\partial U_i/\partial X}{\partial U_i/\partial y_i} = \frac{\omega_i P_x}{P_y}, i = 1, 2, \cdots, n \qquad (3\text{-}15)$$

这决定了治理农村水环境污染费用的帕雷托最优解为 X^{**}。

由式(3-14)、式(3-15)得

$$P(X^*) = \frac{\partial U_i/\partial X}{\partial U_i/\partial y_i} = \frac{\omega_i P_x}{P_y} > \frac{\omega_i P_x}{P_y} - \sum_{j \neq i} \frac{\partial U_j/\partial X}{\partial U_j/\partial y_j} = P(X^{**})$$

依据治理水环境污染支出与其他项目支出的边际替代率递减,得 $X^* < X^{**}$。

3.2.3.2 模型分析

上述博弈模型说明,如果农户从自身利益出发,其自愿支付的水环境治理费用少于从集体利益出发支付的水环境治理费用;如果单位水环境治理效用比其他单位项目效用高,农户就会趋向于增加水环境污染治理量,从而使农户自身的效用增

加较快,更进一步促进农村水环境治理。这充分验证了为什么只有在水环境污染非常严重时,农户才会采取措施进行治理,而在水环境污染不严重时,一般不予重视。

3.2.3.3　基本结论

农户参与农村水环境治理的积极性不高。当前,广大农户经济收入不高,靠其自愿参与农村水环境治理的困难还比较大,所以需要政府给予政策支持。

3.3　农村水环境共治博弈结果分析

凝练总结上述三类博弈结果,有利于深刻把握农村水环境治理核心主体的行为特征和利益诉求,同时也为农村水环境共治模式设计提供重要依据。

3.3.1　对政府内部协同治理的影响

农村水环境治理是一个"棘手性"难题。政府主体之间的博弈结果表明,单一政府主体不能有效治理农村水环境污染,政府内部应协同治理农村水环境污染。一是由于财权、事权分离及实施分税制,地方政府作为主要投资者,往往存在夸大农村水环境治理资金需求的动机,上级政府应创新监管方法,确保上级财政资金的使用效率。二是上级政府要健全完善激励约束机制,促使下级政府落实配套措施,加大农村水环境治理力度。三是在水环境治理改革由分散型转向集中型的大背景下,需要协调整合现有的治理层级和治理功能,提高纵向、横向政府主体之间的协同性,以迈向农村水环境污染的"整体性治理"轨道。

3.3.2　对政府外部合作治理的影响

3.3.2.1　对公私合作的影响

政府与私人部门的博弈分析表明,以政府为主要投资者的传统治理模式已无法满足农村水环境治理需要,应鼓励多元主体特别是私人部门参与农村水环境治理。但农村水环境治理收费困难,保本微利甚至亏损的结果对私人部门缺乏吸引力,政府需要给予各种优惠措施鼓励私人部门参与治理。具体可采用公私合作模式,对无法通过收费实现收支平衡的,政府应给予必要的补偿;也可采用打捆 BOT 模式,通过规模效益降低私人部门投资风险。考虑到私人部门的逐利本性,完全放开项目准入会有损社会福利提高,故政府应完善准入条件,优选私人投资者,并全面测算项目全寿命周期风险成本,有效化解公私合作风险。

3.3.2.2 对农户参与的影响

政府与农户的博弈分析表明,农户作为一个特殊主体,在农村水环境治理中呈现复杂的行为特征。他们既迫切需要改善农村水环境质量,又普遍隐藏真实需求和习惯于选择"搭便车"。农户往往会降低水环境治理效用评价,并释放这种效用评价以表示获得收益有限,故不需要支付农村水环境治理费用。加之受收入水平、文化素质等因素的影响,他们不会积极主动参与农村水环境治理。因此,需要政府提供政策支持。

第4章 农村水环境政府内部
协同治理研究

水环境污染在空间上的关联性、流动性和不可分割性,以及时间上的连续性,决定了农村水环境协同治理的系统性。近年来,我国政府逐渐认识到单一的水环境治理模式无法保障治理职责的有效履行,为妥善解决农村水环境污染的负外部性,相关政府主体需要协同治理。农村水环境治理涉及不同层级政府、同级地方政府及政府相关职能部门,治理的"棘手性"难题和"碎片化"问题要求政府内部协同治理。整体性治理理论强调治理层级整合和治理功能整合,主张政府机构之间通过充分的沟通合作,达成有效协调、目标一致、执行手段相互强化等目标,以更好地为公众提供无缝隙的公共产品或公共服务。本章结合整体性治理理论治理层级整合、治理功能整合方面的知识,分析农村水环境政府内部协同治理的基本原理,优化设计包含动力机制、整合机制、保障机制的政府内部协同治理机制,并构建评价模型和评价指标体系,对农村水环境政府内部协同治理进行绩效评价。

4.1 农村水环境政府内部协同治理的理论分析

4.1.1 农村水环境治理中的政府责任

政府责任是行政管理中最核心的问题,是政府及其行政人员因公权地位和公职身份而对授权者和法律法规所承担的责任[①]。从公共行政学角度看,政府责任包括政治责任、行政责任、道德责任、诉讼责任和侵权赔偿责任[②]。根据社会发展

---

① 张国庆. 行政管理学概论[M]. 北京:北京大学出版社,2000.
② 张成福. 责任政府论[J]. 中国人民大学学报,2000(2):75-83.

需要,政府应承担政治、经济、文化、社会等职能,其中,生态环境保护是政府社会职能中的一项重要内容。政府承担生态环境保护职责已成为全球共识。早在 1972 年,《联合国人类环境会议宣言》就明确提出,保护自然生态、改善人类环境是世界各国人民的迫切希望,关乎世界各国的发展和福利,各国政府都应履职尽责。生态环境的非竞争性、非排他性和外部性,决定了政府必须作为公共利益代表承担治理责任。

在农村环境治理领域,虽然专家学者强调政府与社会资本合作的意义及社会组织、农户参与治理的作用,但都不否认政府的主导作用。从政府责任角度来讲,农村水环境治理中的突出问题主要是政府职能定位不明、责任履行不力[①]等,只有明确政府责任,才能使政府在农村水环境治理中更好地发挥作用。而政府责任是一个非常复杂的系统工程,包括立法、宣传教育、资金的分配使用、监管、反馈评估等具体环节,涉及决策、执行、监督三大流程有机运作[②]。根据元治理理论,政府既是农村环境多元治理体系的建构者、治理成本的主要承担者,还是 PPP 模式的设计者和监督者、社会组织参与治理的支持者和农民参与治理的引导者[③]。结合农村水环境治理实际,政府在农村水环境治理中主要承担财政责任、制度责任、监管责任和协同责任。

4.1.1.1　财政责任

农村水环境公共产品属性决定了其治理成本只能由政府来承担。政府或公共部门的公共性要求必须为社会提供具有公共性的物品[④]。实践表明,虽然社会组织、公众可以供给公共产品,私人部门通过付费机制也可以参与公共产品供给,但这绝不意味着政府可以推脱供给责任。对于农村水环境治理这类难以获得收益的公共产品而言,政府更应该承担治理责任。我国农村水环境治理历史欠账多,每一项工作的开展,都需要大量资金投入。目前,农村水环境治理资金主要来源于中央专项资金、地方配套资金及地方财政支出预留资金,尽管尝试建立多元主体筹资机制,但政府财政资金依然是主要资金来源。

4.1.1.2　制度责任

根据奥尔森集体行动逻辑,"除非一个集团中人数很少,或者存在强制或其他

---

① 李亮.农村环境治理基层政府责任研究[J].中共郑州市委党校学报,2016(4):54-58.

② 娄树旺.环境治理:政府责任履行与制约因素[J].中国行政管理,2016(3):48-53.

③ 曲延春.农村环境治理中的政府责任再论析:元治理视域[J].中国人口·资源与环境,2021,31(2):71-79.

④ 张康之.论公共性的生成及其发展走向[J].青海社会科学,2018(3):1-12.

特殊手段以使个人按照他们的共同利益行事,有理性的、寻求自我利益的个人不会采取行动以实现他们共同的或集团的利益"①。集体行动困境使制度成为必须。道格拉斯·D.诺斯认为,制度执行的交易成本决定了制度设计能否达到预期目标。提高环境交易成本是国外环境治理的主要途径之一,"通过架构和完善环境保护的各项法规,加强对排污者经济处罚、行政制裁以及刑事责任的综合整治,以提高其环境交易成本②"。良好的制度设计和安排能够为地方政府之间的良性互动提供博弈规则和框架,约束地方政府行为,减少交易成本和不确定性,协调各种矛盾和利益冲突,将阻碍合作治理的因素减少到最低程度③。农村水环境治理过程中容易产生"搭便车"行为和各种交易成本,原有的以行政区划、职能部门为基础的分散的制度安排和以行政命令为主的等级制制度安排带来集体行动困境。政府能充分调动和协调各方资源,需结合实际加强顶层设计,科学设计相关制度促进协同治理。

4.1.1.3　监管责任

农村水环境治理离不开政府监管。在市场经济条件下,大多数国家包括水环境治理发达的英美等国,都强调政府的水环境治理监管责任。政府监管是确保农村水环境治理良性运行和各种利益关系正确处理的保障,而目前我国农村水环境治理政府监管无动力、无能力、无压力等问题比较突出,某些地方政府权衡经济增长与农村水环境治理的收益,采取"上有政策,下有对策"的选择性环保执法手段,使农村水环境治理政策落地难,加之地方政府职责同构及环境管理体制条块分割,使政府监管不可避免存在漏洞。各级政府及各部门之间职能边界划分不清,环保部门偏重于执法职能,大多数乡镇没有专门的环保机构,生态环境治理工作缺乏行之有效的手段④。因此,应强化政府监管责任,完善监管制度,制定操作性强的监管办法,切实加强监督检查和考核问责,确保有效开展农村水环境治理。

4.1.1.4　协同责任

新公共服务理论认为,政府是"公共资源的管家、公民权和民主对话的促进者、

---

① 奥尔森.集体行动的逻辑[M].陈郁,郭宇峰,李崇新,译.上海:上海三联书店,1995.

② 杨东平.中国环境发展报告(2010)[M].北京:社会科学文献出版社,2010.

③ 赵新峰,袁宗威.我国区域政府间大气污染协同治理的制度基础与安排[J].阅江学刊,2017,9(2):5-14,144.

④ 冯阳雪,徐鲲.农村生态环境治理的政府责任:框架分析与制度回应[J].广西社会科学,2017(5):125-129.

社区参与的催化剂、街道层次的领导者",主要扮演利益协调、冲突调解的角色[①]。水环境治理是一项复杂的系统工程,其治理主体包括政府组织、民间组织、自愿组织等,形成政府与公共社会、私人部门等多元主体共同治理的格局。其中,政府扮演最核心的角色,引导非政府主体积极参与水环境治理,整合优化各方资源,通过政策平衡各方利益,帮助非政府机构积极参与融入水环境治理中,并适度为参与的经济组织谋求利益,增强经济组织参与水环境保护的内生动力[②]。农村水环境治理是一个复杂的、动态的、开放的系统,各政府主体之间存在竞合关系,同时与外部环境、非政府主体之间保持着物质、信息和能量的交换。政府履行协同责任,一方面,应根据上级政府的安排、命令、激励等措施,促进政府内部协同治理;另一方面,应扮演多元治理体系的建构者角色,整合协调非政府主体的利益与目标,促进非政府主体的作用有效发挥。各治理主体应相互尊重、平等协商、协同合作,使农村水环境治理产生"1+1>2"的协同效应。

4.1.2　农村水环境政府内部协同治理的内涵

国内外众多专家学者关注协同问题研究。德国科学家哈肯认为,协同是"系统的各部分之间相互协作,使整个系统形成微个体层次所不存在的新质的结构和特征"。在管理学领域,协同是指多元主体围绕共同目标,打破资源要素间的壁垒,共同协商、彼此协作,通过资源的最优开发与利用实现价值提升的过程。"协同政府""整体政府""水平化政府""全面政府""网络化治理""协作型治理"[③]等都强调制度化、经常化和有效的"跨界"合作以增进公共价值,倡导打破部门之间的利益分割,从狭隘的市场竞争走向协同合作,通过建立部门间沟通协调机制,共同治理公共事务和协作供给公共服务[④]。

"协同治理"为农村水环境污染问题的整体性解决提供了理论指导。农村水环境污染往往不以行政区划为界限,由于水环境的公共性和负外部性,以及社会治理的复杂性和诸多不确定性因素,导致农村水环境治理绩效不佳。农村水环境污染的复杂性与政府自身存在的既和外部封闭,又呈现内部割裂的管理特征有关,传统属地管理模式及地方竞争机制使农村水环境治理陷入困境。协同治理强调治理主

---

① 丁煌. 当代西方公共行政理论的新发展:从新公共管理到新公共服务[J].广东行政学院学报,2005(6):5-10.

② 沈锦程. 水环境治理中的政府责任:以浙江省 YW 市"五水共治"为例[D].南昌:南昌大学,2017.

③ 汪锦军. 构建公共服务的协同机制:一个界定性框架[J].中国行政管理,2012(1):18-22.

④ Christensen T,Laegreid P. 后新公共管理改革:作为一种新趋势的整体政府[J].张丽娜,袁何俊,译.中国行政管理,2006(9):83-90。

体的多元化、治理结构的协同性和治理方式的多样化，能缓解环境治理的窘迫、克服传统治理模式"碎片化""分裂化"的缺陷①。在强调多元治理的新时代，各政府主体之间的协同合作是实现协同治理的主要环节。

农村水环境政府内部协同治理是指不同层级政府、同级地方政府以及政府相关职能部门，为提升农村水环境治理绩效而进行的跨层级、跨地域、跨部门的多方共享资源、共担责任、相互配合、井然有序的联合治理行动。该概念既强调各政府主体的合作，又突出合作的系统性，即从系统的整体视角促进农村水环境治理各政府主体的协同。

4.1.3　农村水环境政府内部协同治理的特性

4.1.3.1　目标性

根据协同论，实现系统的整体目标是协同的目的。各子系统在整体目标的引导下相互合作、相互支持、相互促进，确保系统的前进方向。农村水环境政府内部协同治理，要求在农村水环境治理整体目标引导下，促使上下级政府、同级地方政府及政府相关职能部门协同治理农村水环境污染。

4.1.3.2　开放性

根据协同学和自组织理论，系统要从无序走向有序或形成更加合理的结构与功能，必须不断地与子系统或系统外部进行物质、能量、信息等的交换。农村水环境治理也是一个开放的系统，只有不断地在政府内外部进行资金、资源、信息、技术等的交换，才能产生协同现象。

4.1.3.3　动态性

系统非静止不变的，而是动态的。在实现系统整体目标的过程中，政府各子系统需根据发展实际及时调控修正各自目标，以实现系统的整体目标。农村水环境政府内部协同治理的动态性主要表现在所需资源、治理内容以及流程的动态变化等方面。

4.1.3.4　多元性

农村水环境治理存在多个政府主体，中央和有关部委、各级地方政府、同级地

---

① 赵树迪，周显信.区域环境协同治理中的府际竞合机制研究[J].江苏社会科学，2017(6):159-165.

方政府以及生态环境、农业农村、住建、水利等职能部门都是治理主体,都不能被排斥在农村水环境治理过程之外。各政府主体之间是合作互补关系,通过合作,促使纵向、横向各政府主体弥补缺陷,协同发挥作用。

4.1.3.5 模糊性

传统的政府组织模式是以职能为基础设计的,该组织模式在相对稳定的环境中比较有效。在农村水环境政府内部协同治理模式下,政府组织之间原有的界线被打破,相互之间以任务为基础进行重组,使各级政府或政府相关职能部门的界线不再清晰。

4.1.3.6 集成性

农村水环境政府内部协同治理系统由各子系统集成而成。这种集成是按照农村水环境治理的目标、任务等整合在一起,并非把模块简单地进行排列组合或分类捆绑。农村水环境政府内部协同治理的集成性打破了层级、地域、部门的限制,使各政府主体的资金、资源、信息、技术等得到有效集成整合。

4.1.4 农村水环境政府内部协同治理的困境

传统的农村水环境治理是以行政区域为单位,通过组织建设、命令强制、绩效考核等措施提升农村水环境治理效率。农村水环境治理除了要求完成本地目标考核任务,还要求相邻地区协同治理,高质量完成区域内农村水环境治理任务。水的流动性使水环境污染在空间范围上不再是局部性问题,因此,要关注水环境污染的流动性,避免污染的溢出效应使农村水环境区域协同治理模式受到限制。现实中,地方政府基于经济利益最大化目标,往往通过选择性治污、文件式执行等方式回避或转移治污责任,导致出现农村水环境治理"公地悲剧"现象。目前,农村水环境政府内部协同治理还面临以下现实问题:

4.1.3.1 理念冲突

在现行的属地管理模式下,各地方政府在出台农村水环境治理政策、水环境质量标准、处罚措施时多从自身利益出发,各自为政。即使在上级政府的权威下进行协同治理,但这种协同不是各政府主体自行组织、演化的结果,而是具有明显的应付心态,一旦上级政府干预消失,会再次陷入各自为政的状态。在地方保护主义、部门本位主义等因素影响下,导致农村水环境治理的行政壁垒困境和治理"碎片化"等问题。地方政府"碎片化"、分割化治理理念在应对这种跨域性公共事务中力不从心,会引发潜在的治理危机。

4.1.3.2 利益矛盾

在以 GDP 为核心的绩效考核机制下,地方政府行动的逻辑起点往往是本地利益最大化。现实中,地方政府特别是县级政府是农村水环境治理的直接实施者,其目标任务除了完成上级政府的 GDP 考核,还要应对同级地方政府的竞争压力、回应辖区民众的利益诉求以及考虑自身人员的晋升等。因此,当经济利益与环境利益发生冲突时,不排除地方政府会最大化本地利益而忽视整体的农村水环境利益。为完成经济发展目标,一些地方政府热衷于投资能够快速拉动经济增长的项目,而对农村水环境治理缺乏积极性。农村水环境治理需要投入大量的资金、资源,且其治理效果具有显著外部性,即农村某个区域的水环境污染很容易传播到其他地区,某个区域水环境治理也难以避免让其他地区获益,导致其他地方政府选择"搭便车"。当缺乏有效的利益补偿时,地方政府基于成本与收益的不对等现状而消极应对,农村水环境治理"公地悲剧"和"集体行动困境"就随之产生。

4.1.3.3 制度缺失

"公地悲剧"和"集体行动困境"产生的根源在于缺乏有效的激励约束制度。如果纠偏性制度缺失,各政府主体就会片面追求自身利益、在无序的利益博弈中陷入低效或无效的治理困境。农村水环境治理涉及多个政府主体,这些政府主体之间往往互不隶属,有些甚至存在竞争关系,出于自身利益最大化考量,他们协同治理意愿较低。因此,必须制定相应的制度促进协同治理,规避"搭便车"行为。实践中,一些地方政府成立了美丽乡村建设、农村人居环境整治等方面的领导小组,在美丽乡村建设、农村人居环境整治中统筹推进农村水环境治理,但严格来讲,这仅是一种临时性的组织机构,其议事决策缺乏明确的制度规定,当面临实质性利益冲突时,各政府主体依然按照自身利益最大化的原则开展行动。

4.1.3.4 信息壁垒

各政府主体在发展经济和治理水环境污染的博弈过程中,之所以出现地方政府选择发展经济,一个重要原因就是各政府主体之间信息不对称,孤岛现象凸显。孤岛现象是指组织、机构、部门间由于缺乏有效的沟通协调,在政策制定、信息系统建设等方面因信息不对称而造成制度、体制、信息系统等产生较为明显的二元结构①。实践中,一些地方农村水环境治理的信息公开缺乏透明性和时效性,并且缺乏信息公开主体,导致信息公开的内容较虚,相关数据和信息在统计口径、统计范围、使用方式等方面存在差异,信息支撑作用难以有效发挥,加上行政壁垒和科层制组织的制约,一些政府或部门不会主动共享农村水环境污染和治理方面的数据,倾向于隐瞒对自身不利的真实信息,导致形成事实上的"信息壁垒""信息孤岛",使农村水环境协同治理难度大,不仅增加交易成本,而且提高了机会主义行为发生的概率。

上述问题,一方面反映了地方政府的自利性,另一方面体现了政府内部协同治理动力不足。推进农村水环境政府内部协同治理,不是单个政府主体需要面对的问题,而是构建农村水环境共治体制机制的内在要求。要明确农村水环境政府内部协同治理的目标任务,优化设计有效的政府内部协同治理机制,形成强大的组织力、执行力,消除协同治理的壁垒,推动"碎片化"治理向整体性的政府内部协同治理转变。

4.2 农村水环境政府内部协同治理的目标任务

4.2.1 农村水环境政府内部协同治理的目标

目标一致性是协同成为可能的前提条件。各参与者之间目标一致,依据各自优势分别开展工作,这是理想的协作关系。希克斯从政策、组织、机构、顾客四个层面对目标进行了具体分析,认为政策目标是指在特定领域中公共参与的高度支配性目的,组织目标强调有效管理组织关系,机构目标为推动相关组成机构的运作,顾客目标是指满足顾客的需求或帮助重塑顾客偏好。其中,顾客目标和机构目标是在区域性层面形成发展的,政策目标和组织目标可能在国家甚至超国家水平之上形成并为之负责的②。

---

① 韩兆柱,任亮.京津冀跨界河流污染治理府际合作模式研究:以整体性治理为视角[J].河北学刊,2020,40(4):155-161.

② Hicks P,Leat D,Seltzer K,et al. Towards holistic governance:the new reform agenda[M]. New York:Palgrave,2002.

根据希克斯的目标理论,归纳出农村水环境政府内部协同治理的目标:① 在政策层面,总体目标是协同解决农村水环境污染,使农村水环境质量得到明显改善;② 在组织层面,主要目标是在中央政府领导下,各级地方政府、同级地方政府和政府相关职能部门协调一致,有效完成农村水环境治理任务,实现各政府主体的多元价值;③ 在机构层面,主要目标是针对现阶段农村水环境污染问题的根源,通过协同实施农业面源污染控制、生活垃圾污水处理、畜禽养殖废弃物资源化利用、乡镇企业治污、河道疏浚整治等措施,共同提高区域农村水环境质量,实现区域主要水体的水质目标;④ 在顾客层面,主要目标是协同处理所在区域公众,特别是广大农户最为关心的农村水环境污染问题,不断满足农户治理需求,提升农户生活品质。

4.2.2 农村水环境政府内部协同治理的任务

我国农村人口居住较为分散,农村地域特征和发展程度迥异,农村水环境污染一般采用分散式治理模式。但该模式治理成本高、监管难度大、治理效果易变且达不到预期成果。相比分散式治理,连片整治更能有效解决农村水环境污染问题。农村水环境政府内部协同治理主要解决区域性农村水环境污染问题,具体可通过连片整治方式,对地域空间相对集聚的多个地区或村庄实施同步治理、集中整治。农村水环境污染连片整治主要有三种方式(图 4-1):一是实施综合治理,同步改善地域空间相连的多个地区或村庄的水环境质量;二是聚焦同类水环境污染或相同水环境敏感目标,同步治理地域上互不相连的多个地区或村庄,以解决同类水环境污染或保护相同水环境敏感目标;三是建设集中的大型水环境治理设施,利用其辐射作用,解决农村相邻地区或村庄的水环境污染问题。

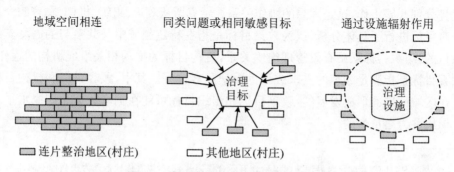

图 4-1 农村水环境连片整治的三种形式

农村水环境的整体性要求克服治理的碎片化,而政府的理念认知差异(重经济价值,轻生态价值)、利益结构差异("经济人"角色,农村水环境治理投入与收益不对等)、制度机制缺失等导致农村水环境治理"集体行动困境"。因此,农村水环境政府内部协同治理的主要任务就是,要着眼于改变原有属地管理模式,采用连片整治方式,加强各政府主体间协同治理制度机制设计,构建各政府主体参与的治理结构,并综合运用多元治理手段,推动农村水环境治理向跨层级、跨区域、跨部门的整体性治理转变。

4.3 农村水环境政府内部协同治理机制优化设计

协同治理机制是对协同治理作用方式的系统性规定。基于"结构—过程"模型,经济合作与发展组织把协同治理机制分为"结构性机制"(structural mechanisms)和"过程性机制"(procedural mechanisms)两类,认为结构性机制侧重协同治理的组织载体,即为实现跨组织协同而设计的结构性安排,如中心政策小组、部际联席会议、专项任务小组等;过程性机制侧重实现协同的程序性安排和技术手段,如面临"跨界问题"时的议程设定和决策程序、促进协同的财政工具和控制工具的选择等[①]。整体性治理强调通过整合纵向与横向组织结构实现逆碎片化治理。下面,结合整体性治理理论,探讨分析农村水环境政府内部协同治理的动力机制、整合机制和保障机制。

4.3.1 动力机制

整体性治理所强调的府际关系即政府之间的关系,包括中央政府与地方政府之间、地方政府之间、政府部门之间、各地区政府之间的关系,其核心是利益关系[②]。地方政府作为理性"经济人",其趋利倾向是影响府际博弈关系的重要因素。因此,要重视发挥利益的正向推动作用,促进政府内部协同治理。从前文博弈分析可知,各政府主体之间存在着错综复杂的利益博弈,政府内部协同治理的形式和机制受利益博弈的影响,协同并不必然发生。因此,应重视各政府主体间的利益博弈行为,通过有效的机制设计,引导他们在农村水环境治理中协同行动。

---

① OECD. Government coherence:the role of the centre of government[D]. Budapest,2000.

② 谢庆奎. 中国政府的府际关系研究[J]. 北京大学学报(哲学社会科学版),2000(1):26-34.

首先,要完善成本分摊机制,结合农村水环境污染状况、地方利益受损情况和地方经济发展水平等因素,量化分摊农村水环境治理成本。其次,要建立利益引导机制,使上级政府在下达农村水环境治理任务时兼顾地方政府经济利益、政治利益、政策利益。例如,上级政府在农村水环境治理项目中提供财政支持以及地方官员的晋升激励、积极利好的财税政策等。再次,要寻找利益重合空间,使各政府主体能从农村水环境治理中获得实实在在的收益。国内外经验表明,利益补偿是各政府主体协同共识达成和顺利执行的重要保障。在目前行政分割的现实和保护地方或部门利益的背景下,应坚持平等、互利、合作原则,尽量确保各方利益平衡,并通过规范的制度和程序,使利益在各政府主体间转移流动,实现利益的公平合理分配。

利益补偿本质上是坚持利益共享的核心价值,由农村水环境治理能力强的政府主体对能力弱的主体给予直接或间接补偿。利益补偿要解决三个问题:一是补偿资金问题,需以公平、效率原则建立协同治理基金,出资比例按获益程度和各自投入确定;二是补偿监督问题,可推崇农村水环境治理利益共享的价值理念,形成内在自觉性,并畅通社会监督渠道,形成外在规范性;三是补偿额度问题,因难以全面测算农村水环境治理的获利程度,可通过援建农村水环境治理设施、转移支付财政资金等方式进行补偿。最后,要构建新型府际竞合关系。府际博弈关系阻碍政府内部协同治理,要改变博弈规则,使各政府主体在良性竞争中主动寻求合作、实现共赢目标。各政府主体应摒弃恶性竞争,基于区域协同治理目标,重构政府间合作关系,促进区域农村水环境污染一体化治理。

4.3.2 整合机制

农村水环境污染非常复杂,超出了单个政府主体的治理意愿和治理能力,"脱域化"的治理危机,使整合政府间及政府内部的组织机构成为农村水环境治理的当务之急。整体性治理倡导治理层级、治理功能的整合。根据这一观点,农村水环境政府内部协同治理的整合机制主要包括治理层级、治理功能、治理过程三方面的整合。

4.3.2.1 治理层级整合

1. 完善权责体系

上级政府通过奖惩措施监管农村水环境治理是一种必然要求。首先,农村水环境治理具有正外部性,治理的私人边际收益小于社会边际收益,在没有上级政府监管的情况下,基层政府治理动力不足,农村水环境治理资源难以实现帕累托最优配置,基层政府往往选择以邻为壑,单边的属地管理模式难以达成满意结果,加之水环境污染流动性的特点,上级政府监管下的协同治理才是较为有效的方式。其次,农村水环境政府内部协同治理具有交易成本,根据科斯第二定理,在交易费用大于零时,不可能通过基层政府间的协商、谈判促成协同治理。因此,应根据农村水环境污染因子的外部性程度,科学划分上级政府和下级政府的治理权限、治理职责。上级政府特别是中央和省级政府除了加强宏观层面的政策、法规约束,还应综合运用环境补贴、生态利益补偿、惩罚、环境保护税、排污许可证交易等政策工具,以提高监管的法治化、专业化水平,有效遏制下级政府违规行为。中央和省级政府的权威,体现在整体规划和具体政策的科学性,并尽力减少基层政府的自由裁量空间,对于违背整体规划及不执行具体政策,甚至污染农村水环境的行为,应给予严厉惩罚。

2. 矫正财政补贴

农村水环境治理的正外部效应,使基层政府协同治理不能自发实现良性互动达到理想的均衡状态。一般情况下,选择协同治理的一方会为另一方带来正外部效应,即另一方会产生"搭便车"行为。据此,上级政府可采用矫正性的财政补贴实现外部效应的内在化,即对愿意协同治理的下级政府进行财政补贴,对不愿意协同治理的进行惩罚,并加大政策支持和财政补贴力度,鼓励进行治理技术革新,来尽量降低农村水环境治理成本,推动形成自发合作的协同治理联盟。

3. 健全基层环保机构

当前,农村最基层的是县一级的环保机构,县生态环境局名义上虽是"综合管理部门",但对农村水环境治理涉及较少,相关工作分散在农业农村局、住建委、水利局等职能部门,职能部门的分散性,容易导致各自为政,相互推诿,进而影响农村水环境治理的有效性。而在大多数乡镇,环保机构不够健全,少数乡镇虽设有环保办公室、环保助理、环保员等机构和岗位,但一般限于农村工业污染领域,对农村其他领域水环境污染问题关注较少。此外,相对于其他国家来说,我国县乡环保专业人员在数量和质量上都还存在一定的差距。因此,应健全基层环保机构,建设一支强有力的农村水环境治理队伍,切实解决水环境治理链条"最后一公里"的断裂问题。基层环保机构理应成为农村水环境治理的重要力量,积极承担治理主体责任,更大限度地满足农村水环境治理的公共价值诉求。

4.3.2.2 治理功能整合

整体性治理理论主张打破现有组织架构,协调整合分散在不同部门的相同功能。跨界公共事务管理要求打破地方保护主义,构建跨域性的府际协作组织[①]。依托制度性集体行动框架,一些学者基于中国制度情境提出了府际合作中两种向度的具体机制,认为横向合作机制包括行政首长联席会议、日常工作小组等,纵向合作包含的具体机制主要有政治动员、法律和行政命令、战略规划、制度激励、项目评估等[②]。还有学者用正式协议与非正式协议来刻画府际横向合作机制,用强制协议(如上级制定的政策)来刻画府际纵向合作[③]。在农村水环境治理中,可按照水环境治理的整体性要求,分层整合各政府主体的治理功能。具体可分国家、区域、地方政府三个层面组建高规格的农村水环境污染协同治理机构,以更好地整合治理资源,彰显协同效应,西方一些国家建立了类似的环境治理机构。

就协同治理农村水环境污染的机构而言,应从临时性组织(领导小组或工作组)向制度化组织(决策委员会)转变,并赋予这类组织决策、执行、监督、管理等权能,同时,组建内设机构,配备专职人员,制度化、常态化日常工作。在重构方式上,建议作为决策机构的农村水环境污染协同治理机构归口于生态环境管理部门,由各级政府负责人和有关部门成员单位的负责人组成,负责农村水环境污染协同治理的任务规划、宏观战略和制度制定;执行部门分设信息采集、监督、审批、资金管理、人事管理等机构。具体而言,在中央层面,可设立高于区域行政级别的协同治理机构,推动形成从机构设立到制度建设再到职能落实的区域农村水环境协同治理网络架构,加强工作衔接、化解冲突、共享资源、协同治理,确保区域农村水环境公共利益整体实现。在区域层面,可依托"河长制""湖长制",探索重点流域农村水环境污染协同治理组织机制,以流域管理为主、属地管理为辅,明确权责边界,注重发挥流域管理机构在区域协同治理、资源优化配置中的积极作用。在地方政府层面,可组建政府内部协同治理领导小组,负责日常组织、制订计划、任务分解、协调指导、监督考核等工作。这类机构有专项管理权责,能直接调动政府资源和社会力量,有效制定治理目标、治理措施,统一实施治理行动,确保各方互通信息、达成共识、联合行动。

[①] 陈桂生. 大气污染治理的府际协同问题研究:以京津冀地区为例[J]. 中州学刊,2019(3):82-86.

[②] 邢华. 我国区域合作治理困境与纵向嵌入式治理机制选择[J]. 政治学研究,2014(5):37-50.

[③] Yi H T, et al. Regional governance and institutional collective action for environmental sustainability [J]. Public Administration Review,2018,78(4):556-566.

4.3.2.3　治理过程整合

1. 理念协同

习近平总书记指出:"理念是行动的先导,一定的发展实践都是由一定的发展理念来引领的。发展理念是否对头,从根本上决定着发展成效乃至成败。"在农村水环境治理中,最大化自身利益的个体理性无助于实现整体利益,各政府主体应树立协同治理理念,形成合作共治关系;应充分认识到地方利益最大化是建立在整体水环境利益实现的基础上的,非合作的利益博弈只会导致地方整体利益减少。在治理农村水环境污染过程中,各政府主体应摒弃单打独斗、GDP 至上、本位主义等错误理念,充分合作,发挥各自能力优势,促进农村水环境与农村政治、经济、文化、社会协同发展,把协同治理理念内化为农村水环境治理的自觉行为,摒弃"邻避"思维,突破传统行政区域壁垒,构建互动网络。

2. 目标协同

一是实现各政府主体目标的协同。中央政府、各级地方政府及政府相关职能部门的目标各不相同,在农村水环境治理中难免夹杂着国家利益、地方利益和部门利益。一方面,纵向上应实现上下级政府农村水环境治理目标协同。下级政府农村水环境治理目标不能仅来源于上级政府的任务指派,要与辖区内真实的水环境污染问题相符,不能脱离辖区实际的水环境治理能力。另一方面,横向上应实现地方政府间农村水环境治理目标协同,这有利于纠正跨界污染、"搭便车"等水环境污染负外部性问题。行政管理有边界,水环境污染无边界。应打破思维定势,着眼于区域一体化发展,协同制定治理规划,合理设定治理目标,明确治理任务、突出治理重点、优选治理措施。

二是实现不同阶段目标的协同。农村水环境治理是一项复杂的系统工程,不可能一蹴而就,毕其功于一役。当前,我国农村水环境治理基础薄弱、治理任务艰巨,是农村人居环境整治提升的突出短板,短期的"运动式"治理很难实现治理目标,应将不同阶段的治理目标统筹起来,既体现各阶段农村水环境治理的侧重点,又体现整个治理工作的连续性。

三是实现农村水环境治理目标与农村政治、经济、文化、社会建设目标的协同。地方政府治理农村水环境污染的根本目的在于促进经济发展与水环境的协调,提升农村居民的获得感与幸福感,最大化以农村居民利益为核心的社会福利。农村水环境治理有利于促进农村经济社会可持续发展,因此,在发展地方经济和促进社会发展时,应考虑对农村水环境的影响,严格审批可能造成农村水环境污染的项目。

3. 决策协同

中央政府、各级地方政府及政府相关职能部门有着不同的决策方案,应建立决策通报制度、协商制度、信息共享制度,实现各政府主体的决策协同。

从治理过程看,一要实现各阶段决策方案与整体决策方案的协同,二要实现修正性决策与整个目标规划的协同。

从治理技术看,信息是决策的基础,信息的质量决定决策的质量,应基于大数据技术构建数字化决策平台,充分挖掘相关数据价值,通过专业化的分析预测对备选方案进行评估,最终选出最佳方案,以提高协同决策的科学性、可行性,实现精准治污、科学治污。

4. 资源协同

(1) 资金整合

农村水环境治理需要政府政策支持和财政资金的大力投入,应充分发挥各级政府的主导作用和公共财政投入的主渠道作用,逐步形成"政府主导、财政倾斜、部门帮建、乡村投资"的格局。

一方面,积极争取中央项目资金,落实好地方配套资金,逐步增加对农村水环境治理的财政投入,并提高财政资金投入比例,安排专项资金,通过以奖代补、以物代补等形式,确保治理工作正常有序开展。

另一方面,市、县及其相关职能部门为农村水环境治理提供配套资金支持,并重视乡镇和行政村在治理投资中的主体地位,以乡村振兴、美丽乡村建设、农村人居环境整治等为抓手,整合各种资源,捆绑使用,集中实施,提高治理成效。在农村水环境治理中,资金需求最强烈且最缺乏的是基层政府,资金需求与配置的"倒挂"现象决定了必须采用"由上至下"的资金筹集机制,即主要筹资义务在上级政府,当然也不排除有条件的县、乡基层政府成为筹资主体。

总之,应根据项目规模、受益范围等决定具体筹资义务,并根据农村水环境治理规划,整合涉农环保资金,确保重点项目申报和资金安排优先保障。

(2) 信息整合

整体性治理倡导充分利用信息技术提高治理的科学性,强调加强政府间的沟通合作以消除信息孤岛现象。只有尽量减少信息不对称情况,才能保证各层级政府的政策、目标能够及时准确地传达给农户,才能防止某层级政府及其官员基于各自目的的歪曲政策。只有在各政府主体之间建立起农村水环境治理的信息平台,增进相互沟通交流,才能形成协同治理农村水环境污染的新局面。

因此,应将信息技术作为重要治理手段,结合数字乡村建设,加快建设农村水环境治理信息平台。首先,应构建农村水环境治理信息数据库,实现农村水环境治理信息共享,在综合分析的基础上,协同制定整体性治理标准,加快农村水环境治理进程。其次,构建各政府主体间的沟通平台,推动实现高效率、高质量、信息共享、程序简化的一站式治理。再次,建立智能管理云平台,运用物联网、大数据技术,实现农村水环境治理项目的远程集中管理、线上线下联动管理。

(3) 技术整合

一方面,地方政府可依托高校和科研机构,搭建农村水环境治理科研平台,开展相关研究,也可鼓励高校专家教授和科研人员,积极开展产学研合作,实现科技成果转化,提高农村水环境治理水平。另一方面,加大技术推广力度,整合相关技术,从根本上抑制农药化肥过量使用,全力推广农村生活垃圾污水处理、废弃物综合利用等实用型技术,加快影响农村水环境质量的各类污染源治理。

5. 监管协同

目前,我国农村水环境治理主要由政府主导,使监督管理实践面临诸多问题。为提高农村水环境治理效能,进一步减少地方政府的属地保护主义行为,迫切需要加强协同监管。

首先,要制定协同治理职责清单和监管方案。各政府主体之间的积极配合与高效协作是成功防治农村水环境污染的关键,明晰的职责清单是确保政府内部有效协同治理的重要保障。为防止监管责任缺失,需制定详细的协同监管方案为问责提供依据。

其次,建立政府内部协同治理的第三方监管机制。第三方监督机构独立于政府部门,不涉及地方政府之间的利益竞争,是从事监管的专业机构,能为政府内部协同监管提供更多的专业技术支持。

最后,建立联防联控机制。推动形成跨区域的农村水环境污染联合预警机制,开展联合巡查、联合执法,实施联合控制,采取多种措施,协同防控农村水环境污染。

4.3.3 保障机制

4.3.3.1 界定各级政府农村水环境治理的事权和财权

农村水环境治理具有多层次性,可按照农村水环境治理的受益范围,合理界定各级政府农村水环境治理责任。凡属于全国性的治理任务,应由中央政府承担,属于地方的则由地方政府承担;对于一些跨区域的农村水环境污染,可由区域内各地方政府协同治理,上级政府加强统筹协调。在此基础上,进一步明确各级政府相关职能部门的治理责任。在明确事权之后,考虑到地方政府特别是县乡基层政府承担了与财权不匹配的农村水环境治理责任,如果仍按原有的财政分配制度,县乡基层政府会因农村水环境治理事权的增加和财政困难的倒逼而陷入"囚徒困境"。因此,应按照事权与财权一致原则,重新确定各级政府的财权,凡上级政府应承担的事权,必须用本级政府财权作为保证,上级政府下放农村水环境治理事权,就要相应下放财权。

4.3.3.2　建立规范的财政转移支付制度

转移支付是缩小地区间治理水平差异的重要手段。建立规范的财政转移支付制度,是为了确保不同经济发展水平地区充分治理农村水环境污染。

一方面,中央根据地区经济发展水平的差异进行合理转移。可从地区间的公平原则出发,在提供基本的农村水环境治理保障的同时,通过差异化政策,强化对欠发达地区的政策支持。另一方面,完善地方纵向转移支付制度。根据农村水环境污染及其治理实际,确定省、县两级主体框架。省级财政转移支付计算到乡镇,拨付到县,县级财政转移支付直接对应乡镇。当省级财政对县级转移支付时,主体是县财政,对象是乡镇。

4.3.3.3　形成科学合理的地方政府绩效评价机制

农村水环境治理见效慢,其重要原因之一在于不合理的绩效考评机制。传统的绩效考评机制引导官员在有限的政治周期内主要致力于地区 GDP 增长而非生态环境效益。为激发地方政府治理农村水环境污染的积极性,需改革地区发展评价体系和传统的绩效考评体系,用地区生态系统生产总值(GEP)核算方法逐步取代 GDP 核算方法,重点量化地方资源消耗、农村水环境损害、农村水环境治理效益及生态文明建设成果,并将此作为对地方政府考核评价和奖惩评判的基础和依据,引导地方政府树立科学的政绩观,从根本上解决环境保护与经济增长之间的矛盾[①],并完善激励机制和监督体系,引导和约束各政府主体增强农村水环境协同治理意识。

---

① 李静江,吴小荧. 环保指标与政府绩效考核[J]. 马克思主义与现实,2006(2):158-160.

4.4 农村水环境政府内部协同治理绩效评价

4.4.1 政府内部协同治理绩效评价分析

国内外代表性的绩效观有三种：一是结果绩效观，认为绩效是相关工作或活动的结果；二是行为绩效观，认为绩效是实际做的、与组织目标有关的、可观察到的行为；三是综合绩效观，认为绩效既是结果也是行为。农村水环境政府内部协同治理绩效是一种综合绩效，是各政府主体在农村水环境治理中的一系列协同行动产生的效果，其目的是改善农村水环境质量，促进农村经济社会发展。在农村水环境治理绩效研究领域，有学者从项目完成、项目管理、资金使用管理、项目效益等方面对相关项目进行了绩效评价[①]；有学者采用结构方程模型建立农村水环境管理评估模型，从组织机构、运行机制、工作履行、公众参与层面构建评价指标体系，对农村水环境管理绩效做出综合评估[②]；有学者依托层次分析法，从生态环境质量、水污染控制、公众满意度等角度构建农村水环境治理绩效评估体系进行实证分析[③]。

绩效评价如何开展？根据美国生产力研究中心的观点，依次按以下程序进行：鉴别评价的项目、陈述目的并界定所期望的结果、选择衡量的标准或指标、设置业绩和结果的标准、监督结果、业绩报告、使用结果和业绩信息[④]。据此，农村水环境政府内部协同治理绩效评价主要包括以下程序(图4-2)。

---

① 汪士平,郑军.基于 AHP 法的山东省农村户用沼气建设绩效评价指标体系研究[J].农业环境与发展,2012,29(5):67-70.

② 夏艳秋,袁汝华.基于结构方程的农村水环境管理评价研究[J].水利经济,2014,32(4):52-55,73.

③ 殷芳芳,郭慧芳.基于 AHP 的浙江省农村水环境治理绩效评估[J].西南师范大学学报(自然科学版),2021,46(9):136-146.

④ 张燕君.美国公共部门绩效评估的实践及启示[J].行政论坛,2004(2):87-89.

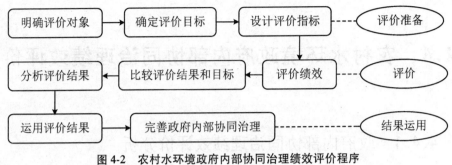

图 4-2　农村水环境政府内部协同治理绩效评价程序

4.4.2　基于平衡记分卡的绩效评价指标体系设计

4.4.2.1　平衡记分卡原理及与其他绩效管理工具的比较

20 世纪 90 年代初,美国著名学者罗伯特·卡普兰(Robert Kaplan)和戴维·诺顿(David Norton)提出了平衡记分卡(balanced score card,BSC)。平衡记分卡强调非财务指标在绩效评价中的作用,将组织的战略目标分解为具体可操作的指标和目标值,主要包括财务、客户、内部运营、学习与成长四个维度的衡量指标。作为一种评价组织发展战略有效性的系统管理方法,平衡记分卡注重战略目标与中短期目标的结合,并将关键绩效评价指标与社会效益、环境、人文指标结合起来进行平衡性的绩效评价。其基本原理如图 4-3 所示。

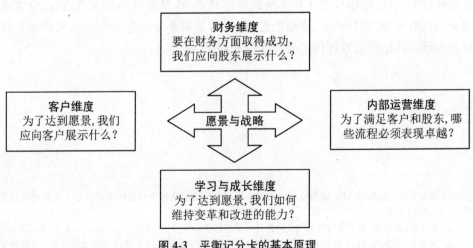

图 4-3　平衡记分卡的基本原理

目前,绩效评价指标体系设计最具代表性的理论工具主要有三种,即目标管理、关键绩效指标和平衡计分卡。目标管理法是以组织整体目标为绩效评价基础，在个人、部门和单位层面的绩效之间建立一致性，使个人工作绩效通过部门或单位目标的实现促进组织整体目标的实现。关键绩效指标法强调对组织绩效起关键作用的独立性指标。平衡记分卡法将财务指标与非财务指标结合，突出非财务指标的重要作用，并将定量指标与定性指标结合，克服定量分析的不足。可见，平衡记分卡无疑是一种更全面、更平衡的评价方法。该方法能关注农村水环境治理的各个方面，是评价农村水环境政府内部协同治理绩效的可行方法。

4.4.2.2　设计原则

1. 目的性原则

设计农村水环境政府内部协同治理绩效评价指标，其目的在于把握协同治理状况，发现协同治理问题，提高协同治理能力，增强协同治理效果。

2. 合理性原则

设计农村水环境政府内部协同治理绩效评价指标，应充分考虑农村水环境治理的公共价值取向和各政府主体的合理利益诉求。

3. 系统性原则

形成全面的评价指标体系，且要注意各个指标的相关性、层次性和整体性，以科学、准确地评价农村水环境政府内部协同治理状况。

4. 适用性原则

评价指标要紧扣农村水环境治理实际，在实践中具有可操作性，且能最大限度减少指标值的收集成本。

5. 定性定量相结合原则

适当增加定性指标的比重，注重定性指标和定量指标的结合使用，使绩效评价指标更加科学有效。

4.4.2.3　设计思路

农村水环境政府内部协同治理绩效评价比较复杂。一是从治理主体看，涉及众多政府主体，纵向、横向的各类政府主体休戚相关，其中利益关系错综复杂，除重视农村水环境治理的整体目标外,还需平衡多方政府主体利益,寻求最佳利益契合点。二是从治理过程看,涉及众多资金、信息、技术、人才等资源的共享,形成了复杂的农村水环境政府内部治理网络。三是从评价指标看,涉及众多指标,涵盖定性、定量指标和过程、结果指标,且一些指标难以量化。为便于科学评估,下面结合平衡记分卡的核心思想,从资源投入、协同运行、价值实现、协同产出四个维度构建农村水环境政府内部协同治理绩效评价框架(图 4-4)。

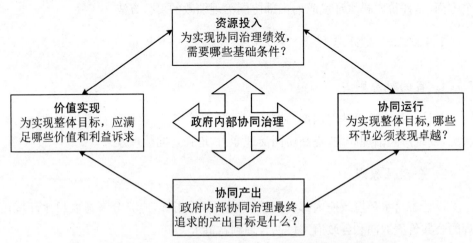

图 4-4 基于 BSC 的农村水环境政府内部协同治理绩效评价框架

在构建评价框架的基础上,根据国内部分地区农村水环境治理项目考核验收的规定和标准,围绕考核验收的主要内容,即项目建设、项目治理成效、资金管理使用、设施运行维护、公众参与等情况,从上述四个维度构建农村水环境政府内部协同治理绩效评价指标体系(表 4-1)。

表 4-1 基于平衡记分卡的农村水环境政府内部协同治理绩效评价指标体系

维度	指标
资源投入维度	配套资金投入率(%)
	协同治理机构建设 *
	水环境保护知识普及率(%)
协同运行维度	资金管理使用 *
	执行建设程序和项目管理制度 *
	预算执行偏差率(%)
	按期竣工偏差率(%)
	工程质量合格率(%)
	组织领导情况 *

维度	指标
协同运行维度	长效管理制度建设＊ 长效管理体制机制创新＊ 项目运行维护情况＊
协同产出维度	地表水优于Ⅲ类水质的比例(%) 无害化卫生户厕普及率(%) 生活垃圾无害化处理率(%) 生活污水处理率(%) 规模化畜禽养殖废弃物综合利用率(%) 测土配方施肥覆盖率(%)
价值实现维度	政府满意度(%) 企业满意度(%) 农户满意度(%) 其他利益相关者满意度(%)

注:标注"＊"的为定性指标,其值采用专家评分法定量转化获取。

1. 资源投入维度指标

资源投入是评价农村水环境政府内部协同治理绩效的关键指标。各地考核验收农村水环境治理项目主要从资金配套、组织领导、宣传教育等方面衡量资源投入情况。结合实际,本书选取配套资金投入率、协同治理机构建设、水环境保护知识普及率三个指标。其中,配套资金投入率的计算公式为:配套资金投入率＝实际配套资金额/(各级财政)规定配套资金额×100%。协同治理机构建设主要看是否成立了由政府主要领导或分管领导任组长、各有关部门共同参与的领导小组或联席会议,是否建立了工作机制,有无固定办公场所和工作人员,是否落实了专项工作经费,召开了专题会议。水环境保护知识普及率主要看是否及时开展多层次、多形式的宣传教育,从侧面评价资源投入程度,该指标容易获得。

2. 协同运行维度指标

协同运行维度指标是指确保农村水环境治理系统有序、高效运转的指标,主要包括资金管理使用、执行建设程序和项目管理制度、预算执行偏差率、按期竣工偏差率、工程质量合格率、组织领导情况、长效管理制度建设、长效管理体制机制创新、项目运行维护情况等指标,这些指标从侧面反映政府内部协同治理能力水平。

比如,资金管理使用,主要反映专项资金管理使用是否符合规定要求,是否专款专用、专项核算,资金拨付是否及时,有无截留、挤占、挪用等现象。又如,组织领导情况,主要反映各级政府是否履行主体责任,是否明确分管领导负责协同治理中遇到的矛盾和问题,同级生态环境、财政部门是否负责具体组织实施,密切配合,并加强与农业农村、住建、水利、自然资源等部门的沟通协调,形成部门合力,共同推进农村水环境治理工作。再如,长效管理体制机制,主要反映是否明确治理设施管护主体,是否落实运行费用,是否制定运行维护规章制度等内容。

3. 协同产出维度指标

协同产出维度指标是衡量农村水环境质量改善程度的关键指标,也是评价农村水环境政府内部协同治理目标实现程度的指标,通常包括可量化的地表水优于Ⅲ类水质的比例、无害化卫生户厕普及率、测土配方施肥覆盖率、规模化畜禽养殖废弃物综合利用率、生活污水处理率和生活垃圾无害化处理率等指标。这些指标涵盖了农村水环境污染的主要来源和政府内部协同治理的主要任务。农村水环境治理相关政策文件均聚焦农村饮用水水源地保护、生活污水处理、生活垃圾处理、畜禽养殖污染治理、农业面源污染治理等治理措施,并明确规定治理目标。例如,某地规定村庄污水处理率不低于 70%、生活垃圾处理率不低于 80%、饮用水源地水质合格率不低于 95%、畜禽粪便综合利用率不低于 80%,等等。

4. 价值实现维度指标

价值实现维度指标反映农村水环境治理各主体的利益满足程度,主要包括政府满意度、私人部门满意度、农户满意度和其他利益相关者满意度。农村水环境政府内部协同治理应重点关注农户治理需求,兼顾多元主体价值的实现。在加大财政投入、整合相关资金的同时,积极推动农户参与、吸引社会资本、发动社会支持。

4.4.3 基于熵权可拓物元的农村水环境政府内部协同治理绩效评价

4.4.3.1 常用绩效评价方法的比较分析

在经济管理研究领域,常用的多指标综合评价方法包括层次分析法、数据包络分析法、数理统计分析法等,这些方法一般假设各评价指标相互独立。农村水环境政府内部协同治理系统比较复杂,协同治理绩效评价指标比较模糊,且存在一定程度的关联。可拓物元法能综合考虑不相容的多维指标,视待评对象为物元,运用物元分析先确定评价等级或标准,再通过关联函数计算待评对象对不同等级或标准的隶属度,最后分类排序待评对象。近年来该方法应用于资源环境质量、建设项目绩效等定量评价中。农村水环境政府内部协同治理绩效评价指标多维、不相容。故本书借鉴可拓物元分析方法,结合政府内部协同治理绩效的内涵和构建的上述指标体系,尝试建立基于可拓物元的农村水环境政府内部协同治理绩效评价模型,全面客观地评价农村水环境政府内部协同治理绩效。

4.4.3.2 熵权可拓物元绩效评价模型

1. 确定绩效物元

绩效 N,绩效特征 C 和特征量值 V 构成农村水环境政府内部协同治理绩效物元。假设绩效 N 有多个特征,它以 n 个特征 $C_1, C_2, \cdots, C_n$ 和相应的量值 $V_1, V_2, \cdots, V_n$ 描述,则表示为

$$R = \begin{bmatrix} N & C_1 & V_1 \\ & C_2 & V_2 \\ & \vdots & \vdots \\ & C_n & V_n \end{bmatrix} = \begin{bmatrix} R_1 \\ R_2 \\ \vdots \\ R_n \end{bmatrix}$$

式中,R 是 n 维农村水环境政府内部协同治理绩效物元,记为 $R = (N, C, V)$。

2. 确定经典域和节域物元矩阵

农村水环境政府内部协同治理绩效的经典域物元矩阵为

$$R_{0j} = (N_{0j}, c_i, V_{0ji}) = \begin{bmatrix} N_{0j} & c_1 & V_{0j1} \\ & c_2 & V_{0j2} \\ & \vdots & \vdots \\ & c_n & V_{0jn} \end{bmatrix} = \begin{bmatrix} N_{0j} & c_1 & \langle a_{0j1}, b_{0j1} \rangle \\ & c_2 & \langle a_{0j2}, b_{0j2} \rangle \\ & \vdots & \vdots \\ & cn & \langle a_{0jn}, b_{0jn} \rangle \end{bmatrix} \quad (4\text{-}1)$$

式中,R_{0j} 为经典域物元;N_{0j} 为农村水环境政府内部协同治理绩效的第 j 个评价等级($j = 1, 2, \cdots, m$);c_i 表示第 i 个评价指标;$\langle a_{0j1}, b_{0j1} \rangle$ 为 c_i 对应等级 j 的量值范围,即经典域。

确定经典域是可拓物元分析的基本前提。首先,本书将协同治理绩效分为优秀、良好、一般、较差四个等级;然后,参考国家有关政策文件和国内部分地区相关标准,获得关键指标的全国平均水平以及发达地区、中西部地区的数据,并根据实地调查和专家意见确定经典域,其中,部分指标的取值区间参考了有关文献。经典域的取值区间详见表 4-2。

表 4-2　农村水环境政府内部协同治理绩效评价指标经典域的取值区间

指标（单位）	取值区间			
	优秀（N_{01}）	良好（N_{02}）	一般（N_{03}）	较差（N_{04}）
X_1 配套资金投入率（%）	[150,200)	[100,150)	[50,100)	[0,50)
X_2 协同治理机构建设（分）	[90,100)	[80,90)	[70,80)	[60,70)
X_3 水环境保护知识普及率（%）	[90,100)	[80,90)	[60,80)	[0,60)
X_4 资金管理使用（分）	[90,100)	[80,90)	[70,80)	[50,70)
X_5 执行建设程序和制度（分）	[90,100)	[80,90)	[70,80)	[50,70)
X_6 预算执行偏差率（%）	[0,10)	[10,25)	[25,50)	[50,200)
X_7 按期竣工偏差率（%）	[0,20)	[20,50)	[50,100)	[100,500)
X_8 工程质量合格率（%）	[95,100)	[90,95)	[85,90)	[80,85)
X_9 组织领导情况（分）	[90,100)	[80,90)	[70,80)	[50,70)
X_{10} 长效管理制度建设（分）	[85,100)	[70,85)	[60,70)	[40,60)
X_{11} 长效管理体制机制创新（分）	[80,100)	[60,80)	[40,60)	[0,40)
X_{12} 项目运行维护情况（分）	[90,100)	[80,90)	[70,80)	[50,70)
X_{13} 地表水优于 Ⅲ 类水质的比例（%）	[60,100)	[50,60)	[30,50)	[0,30)
X_{14} 无害化卫生户厕普及率（%）	[95,100)	[90,95)	[80,90)	[30,80)
X_{15} 生活垃圾无害化处理率（%）	[70,100)	[60,70)	[40,60)	[0,40)
X_{16} 生活污水处理率（%）	[60,100)	[30,60)	[10,30)	[0,10)
X_{17} 规模化畜禽养殖废弃物综合利用率（%）	[90,100)	[80,90)	[70,80)	[0,70)
X_{18} 测土配方施肥覆盖率（%）	[70,100)	[50,70)	[30,50)	[0,30)
X_{19} 政府满意度（%）	[90,100)	[80,90)	[70,80)	[50,70)
X_{20} 私人部门满意度（%）	[80,100)	[70,80)	[60,70)	[0,60)
X_{21} 农户满意度（%）	[80,100)	[70,80)	[60,70)	[0,60)
X_{22} 其他利益相关者满意度（%）	[90,100)	[80,90)	[70,80)	[20,70)

农村水环境政府内部协同治理绩效的节域物元矩阵为

$$R_p = (N_p, c_i, V_{pi}) = \begin{bmatrix} N_p & c_1 & \langle a_{p1}, b_{p1} \rangle \\ & c_2 & \langle a_{p2}, b_{p2} \rangle \\ & \vdots & \vdots \\ & c_n & \langle a_{pn}, b_{pn} \rangle \end{bmatrix} \tag{4-2}$$

式中，R_p 为节域物元；$V_{pi} = \langle a_{pi}, b_{pi} \rangle$ 是节域物元关于特征 c_i 的量值范围；p 是绩效评价等级全体。显然，有 $\langle a_{0i}, b_{0i} \rangle \subset \langle a_{pi}, b_{pi} \rangle (i = 1, 2, \cdots, n)$。

3. 确定待评物元

待评对象 N_x 的物元为 R_x，则

$$R_x = \begin{bmatrix} N_x & c_1 & v_1 \\ & c_2 & v_2 \\ & \vdots & \vdots \\ & c_n & v_n \end{bmatrix}$$

4. 确定关联函数及关联度

令有界区间 $X_0 = [a, b]$ 的模定义为

$$|X_0| = |b - a| \tag{4-3}$$

某一点 X 到区间 $X_0 = [a, b]$ 的距离为

$$\rho = (X, X_0) = \left| X - \frac{1}{2}(a + b) \right| - \frac{1}{2}(b - a) \tag{4-4}$$

则农村水环境政府内部协同治理绩效指标关联函数 K_x 的定义为

$$K(x_i) = \begin{cases} \dfrac{-\rho(x, X_0)}{|X_0|} & x \in X_0 \\ \rho(x, X_0)/\rho(x, X_p) - \rho(x, X_0) & x \notin X_0 \end{cases} \tag{4-5}$$

式中，$\rho(x, X_0)$ 表示点 X 与有限区间 $X_0 = [a, b]$ 的距离；$\rho(x, X_p)$ 表示点 X 与有限区间 $X_p = [a_p, b_p]$ 的距离；x、X_0、X_p 分别为待评农村水环境政府内部协同治理绩效物元的量值、经典域量值范围和节域量值范围。

5. 评价指标权重确定

（1）将原始评价数据进行标准化处理

$$y_{ij} = \frac{x_{ij} - \overline{x_j}}{\sigma_j}$$

式中,y_{ij} 为标准化后的指标值,$\overline{x_j}$ 为第 j 项指标的均值,σ_j 为其标准差。

(2) 采用坐标平移方法消除负值

$$z_{ij} = y_{ij} + b$$

式中,b 为指标平移幅度,$b > |\min(y_{ij})|$,b 值越接近 $|\min(y_{ij})|$,其评价结果越显著。

(3) 将指标进行同度量化,计算第 j 项指标下第 i 个专家指标值所占的比重 p_{ij}

$$p_{ij} = \frac{z_{ij}}{\sum\limits_{i=1}^{m} z_{ij}}$$

(4) 计算第 j 项指标的信息熵值 e_j

$$e_j = -k \sum\limits_{i=1}^{m} p_{ij} \ln p_{ij}$$

式中,$k = \dfrac{1}{\ln m}$,m 为样本的个数,$\ln$ 为自然对数,则有 $0 \leqslant e_j \leqslant 1$。

(5) 计算第 j 项指标的差异性系数 g_j

$$g_j = 1 - e_j$$

(6) 确定指标权重,第 j 项指标的权重

$$w_j = \frac{g_j}{\sum\limits_{j=1}^{n} g_j}$$

6. 计算综合关联度及确定评价等级

待评对象 N_x 关于等级 j 的综合关联度 $K_j(N_x)$ 为

$$K_j(N_x) = \sum\limits_{i=1}^{n} ai K_j(xi) \tag{4-6}$$

式中,$K_j(N_x)$ 为 N_x 关于 j 的综合关联度;$K_j(xi)$ 为待评对象 N_x 的第 i 个指标关于等级 j 的单指标关联度($j = 1, 2, \cdots, n$);ai 为各评价指标的权重。

若 $K_{ji} = \max\left[K_j(x_i)\right](j = 1, 2, \cdots, n)$,则第 i 个指标属于农村水环境政府内部协同治理绩效标准等级 j。

若 $K_{jx} = \max\left[K_j(N_x)\right](j = 1, 2, \cdots, n)$,则 N_x 属于农村水环境政府内部协同治理绩效标准等级 j。

4.4.3.3 算例分析

1. 数据来源

评价指标数据参考了某省生态文明建设规划(2013—2022)、全面建成小康社会指标体系和基本实现现代化指标体系、村庄环境整治行动计划和考核标准、农村地表水环境质量监测实施方案等政策文件,以及该省统计年鉴、环境状况公报和省直有关部门领导讲话、总结、简报等资料。对于定性指标,请专家学者打分,取平均值,权重按熵权法确定(表 4-3)。

表 4-3 某省农村水环境政府内部协同治理绩效评价指标值及其权重

指标	指标值	权重	指标	指标值	权重
X_1	150	0.068	X_{12}	87	0.056
X_2	75.79	0.050	X_{13}	45.8	0.070
X_3	85	0.022	X_{14}	94	0.044
X_4	89	0.032	X_{15}	67.91	0.028
X_5	87	0.024	X_{16}	31.52	0.052
X_6	5	0.038	X_{17}	83	0.064
X_7	8	0.048	X_{18}	70	0.058
X_8	94	0.060	X_{19}	92	0.042
X_9	88	0.018	X_{20}	73.4	0.054
X_{10}	84	0.046	X_{21}	60	0.066
X_{11}	82	0.040	X_{22}	83	0.020

2. 绩效评价及影响因素分析

将指标数据代入物元模型。表 4-4 反映了该省农村水环境政府内部协同治理绩效水平。根据判断法则,可知该省农村水环境政府内部协同治理绩效指标的水平等级。$K_j(X_i)(i=1,2,\cdots,22)$ 为第 i 个指标对应各评价等级的关联度。以生活污水处理率(X_{16})为例,其对应四个等级的关联度分别为:$K_1(X_{16})=-0.4747$、$K_2(X_{16})=-0.0510$、$K_3(X_{16})=-0.0460$、$K_4(X_{16})=-0.4057$,该指标级别为 N_{03},即"一般",绩效值为 -0.0460。根据其他指标的关联度值可获得相应的绩效值及水平级别。$K_j(I)$ 为多指标加权求和的综合等级关联系数,$K_1(I)=$

-0.1157、$K_2(I) = 0.0295$、$K_3(I) = -0.2864$、$K_4(I) = -0.5202$，该指标属于级别 N_{02}，即"良好"水平，绩效值为 0.0295。

表 4-4　某省农村水环境政府内部协同治理绩效评价结果

关联度	N_{01}	N_{02}	N_{03}	N_{04}	水平级别
$K_j(X_1)$	0.0000	0.0000	-0.5000	-0.6667	优秀
$K_j(X_2)$	-0.4737	-0.2105	0.4210	-0.2683	一般
$K_j(X_3)$	-0.2500	0.5000	-0.2500	-0.6250	良好
$K_j(X_4)$	-0.083	-0.1000	-0.4500	-0.6333	优秀
$K_j(X_5)$	-0.3000	0.3000	-0.3500	-0.5670	良好
$K_j(X_6)$	0.5000	-0.5000	-0.8000	-0.9000	优秀
$K_j(X_7)$	0.8000	-0.6000	-0.8400	-0.9200	优秀
$K_j(X_8)$	-0.1429	0.2000	-0.4000	-0.6000	良好
$K_j(X_9)$	-0.2000	0.2000	-0.4000	-0.6000	良好
$K_j(X_{10})$	-0.0588	-0.0667	-0.4667	-0.6000	优秀
$K_j(X_{11})$	0.1000	-0.1000	-0.5500	-0.7000	优秀
$K_j(X_{12})$	-0.1875	0.3000	-0.3500	-0.5667	良好
$K_j(X_{13})$	-0.2367	-0.0840	0.2100	-0.2565	一般
$K_j(X_{14})$	-0.1429	0.2000	-0.4000	-0.7000	良好
$K_j(X_{15})$	-0.0611	0.2090	-0.1978	-0.4652	良好
$K_j(X_{16})$	-0.4747	-0.0510	-0.0460	-0.4057	一般
$K_j(X_{17})$	-0.2917	0.3000	-0.1500	-0.4333	良好
$K_j(X_{18})$	-0.2500	0.3333	-0.400	-0.5714	良好
$K_j(X_{19})$	0.2000	-0.2000	-0.6522	-0.7333	优秀
$K_j(X_{20})$	-0.1988	0.3400	-0.1133	-0.3350	良好
$K_j(X_{21})$	-0.3330	-0.2000	0.0000	0.0000	一般
$K_j(X_{22})$	-0.2917	0.3000	-0.1500	-0.4333	良好
$K_j(I)$	-0.1157	0.0295	-0.2864	-0.5202	良好

评价结果显示，在 22 个绩效指标中，有 7 个指标达到"优秀"水平，分别为配套资金投入率（X_1）、资金管理使用（X_4）、预算执行偏差率（X_6）、按期竣工偏差率（X_7）、长效管理制度建设（X_{10}）、长效管理体制机制创新（X_{11}）、政府满意度（X_{19}）；

11 个指标达到"良好"水平,分别为水环境保护知识普及率(X_3)、工程质量合格率(X_8)、组织领导情况(X_9)、项目运行维护情况(X_{12})、无害化卫生户厕普及率(X_{14})、生活垃圾无害化处理率(X_{15})、规模化畜禽养殖废弃物综合利用率(X_{17})、测土配方施肥覆盖率(X_{18})、私人部门满意度(X_{20})、其他利益相关者满意度(X_{22})。但有 4 个指标为"一般",分别为协同治理机构建设(X_2)、地表水优于Ⅲ类水质的比例(X_{13})、生活污水处理率(X_{16})和农户满意度(X_{21})。通过对单指标的等级分析,处于最差等级的指标即为总体绩效的影响因素,故处于"一般"水平的 4 个指标是影响该省农村水环境政府内部协同治理绩效水平的主要因素。

3. 结果分析

研究结果表明,可拓物元模型适用农村水环境政府内部协同治理绩效评价,既能计算总体绩效水平,还能计算单个指标绩效水平及其等级,进而显示总体绩效水平的影响因素。

研究显示,该省农村水环境政府内部协同治理总体绩效水平为"良好"。其中,农村水环境治理专项资金配套到位及时、工程项目管理制度和程序符合要求、管理和维护人员落实到位,这说明政府内部协同治理取得了较好成效。鉴于我国农村水环境治理尚处于起步阶段,和大多数省份相比,该省已走在了全国前列。例如,配套资金投入,该省按中央投入资金的 1.5 倍予以配套。进一步研究发现,该省农村水环境政府内部协同治理绩效水平与处于"一般"水平的 4 个指标有很大的关系,处于"良好"水平的 11 个指标影响了这 4 个指标的绩效水平,这些指标,如测土配方施肥覆盖率、无害化卫生户厕普及率、生活垃圾无害化处理率、规模化畜禽养殖废弃物综合利用率等,还存在提升空间。

因此,建议该省可进一步加大政府内部协同治理力度,重点协同开展农村生活污水处理、生活垃圾处理、畜禽养殖污染治理,持续推进协同治理机制建设,落实协同治理责任,多方筹措整合涉农环保资金,协同解决农村水环境污染问题。

第 5 章　农村水环境治理公私合作研究

　　20 世纪 80 年代以来,西方国家进行了一场私人部门参与公共产品供给的制度变迁,倡导在不完善的市场和政府之间寻求平衡,充分发挥公私部门各自优势合作供给公共产品,这就是公私合作制,即简称 PPP 模式。整体性治理理论既强调治理层级整合、治理功能整合,又强调公私部门跨界整合。在高度分化和专业化的社会中,面对复杂情境和"棘手性"难题,应加强协调整合,鼓励公私合作,解决公私合作"碎片化"问题,实现公共服务的整体性供给。相比于城市,我国农村地区交通不便、经济发展有限、资金缺口较大,农村水环境治理困难重重,单独依靠政府的力量难以适应农村水环境污染日趋严重的新形势,创新农村水环境治理机制、吸引私人部门更好参与农村水环境治理成为亟待解决的问题。本章借鉴整体性治理理论关于公私部门整合的观点,研究探讨农村水环境治理公私合作问题,为拓展农村水环境治理主体、提升农村水环境治理绩效提供参考建议。

5.1　农村水环境治理公私合作的理论分析

　　传统经济理论认为,公共产品的非排他性和非竞争性,导致公共产品消费中容易产生"搭便车"行为,所以,倡导公共产品由政府来供给。长期以来,我国农村公共产品以政府供给为主,私人部门参与较少。研究表明,政府或市场单一主体都不能有效供给农村公共产品。结合我国国情,采取政府与市场相结合,引导私人部门(社会资本)合作参与农村水环境治理,是提高农村水环境治理水平的现实选择。

5.1.1　公私合作的内涵与特征

　　公私合作即"公私伙伴关系",是公共基础设施建设领域的一种项目融资模式,在我国,一般译为"政府与社会资本合作"。根据财政部《政府和社会资本合作模式操作指南(试行)》,社会资本主要指已建立现代企业制度的境内外企业法人,不包括本级政府所属融资平台公司及其他控股国有企业。在公用事业领域,针对公共部门存在的专业管理能力不足、运营效率低下、资金短缺等问题,一些国家通过公私合作途径来谋求改革。为提高公共产品供给效率,这些国家纷纷激励私营企业、民营资本与政府建立合作伙伴关系,发挥双方优势,分担风险,共享利益。

关于公私合作的概念,不同国家、不同机构定义不同。例如,联合国发展计划署将其定义为政府、营利性企业和非营利性组织基于某个项目而形成的一种长期的相互合作关系的形式,其本质在于通过政府和社会资本之间的长期合约关系,形成政府资源及市场资源在数量、禀赋上的优势互补;欧盟委员会将公私合作伙伴关系定义为一种合作谱系,即公共部门和私人部门共同合作、共担风险,以获得公共政策相关领域所期望结果的各种安排;世界银行将其定义为由私人部门获得公共部门的授权,为公共(含准公共)项目进行融资、建设并在未来的一段时间内运营项目,通过充分发挥公共部门和私人部门的各自优势,以提高公共产品或服务的效率,实现资金的最佳价值;美国 PPP 国家委员会认为,公私合作是介于外包和私有化之间的,同时兼具两者特点的一种公共产品供给方式,该方式能利用私人资源优势,设计、建设、投资、经营和维护公共基础项目,并能提供相关服务,满足公共需求;德国《公共房产中的 PPP 联邦报告》指出,公私合作的基础是公共和私人部门的长期协作,这一协作有合同来保障,根据每个项目的优点,合理承担风险管理能力,有效地规避项目中存在的风险,从而最大限度地满足公共服务[1];加拿大 PPP 委员会将其定义为一种双方通过适当的风险分担、资源分配和利益分享而确定的合作经营关系,以满足公共需求[2];在我国,根据国家发改委《关于开展政府和社会资本合作的指导意见》,PPP 模式是指政府为增强公共产品和服务供给能力、提高供给效率,通过特许经营、购买服务、股权合作等方式,与社会资本建立的利益共享、风险分担及长期合作关系。

从上述定义可以看出,公私合作具有以下特征:① 伙伴关系。这种伙伴关系的独特之处就是公私双方存在一个共同目标——以最少的资源供给最多最好的产品或服务。要形成长久的伙伴关系,首先要目标一致,且相互为对方考虑利益共享、风险分担等问题。② 利益共享。这是公私合作的基础。如果忽视利益共享,就不会有可持续的伙伴关系。因此,在公私合作过程中,政府要确保私人部门取得

---

① 欧亚 PPP 联络网.欧亚基础设施建设公私合作(PPP)案例分析[M].王守清,译.沈阳:辽宁科学技术出版社,2010.

② Allan J R. Public-Private-Partnerships:a review of literature and practice[Z]. Saskatchewan Institute of Public Policy,1999.

相对可观、长期稳定的投资回报,但同时还需要控制私人部门获得不合理的高额利润。因为公私合作项目具有公益性,追求利润最大化目标会带来社会公众的不满。③ 风险共担。这一特征是区别于其他交易形式的显著标志。有利益就有风险,如果忽视风险分担,就不可能形成可持续的伙伴关系。公私合作项目的风险可由政府独立承担、社会资本承担、金融机构承担、双方或多方共同承担,在该模式下,公私部门共同参与基础设施的建设和运营,建立风险共担的长期伙伴关系。

5.1.2 公私合作的类型与范围

从广义层面讲,公私合作的范围很广,包括多种运作模式(表 5-1),具体模式由项目类型、融资需求、建设需求、定价机制等因素决定。如果政府部门财政资金充足、管理效率较高,则可以采用政府出资模式;如果政府部门财政资金不充足、管理效率低下,资金和效率两难、双缺,则可以采用 BOT、TOT 等模式。

表 5-1 公私合作的分类和具体模式

类型		模式名称	英文全称	中文含义
外包类	模块式外包	SC	Service Contract	服务外包
		MC	Management Contract	管理外包
	整体式外包	DB	Design—Build—Transfer	设计—建造—移交
		O & M	Operation & Maintenance	经营和维护
		DBMM	Design—Build—Major Maintenance	设计—建造—主要维护
		DBO	Design—Build—Operate(Super Turnkey)	设计—建造—经营(交钥匙)
特许经营类	TOT	PUOT	Purchase—Upgrade—Operate—Transfer	购买—更新—经营—转让
		LUOT	Lease—Upgrade—Operate—Transfer	租货—更新—经营—转让
	BOT	BOOT	Build—Own—Operate—Transfer	建设—拥有—经营—转让
		BLOT	Build—Lease—Operate—Transfer	建设—租货—经营—转让
	其他	DBFO	Design—Build—Financer—Operate	设计—建造—投资—经营
		DBTO	Design—Build—Transfer—Operate	设计—建造—转移—经营
私有化类	完全私有化	PUO	Purchase—Upgrade—Operate	购买—更新—经营
		BOO	Build—Own—Operate	建设—拥有—经营
	部分私有化	股权转让		
		其他		

但并非所有项目都适合公私合作。一般来讲,适宜采用公私合作模式的基础设施及公共服务类项目要具备以下特征:投资规模较大、需求长期稳定、价格调整机制灵活、市场化程度较高,如公路、铁路、港口、机场、城轨、供水、供暖、燃气和环境治理、教育培训、医疗卫生、养老服务、住房保障等项目。按照项目规模,通常认为小型项目不适合公私合作,例如,英国对项目成本小于 2000 万英镑的项目不再实行 PFI①。国内外专家学者根据项目规模、收费难易程度、技术复杂性、生产或消费的规模等对适宜公私合作的项目进行研究,研究结果表明,从项目规模上看,供水、供电、铁路、道路、通讯等项目适宜公私合作;通讯、水处理、航空等项目从技术复杂性上适宜公私合作;航空、铁路、通讯、邮政、电力、供水等项目从收费难易程度上适宜公私合作;具有地方性和区域性特征的项目从生产或消费的规模上更适宜公私合作。在农村环境治理领域,部分发达国家应用公私合作模式较早,如美国分散式生活垃圾处理项目政府或社区购买私营企业服务的数量占 38%。

5.1.3 公私合作的流程与风险

根据财政部制定的《政府和社会资本合作模式操作指南(试行)》及项目全寿命周期(Whole Life Cycle)理论,公私合作包括以下基本流程(图 5-1)。

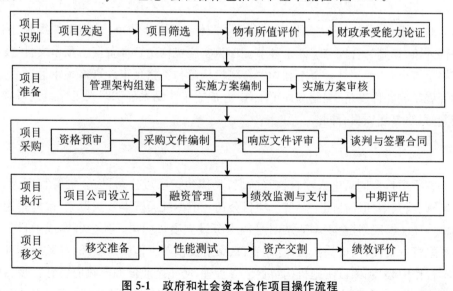

图 5-1 政府和社会资本合作项目操作流程

---

① 格里姆赛,刘易斯. 公私合作伙伴关系:基础项目供给和项目融资的全球革命[M]. 济邦咨询公司,译. 北京:中国人民大学出版社,2008.

5.1.3.1　项目识别阶段

项目识别阶段包括项目发起、项目筛选、物有所值评价、财政承受能力论证四个环节。政府或社会资本均可发起项目，但现实中以政府发起为主，政府一般通过财政部门(政府和社会资本合作中心)向交通、住建、环保、能源、教育、医疗、体育健身、文化设施等行业主管部门征集潜在项目，社会资本则以项目建议书方式向财政部门(政府和社会资本合作中心)推荐潜在合作项目。潜在项目征集后，财政部门(政府和社会资本合作中心)会同行业主管部门评估筛选潜在项目，开展物有所值评价、财政承受能力论证。

5.1.3.2　项目准备阶段

通过物有所值评价、财政承受能力论证的项目进入项目准备阶段。项目准备包括管理架构组建、实施方案编制、实施方案审核三个环节。项目评审、组织协调、检查督导等工作由县级以上政府负责，政府或指定的职能部门负责项目准备、采购、监管、移交等工作以及组织编制项目实施方案。财政部门(政府和社会资本合作中心)负责物有所值评价和财政承受能力验证，验证通过后报政府审核。

5.1.3.3　项目采购阶段

政府审核通过后进入项目采购阶段，具体包括资格预审、采购文件编制、响应文件评审、谈判与合同签署四个环节。项目实施机构负责准备资格预审文件、发布资格预审公告、邀请社会资本和相关金融机构参与资格预审。资格预审通过后，继续开展采购文件准备、编制和评审工作，并成立采购结果确认谈判工作组进行确认谈判，最终签署项目合同。

5.1.3.4　项目执行阶段

签署项目合同后进入项目执行阶段，具体包括项目公司设立、融资管理、绩效监测预支付、中期评估四个环节。项目公司一般由社会资本依法设立，政府指定相关机构依法参股，社会资本应按时足额出资设立项目公司。社会资本或项目公司负责融资方案设计、机构接洽、合同签订、融资交割等工作。财政部门(政府和社会资本合作中心)和项目实施机构负责监督管理，防止企业债务向政府转移。项目实施机构定期监测项目产出绩效指标，根据实际绩效直接或通知财政部门向社会资本或项目公司及时足额支付，每3～5年进行项目中期评估，重点围绕项目运行状况及项目合同的合规性、适应性、合理性进行分析评估，针对发现问题的风险隐患及时制订应对措施。

5.1.3.5 项目移交阶段

项目合同期满按照合同约定进行项目移交,项目移交包括移交准备、性能测试、资产交割、绩效评价四个环节。项目移交时,项目实施机构或政府指定机构代表政府收回项目合同约定的项目资产,根据合同约定确认移交情形和补偿方式,制定资产评估和性能测试方案,社会资本或项目公司负责办妥法律过户、管理权移交等手续。项目移交后,财政部门(政府和社会资本合作中心)组织有关部门进行绩效评价,重点评价项目产出、成本效益、监管成效、可持续性、政府和社会资本合作模式应用等情况,评价结果作为开展政府和社会资本合作管理工作决策的参考依据。

公私合作项目利益关系复杂、资金投入大、投资周期长、不确定因素多,容易产生诸多风险隐患。例如,由于政府调整、换届等,引发政策变更、项目延误甚至项目取消等政策风险;由于政府违约不履行项目合同,引发信用风险;由于资金筹措困难,引发融资风险;由于政府缺乏运作经验和能力、前期准备不足、信息不对称等,引发决策风险;由于收益明显不足、市场对产品的需求发生变化、产品或服务费收取困难、价格波动等,引发市场风险;由于土地拆迁补偿、成本超支、工期超期、质量问题、安全问题、工程变更等引发建设风险,由于项目公司缺乏运营能力、技术不达标、原材料上涨等,引发运营风险等。其中,信用风险、融资风险、建设风险、运营风险是关键性风险因素。因此,风险防控对合作项目目标实现至关重要。

公私合作项目风险可能源自单一因素或多个因素,也可能源于制度设计或不当决策,经过一定路径的传导和扩散,导致合作结果与预期目标偏离。公私部门应建立风险防控机制,基于项目全寿命周期,客观评估、积极防控风险,尽量减少风险损失,尤其要建立合理的风险分担机制,发挥双方优势,降低风险成本,确保项目顺利实施、成功运作。

5.1.4 公私合作的理论基础

5.1.4.1 公共治理理论

公私合作起源于治理学说。詹姆斯·罗西瑙(James Rosenau)认为治理与政府统治是不等同的。首先,统治的权威必定是政府,治理的权威并非一定是政府。其次,统治的主体一定是公共机构,而治理的主体可以是公共机构或私人机构,也可以是公私机构的合作①。全球治理委员会将"治理"定义为"各种公共与私行为体在处理事务的过程中,通过协调各项利益冲突,以推动公私行为体的合作的一个总括。"②英国学者格里·斯托克(Gerry Stoker)认为,公共治理是由多元的公共管理主体组成的公共行动体系,这些公共管理主体不仅包括几乎长期垄断公共管理主体地位的政府部门,而且还包括诸如私人部门和第三部门等非政府部门的参与者;公共治理意味着多元化的公共管理主体之间存在着权力依赖和互动的伙伴关系,公共治理语境下的公共管理,是多元化的公共管理主体基于伙伴关系进行合作的一种自主自治的网络管理③。1992 年,英国在基础设施建设中采用政府与社会资本合作方式,通过契约约束社会资本按政府规定的质量标准供给公共产品,之后,公私合作逐渐成为公共管理领域广泛应用的一种模式。公私合作打破了政府单中心治理模式,构建了政府、市场、社会三维治理模式,为"政府治道"变革提供了新思路。政府、市场、社会的三元结构可以弥补政府和市场的双失灵问题,实现资源配置的帕累托最优状态;同时多种权力行使方式的共济,亦能改进公共管理绩效④。但是,契约往往不完备,在公私合作过程中,契约治理往往面临困境,需处理好合作伙伴关系,促进承诺执行,提高公私合作项目绩效。

5.1.4.2 委托代理理论

该理论遵循经济人假设,认为委托人和代理人的行为目标都是为了实现自身效用最大化,需建立契约协调双方利益。现实中,普遍存在信息不对称和利益冲突现象,代理人容易把其利益置于委托人利益之上,委托人必须规范、约束并激励代理人行为。在公私合作中,基于委托权有以下几种委托代理关系:一是政府相关部门受公众委托行使职能,进行投资决策;二是私人部门受政府委托参与基础设施和公用事业建设运营;三是建设单位和运营商等受私人部门成立的项目公司委托,负责项目设计、施工和运营等事项。由于信息不对称,容易产生道德风险和逆向选择,因此,在公私合作中,应重点研究设计促使代理人按委托人利益行事的制度机制。

5.1.4.3 激励理论

激励是组织以一定的行为规范和奖惩措施,激发、引导、保持、规范组织成员行

---

① 罗西瑙. 没有政府的治理[M]. 张胜军,刘小林,等译. 南昌:江西人民出版社出版社,2001.

② The Commission on Global Governance. Our global neighborhood[M].. Oxford:Oxford University Press,1995.

③ 斯托克. 作为理论的治理五个论点[J]. 华夏风,译. 国际社会科学杂志(中文版),1999(1):23-32.

④ 楼苏萍. 治理理论分析路径的差异与比较[J]. 中国行政管理,2005(4):82-85.

为,以有效实现组织及其成员目标的过程。公私合作项目周期长,签订的初始合同往往不完备,难以涵盖合作过程中的各种不确定因素,导致增加公私双方机会主义行为和加大项目运营中后期风险。实践表明,设计有效的激励约束机制可提升公私双方履约动力,有效规避机会主义行为。因此,需设计激励约束机制,督促双方严格履约、积极合作。

5.2　我国农村水环境治理公私合作的动因、条件和困境分析

5.2.1　农村水环境治理公私合作的动因

5.2.1.1　农村水环境治理面临多重失灵困局

我国现行的农村水环境治理模式主要有三种(表5-2),即命令-控制模式、市场化模式和社区自治模式。但目前面临多重失灵困局。

表 5-2　三种农村水环境治理模式比较

治理模式	优点	缺陷
命令-控制模式	① 具有制度上的合法性、正当性和协调配置治理资源的权威性,可快速应对农村水环境污染 ② 通过政策法规等进行规制,降低交易成本	① 农村水环境污染广、散、多,政府相关部门较难获取全部信息,且相关成本高昂 ② 极易造成其他主体对政府过度依赖,影响治理能力发挥
市场化模式	① 让专业的人干专业的事,提高治理能力和供给效率 ② 解决资金配置效率低下问题,减少地方政府债务 ③ 促进政府转变职能,简政放权	① 市场主体参与农村水环境治理缺乏自主性和独立性 ② 农村水环境治理的公益性特征与市场主体的逐利偏好存在矛盾
社区自治模式	① 农户是农村生产生活的主体,因地制宜进行水环境治理的能动性强 ② 集体内部的交易成本较低,有利于提高农户的环保意识	① 农村空心化严重制约社区自治重构,家园感逐渐丧失,农户的集体行动能力变弱 ② 人口外流导致农村社区人力资本存量不足、水环境治理主体缺位

1. 政府失灵

一是供给对需求的响应不足。我国农村水环境治理历史欠账多,相较于全国近 60 万个行政村的水环境治理需求而言,该领域公共财政投入有限,存在巨大的资金缺口。二是效率低下。农村水环境治理体制机制不够健全完善,传统的命令-控制型政府单中心属地管理模式成本高、效率低。

2. 市场失灵

一方面,农村水环境治理项目属于公益性项目,可经营性不强,治理市场发育缓慢,在城市采用的污染税费、排污权交易等市场化管理方式在农村难以发挥功效。另一方面,农村地区村落分布广、村民居住分散、水环境污染呈复合性,这些特征决定了农村水环境治理资金投入大且难以形成水环境治理的规模效应,水环境治理的预期收益不明显,盈利空间不大,致使市场主体参与意愿不足、缺乏积极性和主动性。

3. 自治失灵

理论上讲,村民自组织可通过彼此承诺和相互监督等解决公共产品的外部性问题。然而,目前我国农村地区已发生剧烈的社会变迁,随着大批青壮年劳动力外出务工、经商和子女进城上学、定居,农村社会结构已由同质性转向异质性,社会关系网络已由熟悉转向陌生。外出农户逐渐丧失家园感,对乡村集体事务的参与程度减弱,农户个体的原子化和农村基层组织集体机制的松散化使农村水环境治理逐渐缺乏自治土壤。多重失灵困局要求我国探索新的农村水环境治理模式。

5.2.1.2 现行农村水环境治理投融资模式的局限性

近年来,国家和地方政府加大公共财政支持力度,利用多元化融资方式,积极筹集农村水环境治理资金,涌现出了以下几种典型的投融资模式。

1. 政府财政投资模式

目前,我国农村水环境治理投资渠道以政府财政投入为主,主要有两种方式。一是由国家和省、市、县等各级财政资金配套。一般由县财政统筹国家和省、市、县配套资金,按照一定标准补助到村,资金不足时由乡镇、村自筹解决。该方式资金来源比较单一,配套资金容易受到各级政府财政资金状况的影响,难以到位,同时,由于缺乏市场竞争机制,不利于社会资本引入。二是整合国家和地方不同部门、不同类型专项资金。为弥补单一项目资金"撒胡椒面"的劣势,一些地区在不打破原有项目用途的前提下,统筹整合捆绑各类涉农资金,特别是涉及农村环境治理的资金用于农村水环境治理。

2. 银行贷款融资模式

具体由地方政府组建独资公司,建立由地方政府批准、财政监管的投融资平台。根据项目规模,选择相应公司进行建设,通过银行贷款进行融资。鉴于地方政府信用的存在,银行贷款能为获取低成本建设资金提供便利,但这类平台偿债来源主要依赖地方政府土地出让金收入,地价一旦大幅贬值,平台可能面临无法偿清巨额债务的风险。

3. 产权抵押融资模式

一些地方把部分农村水环境治理小型工程确权给有关国有企业,通过工程所有权抵押与银行签订贷款。该模式要求建立完善的资金管理办法,加强专项资金的监管,强化对关键环节工作如确权颁证、抵押登记、价值评估、流转处置等工作的管控,并完善风险分担机制,使其发挥最大效用。

4. 定向融资模式

顾名思义,定向融资模式只向特定投资人进行融资,且只能在特定投资人范围内流通转让。代表性的案例有浙江"五水共治"定向融资计划。在该计划下,浙江一些地方政府指定城市建设发展总公司代替政府向资产金融资金交易中心申请发行"五水共治"定向融资系列产品,投资者将认购款汇入交易中心指定账户,起息后满规定交易日即可转让。

5. "以奖代补"模式

"以奖代补"模式是指由个人业主先投资建设农村水环境治理设施,待工程竣工验收合格后政府再按相关规定给予补助的一种融资模式。例如,一些地方农家乐污水处理设施由业主投资建设,政府实行"以奖代补"。该模式便于业主加强项目建设管理,但个人投资有限,难以发挥规模效应。"以奖代补"能充分发挥财政资金的杠杆作用,鼓励群众参与农村水环境治理,但政府要制定奖补办法,明确资金投向、补助标准、实施主体等相关内容,加大监督管理力度,规范"以奖代补"程序,提高奖补透明度,做到专款专用。

6. BOT 融资模式

BOT 融资模式是指政府部门与私人企业(项目公司)签订特许权协议,许可私人企业在特许期内融资建设和经营特定公用基础设施,通过向用户收费或出售产品以清偿贷款、回收投资和赚取利润,政府则履行监督权和调控权,特许期满,无偿或有偿收回该基础设施的模式。BOT 模式能降低政府财政负担,避免大量项目风险,且组织机构简单,项目回报率明确,有利于提高项目运作效率。但合作前,合作双方相互了解、谈判和磋商需要耗费很长的时间,以致项目前期阶段过长。双方合作过程中,投资人或贷款人面临的风险较大,项目各利益相关者之间存在利益冲突。此外,在特许期内,为实现利益最大化,私人企业引进先进技术和管理经验的积极性不高,由于信息不对称,政府对项目的控制会减弱。

综合相关研究与实践,我国农村水环境治理投融资领域还存在以下问题:一是政府投融资基础相对薄弱。农村水环境污染量大面广,水环境治理资金需求巨大,地方政府财力有限,配套资金不能及时到位。二是政府融资渠道比较单一。农村水环境治理资金来源以地方财政资金为主,远不能满足农村水环境治理资金需求。三是投融资体系和功能尚不健全,项目周期比较长,水环境治理收益见效比较慢。四是社会资本参与投入不够。缺乏有效的激励机制和保障措施,社会资本进入农村水环境治理市场的门槛还比较高。

因此,在发挥政府财政主渠道作用的基础上,应健全完善各种激励机制和扶持政策,探索形成多元化投融资渠道,提高社会资本参与农村水环境治理的主动性和积极性。

5.2.1.3 农村水环境治理公私合作优势明显

虽然我国农村水环境治理取得了一些成绩,但与应然目标之间仍存在很大差距。究其原因,与我国现行的"命令-控制型"治理模式有关,该模式无法解决实践中出现的"制度失灵""规制失效"的双重困境。而公私合作模式跳出了二元对立的传统水环境治理范式,既有利于重塑农村水环境治理的路径,又能增加治理资金的投入,并兼顾多方主体的利益。近年来,公私合作作为新的公共产品供给模式,在我国诸多领域得到广泛应用,并被视为极具潜力的农村水环境治理新路径,引起了政府和社会的广泛关注。国内学者认为,我国农村水环境治理基础设施供给严重不足,单靠政府或农户都不能解决问题。农村水环境治理基础设施自然垄断、准公共产品、收益范围的区域性和有限性、使用上的相对低效性以及较弱的可经营性等特点,凸显了引入公私合作模式的必要性。根据世界银行研究报告,公私合作可作为政府基础设施建设融资的一种重要途径,以缓解政府财政压力,提高项目运营效率。公私合作有利于避免政府出现"重建设、轻管理"的现象,能有效提高农村水环境治理基础设施运行效率。该模式重视社会资本参与,能盘活社会存量资本,为农村水环境治理筹措资金。具体而言,该模式在农村水环境治理中具有如下优势。

1. 减轻公共部门财政压力

我国农村地域辽阔,水环境污染分散,和城市相比,需要更多的治理资金投入。据测算,全国约有 60 万个行政村,按照其中 1/3 即 20 万个行政村需要兴建污水处理设施计算,假设每个行政村建设一个日处理能力为 0.3 万吨的污水处理设施,按吨水处理能力的工程建设成本 2200 元来计算,共需投资 13200 亿。而地方政府财政收入十分有限,面对资金难题,开始寻求公私合作。在该模式下,农村水环境治理公共服务和基础设施建设的初始投资由社会资本投入,政府无需一次性投入巨额资金,而是采取"时间换空间"的思路,根据社会资本运营的绩效结果逐年支付相应的费用。公私合作使政府预先投资少量资金,在资金总量不变的前提下,政府可以同时启动多个公共产品的供给。因此,公私合作模式能明显缓解公共部门的财政压力。

2. 降低农村水环境治理成本

构建公私合作机制,通过公开竞标选择具有良好信誉的私人部门参与农村水环境治理,能使公私部门联合供给农村水环境治理服务。为获得更多、更长久的合作以实现利益最大化目标,私人部门会通过各种方式提高农村水环境治理质量,以赢得政府和公众的信任。私人部门具有较先进的治理技术和治理经验,能对项目设计、建造、融资、运营、维护实施一体化管理,大幅降低农村水环境治理项目全寿命周期成本。

3. 提高农村水环境治理效率

政府在基础设施建设领域投入高、效率低是一个世界性难题。根据公共产品理论,完全由政府供给纯公共产品之外的准公共产品并非最有效的方式。公共选择理论认为,政府并非如传统理论所认为的那样富有效率,政府是由具有个人私利的成员组成,这些成员在公共决策时可能为了个人私利损害公共利益,导致出现浪费、滥用资源、公共支出规模过于庞大且使用效率低下、支出方向与公众需求不一致等现象。而社会资本方一般是相关领域资深的建设、运营主体,专业的人做专业的事,在客观上有利于降低项目成本,以更少的资金提供更好的服务。在项目采购期,通常采用招标、竞争性谈判等方式来确定社会资本方,由于引入了竞争,最终入选的社会资本在项目建设、运营上有着丰富的经验和较高的管理水平。项目运行后,根据《关于推进政府和社会资本合作规范发展的意见》,只有通过了绩效考核,运营项目才能获得政府支付的资金,同时,由于其对盈利的追求,社会资本注重成本核算,能够实现投入和产出的最大效益,进而提高农村水环境治理效率。

4. 共享利益共担风险

公私合作超越了传统的命令、控制关系,强调相互信任、共同合作及公共部门对私人部门的扶持和激励。这一方面有利于从根本上转变传统模式中管理者与被管理者关系,使公私部门共同致力于更为深入的协调合作、共享利益;另一方面在法律规定和公共利益的约束下,通过合理分担风险,使农村水环境治理项目风险由具有较好风险管控经验的私人部门共同承担,从而有利于达成风险分配帕累托最优状态。

5. 转变政府职能

相较于以往由政府供给公共产品很大的不同,公私合作模式改变了政府既当"运动员"又当"裁判员"的情况,使政府把主要精力集中在做好"裁判者"这一件事情上。在农村水环境治理公私合作中,一方面,政府可以从以前的水环境治理基础设施供给者的角色中解放出来,转变为监督者,有效减少政府在基础设施方面的工作量,将有限的资源运用到其他需要的地方;另一方面,在水环境治理设施建设和运营的过程中,双方工作人员会就建设或运营方案、标准、流程等方面的详细内容进行反复沟通和完善,在这个过程中政府会学习和引进私人部门相对先进的技术和管理经验,提高行政效率。

5.2.2 农村水环境治理公私合作的条件

5.2.2.1 国家政策支持

公私合作模式在基础设施建设、公共服务供给等方面具有明显优势,近年来在全球范围内被广泛接受,从西方发达国家到广大发展中国家,越来越多的国家和地区探索开展公私合作。公私合作模式在我国的发展经历了三个阶段:第一阶段是1995—2003年,原国家计委主导吸引外商投资基础设施 BOT 项目;第二阶段是2004—2013年,建设部将特许经营权引入市政公用事业项目;第三阶段是 2014 年至今,该模式呈先高速后逐步规范的发展态势。

2014 年,国家开始大力推广政府和社会资本合作模式(PPP 模式),使 PPP 发展进入"井喷式"增长期,全国各地 PPP 项目一路高歌猛进,在稳增长、促改革、惠民生等方面发挥了积极作用。但也出现了诸多乱象,主要表现在 PPP 的泛化、异化和粗放式管理;一些地方为加快项目落地,走捷径,踩红线,打政策的"擦边球",留下隐患。为规范治理,国家财政部在《关于推进政府和社会资本合作规范发展的实施意见》中把规范运作放在首位,要求遵循"规范运行、严格监管、公开透明、诚信履约"的原则,严格按要求规范实施,国务院国有资产监督管理委员会、中国人民银行、中国银监会、中国证监会、中国保监会等机构也陆续出台了一系列政策文件,国家发展和改革委员会还叫停了一些地铁项目。

在我国环境治理领域,通过实施市场化改革、引入公私合作制发挥了巨大的作用。公私合作在我国环境治理领域并非新鲜事物,该模式主要适用于具有一定可销售性的准公共产品和公共服务领域,如城市污水处理、垃圾处理等行业。农村水环境治理属于具有"效果或成本溢出"特征的准公共产品。农村水环境治理体系的发展滞后于农村社会现代化发展进程,命令-控制模式难以在短期内解决农村水环境治理资金供需缺口问题。实践证明,受限于资金、人力、知识、"搭便车"等因素,政府供给农村水环境治理服务并不充分。根据科斯定律,当某种制度安排能有效降低公共产品的供给成本时,私人部门进入农村水环境治理领域也就变得可行。在农村水环境治理领域,近年来国家不断加大政策支持力度,密集出台了多项政策,把改善农村水环境质量作为全面建成小康社会、实现乡村振兴的重要考核指标,鼓励通过政府和社会资本合作模式引导社会资本投向农村水环境治理领域。例如,2014 年发布的国务院 43 号与 60 号、财政部 76 号等文件均鼓励社会资本参与环境治理和生态保护,相关政策规定在 2015 年出台的《关于推进水污染防治领域政府和社会资本合作的实施意见》和《水污染防治行动计划》中均有体现。2018 年《农村人居环境整治三年行动方案》鼓励各类企业积极参与农村人居环境整治项目。农业农村部 2020 年 4 月发布《社会资本投资农业农村指引》,支持社会资本参与农业农村基础设施建设。2020 年多部门联合印发《关于扩大农业农村有效投资加快补上"三农"领域突出短板的意见》,提出积极引导和鼓励社会资本投资农业农村。2022 年农业农村部、国家乡村振兴局联合印发《社会资本投资农业农村指引(2022 年)》,明确提出要积极探索、优先支持农业农村领域有稳定收益的公益性项目,依法合规、有序推进 PPP 模式。在中央一系列扶持政策的引导下,随着生态宜居乡村振兴战略的实施,公私合作模式也相应介入农村水环境治理领域。一些地区明确规定,农村生活垃圾、生活污水处理必须应用 PPP 模式;一些地区还出现了投资体量较大的项目,例如,三亚市农村生活污水治理工程 PPP 项目,总投资约 12.57 亿元。随着生态文明上升为国家战略,未来国家对农村水环境治理的支持力度将持续加大。

5.2.2.2　环境服务市场兴起

根据《中国环保产业发展状况报告(2021)》,2020 年全国环境治理营业收入总额与国内生产总值(GDP)的比值为 1.9%,较 2011 年增长 1.14 个百分点,预计"十四五"期间将保持 10%左右的复合增速;2025 年,环境治理营业收入有望突破 3 万亿元。环境服务市场的兴起为我国水环境治理提供了较强融资能力和技术集成能力的综合性环保企业。当前,在我国污水处理市场上主要有跨国水务巨头、大型国有企业、优秀民营企业三大竞争主体(表 5-3)。在农村水环境治理市场,由于启动农村水环境治理的时间较晚,加之农村水环境污染来源复杂,涉及农业、工业、生产、生活等多个领域,因此,国内大多数环保企业只在某一方面开展业务,全面从事农村水环境治理的企业还比较少。但也有部分大型环保企业,如桑德国际,已在全国近 30 个省(市、自治区),近 1000 个乡镇与 10000 个村实施了水务项目。

表 5-3　我国污水处理领域主要市场主体情况

主要市场主体	情　况
跨国水务集团	20 世纪 90 年代,随着改革政策的颁布及允许社会资本、多元化投资主体进入污水处理行业,我国污水处理行业的市场化探索拉开了序幕,我国从 2004 年起对各类资本全面开放公用事业行业,此后一批国际水务巨头包括威立雅水务集团、苏伊士环境集团、泰晤士水务、柏林水务集团、威望迪集团等,凭借其品牌、资本等优势,通过直接投资、控股、参股等多种方式陆续大规模进入我国污水处理市场,取得了市场先导地位;在大型项目中,跨国水务集团由于资本实力雄厚及技术先进,具有较强的竞争优势
大型国有企业	2002 年 9 月,原国家计委、建设部及环保总局颁发了《关于推进城市污水、垃圾处理产业化发展的意见》,要求转变污水处理设施只能由政府投资、国有单位运营管理的观念,现有从事城市污水处理运营的事业单位,按《中华人民共和国公司法》改制成独立的企业法人,不具备改制条件的与政府部门签订委托运营合同,建立以特许经营制度为核心的管理体制;随着改革政策制度的陆续颁布,我国污水处理行业市场化进程进一步加快,一批大型国有上市企业,如北控水务、首创股份、兴蓉投资、创业环保等,通过并购等方式迅速扩大业务规模,凭借雄厚的资本实力、丰富的社会资源等优势迅速发展壮大,在全国范围内积极开拓抢占市场,成为跨国水务企业强劲的竞争对手

主要市场主体	情　况
民营企业	国有控股水务企业几乎垄断市政污水处理市场,而民营水务企业在工业废水处理、水环境综合整治、水处理设备、膜技术等领域表现出色,近年来,随着国家进一步鼓励和引导民间资本进入市政公用事业领域,以桑德集团、国祯环保、鹏鹞环保等为代表的一批优秀民营企业凭借着市场化的经营管理机制、技术创新等优势迅速崛起,成为具有良好发展潜力的行业新生力量,在区域市场及细分市场开始占据一定的市场份额

农村水环境治理具有独特的属性,不能单靠政府投入,这就要求企业不仅具备技术实力、人才实力,还要有很强的融资能力和运营能力。近年来,政府不断加大政策支持力度,对符合条件的第三方治理企业给予资金补贴或税收优惠,并在贷款额度、利率、还贷等方面提供优惠,推动了环保企业进入农村水环境治理领域。国家发改委、生态环境部、农业农村部等有关部委出台政策,鼓励社会资本与政府、金融机构开展合作,充分发挥社会资本市场化、专业化等优势,加快投融资模式创新。未来,EPC、EPC＋O、EPC＋F、PPP 等新商业模式将应用到农村环境治理中。

5.2.2.3　市场规模巨大

受城乡二元环境治理政策影响,多年来我国水环境治理的主战场在城市和工业企业,环保资金投入主要集中在城市。随着城市水环境基础设施不断完善,城市水环境质量得到有效改善,国家战略开始关注农村水环境治理。农村水环境治理设施缺乏,短板明显。《农业农村污染治理攻坚战行动方案(2021—2025 年)》提出,2025 年农村生活污水治理率要从 2020 年底的 25.5% 提高到 40%。财政部、生态环境部出台有关文件,拟根据项目投资额和治理黑臭水体面积对纳入支持范围的城市给予 2 亿元、1 亿元、5000 万元的分档定额奖补。国内一些省份也加速推进农村黑臭水体治理,常态化保持农村黑臭水体动态化清零,助力乡村振兴。目前,农村污水处理设施、污水收集管网、智慧水务等成为建设重点,未来农村水环境治理市场空间将被逐步释放出来。

5.2.3　农村水环境治理公私合作的困境

公私合作项目失败的常见原因有:政府方违约、项目本身不合规、投标没有看清实际获利、地方政府财力不足、部分项目前期规划不足、大部分项目涉及征地拆迁、地方财政部门规避隐性债务、地方政府单方面改变、社会资本融资失败、财政压力大故意制造障碍等。现实中,下列现象时有发生:① 地方领导变更,要求社会资本退出;② 项目金额大,社会资本不愿垫资建设;③ 政府部门精心包装项目,社会资本未能看清项目真实情况,中标后才发现方案与现实相差甚远,如果继续下去,必定亏损严重;④ 政府财力不足,难以满足银行融资条件,社会资本方退出;⑤ 无法完成征地拆迁,项目难以实施,或征地拆迁成本过高,社会资本不愿承担;⑥ 社会资本方不能融资,项目无法实施;⑦ 项目已建成,但地方政府面临巨大的财政支付压力,故意制造障碍,使项目无法进入运营期,社会资本面临运营维护压力和收不到政府付费的无奈,一心想退出。在农村水环境治理流域,上述现象同样存在,并面临以下合作困境:

5.2.3.1 私人部门参与意愿不足

农村水环境治理具有高成本、复杂性、效益不确定、专业性强、公益性等诸多特点,项目单体规模较小、集中度低,影响了私人部门参与的积极性。具体影响因素包括三个方面:一是政府的客观支付能力;这取决于地方经济发展状况和财政收入;二是政府对农村水环境治理的重视程度;三是企业与政府的关系。良好的政企关系对水环境治理企业至关重要,良好关系可以避免政府拖欠水环境治理费用,保证水环境治理企业正常运营和水环境治理设施正常运行。

当前,一些地区农村水环境治理公私合作项目的成功运作基于以下两种情况:一是乡镇经济基础较好,地方政府具备较强的支付能力。二是地方政府与水环境治理企业签订协议,就辖区内的多个项目(含高收益的城市项目和低收益的农村项目)进行合作,通过"抽肥补瘦"激励水环境治理企业。一些地方创新商业模式,以县域或乡镇为单位整体捆绑,以求获得规模效应,降低成本。例如,安徽天长采用打捆方式对 14 个镇政府驻地生活污水处理设施实行社会化管护。又如,在桑德集团实施乡镇打捆业务,设立区域运维中心,通过远程控制、定期巡检等方式对各站点实行统一管理。

5.2.3.2 公私合作规制不健全

PPP 项目最大的风险是顶层制度的缺失。

首先,我国缺乏一部专门规制 PPP 的基础性法律,现有的《基础设施和公用事业特许经营管理办法》《关于开展政府和社会资本合作的指导意见》《政府和社资本合作项目通用合同指南》《政府和社会资本合作模式操作指南(试行)》等都是部门规章,且主要针对市政公用事业,而非专门为农村制定。

其次,现行部门规章存在效力层级低、不稳定、相互冲突等问题。由于缺乏顶层设计,近年来出台的 PPP 部门规章相互冲突,影响了实践部门的具体操作。一方面,PPP 项目涉及众多政府部门,行政分割使某些部门采用 PPP 模式的意愿并不强烈。另一方面,一些地方政府官员出于私利目的,设置一些"障碍",以攫取更多利益,或将具有盈利空间的项目外包出去盈利。出现上述情况的原因是缺乏 PPP 的顶层制度,这在一定程度上影响了 PPP 的实践效果。

5.2.3.3　市场竞争机制不完善

现实中,国有环保企业能得到政府大力支持,如可获得低息金融贷款,而民营环保企业存在进入门槛,如住建部曾在全国 100 个县(市、区)实施农村生活污水治理示范,明确规定仅首创水务等 3 家国有企业参与,此举不符合国家鼓励社会资本参与治理的精神。由于我国污水处理行业是由政府特许经营,国有企业凭借 20~30 年的特许经营权形成区域市场的进入壁垒。根据《中国环保产业发展状况报告(2021)》,我国环保企业仍以小微型企业为主,在 2020 年列入统计的企业中,小、微型企业占比 72.9%,大、中型企业占比分别为 3.1%、24.0%(图 5-2),其中,大型企业贡献了超过行业 80% 的营业收入和营业利润。此外,由于这类项目过度依赖政府资金投入,自身造血功能差,加之价费机制不完善、投资回报机制不健全,因此,社会资本和金融机构参与困难。

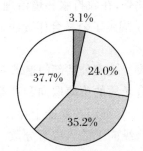

3.1%

24.0%

37.7%

35.2%

■ 大型企业(营业收入≤40000万元)
□ 中型企业(2000万元≤营业收入≤40000万元)
□ 小型企业(300万元≤营业收入≤2000万元)
□ 微型企业(营业收入≤300万元)

图 5-2　我国环保企业的类型及其占比情况

5.2.3.4　公私合作项目存在高风险

农村水环境公私合作时间比较长,一般为 15~30 年,未来地方经济环境的不确定性使履约过程充满了风险,加之缔约双方不具备完全理性能力,所以双方契约必然"不完全",不完全契约将引致后期合作中的"敲竹杠"等问题,为合同的履行埋下了隐患。农村水环境治理项目特别是一些大型项目,需要私人部门融资,政府会为其融资提供便利条件和贷款担保,一旦私人部门无力偿还贷款、中断合作,政府要连带承担还贷责任,且政府如要再介入,就会产生额外成本。农村水环境治理投入并非一次性的短期投入,实践中,由于缺乏对治理设施全寿命周期成本的有效性分析,即未充分考虑规划设计、建设、管理维护到最终废弃的整个寿命周期的全部成本,导致运营资金缺乏持续投入,使设施成为"晒太阳工程"。据权威媒体报道,一些地区套用城市工艺,增加设备运行费用和人工费用,或因管网配套建设滞后,功能无法使用,导致污水处理设施长草,社会资本的前期投入很难收回成本[①],加之农村水环境治理是新兴市场,在商务模式、收费机制等方面还很不完善,所以,农村水环境治理公私合作项目风险很大。

5.2.3.5 责任主体模糊

《中华人民共和国环境保护法》《中华人民共和国水污染防治法》规定,地方各级人民政府应当对本行政区域的环境质量(含水环境)负责,应当及时采取措施防治水污染。至于各级政府如何负责、分别负何种责任,没有明确规定。《中华人民共和国水污染防治法》规定,国家对重点水污染物排放实施总量控制制度,总量控制指标由国务院批准下达实施,各省级政府按照国务院的规定削减和控制本行政区域的重点水污染物排放总量,至于是城市削减还是农村削减,取决于地方政府的决策。地方政府决策必须考虑削减污染物所付出的成本。而农村水环境污染来源复杂、分散,排污量的计量难度较大,加之缺乏资金来源,对于地方政府而言削减成本较高,所以一般会采取"重城市、轻农村"策略。此外,在农村水环境治理公私合作中,虽强调政府监督、市场运作,但这只是从宏观上规定了公私合作责任主体,并未明确双方的具体职责和权限。

此外,还存在以下突出问题:一是合作理念冲突。政府公共部门追求 GDP 增长和政绩提升,私人部门追求利润最大化,双方拥有矛盾的价值取向和利益诉求。二是功能结构排斥。受专业分工和部门主义影响,公共部门在功能上存在扩张冲动,横向上围绕某一职能形成相对独立的服务体系,纵向上陷入权责分散、重叠不清、重分工而缺整合的困境。而私人部门以逐利为天然目标,有较为完备的内部功能职责权限,且与公共部门不兼容。三是资源权力分散。在农村水环境治理中,资源与权力的碎片化出现在政府内部和公私合作上。开展公私合作时,公共部门需将其有限的资源和权力分配到与私人部门的合作中,导致政府资源和权力的碎片化。四是治理责任缺位。建立公私合作关系后,公私部门理应共担治理责任,但在出现水环境治理质量问题需追责时,双方会采取逃避责任的态度。

---

① 张春燕,童克难,李欣. 农村污水处理设施为何"晒太阳"?［N］. 中国环境报,2020-07-06.

5.3　农村水环境治理公私合作机制优化设计

公私双方达成合作意向是建立在一定的需求偏好和需求规模的基础上的。当农村水环境治理公私合作收益小于治理成本时,私人部门会选择不合作,即使选择合作,容易陷入"社会困境"(social dilemma),即个人利益与集体利益冲突时的处境。当公私部门从自利动机出发追求各自利益时,会导致农村水环境治理公共利益的损失。如何走出"社会困境"？奥斯特罗姆(Elinor Dstrom)认为需要解决三个问题:一是制度供给问题。即由谁来设计集体行动制度。二是可信承诺问题。如果违背承诺没得到必要的制裁,则承诺的可信度就会降低。三是相互监督问题。监督是为了提高承诺的可信度,在科学有效的制度规则引导下,集体行动的个体之间可以形成一种低成本、高效率的监督①。根据上述观点,在优化设计农村水环境治理公私合作机制时,首先,应清晰界定产权边界,避免产生"搭便车"行为;其次,要做到水环境治理收益与成本相称,避免水环境治理"溢出效应"。此外,要进行集体选择安排,提高社会力量集体行动的组织化程度;促进信息共享,建立信息共享平台确保信息互通;相互监督,综合运用经济、法律、政策进行强有力的政府监督;明确担保责任,政府担负起担保公益得以实现的责任。那么,如何通过制度机制安排保障农村水环境治理公私合作的可持续性呢？下面将从准入退出机制、协调整合机制、利益平衡机制、风险分担机制、信任监管机制等方面进行研究探讨。

5.3.1　准入退出机制

地方政府对农村水环境质量负责,并非由政府亲自去治理农村水环境污染,政府可以利用市场化竞争机制,通过公开招标择优选取私人投资者,并授予其特许经营权,由其提供专业化的农村水环境治理服务。农村水环境污染分散、来源广、不稳定等因素决定了农村水环境治理技术比城市复杂,难度超过数倍,甚至数十倍。因此,政府在选择私人投资者时应设置准入门槛,从资金、技术、管理水平等方面进行综合评估,把最合适的私人投资者引入农村水环境治理领域。由于农村水环境

---

① Ostrom E. Governing the commons: the evolution of institutions for collective action[M]. Cambridge: Cambridge University Press, 1990.

治理投资大、资金回收期长、风险复杂，与私人投资者追求高盈利、高流动性和低风险的投资偏好相矛盾，因此，还应设置合理的私人投资者退出机制，保障其拥有退出权利。通过建立准入退出机制，既把最有实力的私人投资者引入农村水环境治理领域，也把那些对项目经营不善的私人投资者淘汰出局，这样的竞争机制能激发私人部门的活力，提高农村水环境治理效率。

降低农村水环境治理公私合作风险的首要环节是优选私人投资者。一般情况下，私人投资者的报价能反映其综合竞争力和对收益水平的要求。因此，在明确技术工艺及约定项目边界条件的前提下，地方政府一般会选择报价较低的私人投资者中标。但从长远考虑，不能唯价格，应综合权衡多个指标。下面基于多目标模糊决策模型，提出私人投资者的优选方法。

5.3.1.1　指标设计

参考模糊数学理论，一般用 $A \times R = T$ 模式进行多目标模糊决策描述。其中，A 为输入的参评因子权重集；R 为模糊变换器，即由各单因子评价行矩阵组成 $m \times n$ 阶模糊关系矩阵，n 表示评价级别数，T 表示输出，即综合评价结果。

结合农村水环境治理实际，参考相关研究文献，提出优选私人投资者时应考虑的三类因素、六大标准，即经济因素、技术因素、其他因素及成本、质量、服务、可靠性、管理水平、创新与发展能力。

① 成本。在此指农村水环境治理项目全寿命周期成本，包括建设成本和运行成本。实践证明，不宜采用最低价中标，应以全寿命周期成本最低来评估私人投资者的治理成本。

② 质量。质量过高、过低都不可取。不仅要看以往承担的类似农村水环境治理项目质量，还应看是否建立严格的项目质量控制体系。

③ 服务。不仅考察农村水环境治理项目运行维护水平，还考察是否提供技术支持服务，以及服务沟通和服务改善能力。

④ 可靠性。主要包括信誉、经营状况、财务状况等关键指标。这些指标能衡量私人投资者的水环境治理能力、履约水平、资金周转等情况，同时会影响农村水环境治理项目建设和运行维护，进而影响农村水环境治理效率。

⑤ 管理水平。主要看是否有坚强有力的领导班子、高水平的项目管理系统和严格的项目质量管理体系。其中，协调能力应成为一个重要指标。

⑥ 创新与发展能力。该指标决定了私人投资者能否成为政府长期的战略合作伙伴，主要包括员工素质、信息化水平、研发能力等。

基于上述分析，构建农村水环境治理私人投资者优选综合评价指标体系（图

5-3)。指标集表达为

$$Z = \{Z_1, Z_2, Z_3, Z_4, Z_5, Z_6\}$$
$$= \{可靠性, 服务, 成本, 质量, 管理水平, 创新与发展能力\}。$$

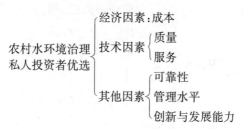

图 5-3　农村水环境治理私人投资者选择综合评价指标体系

5.3.1.2　模型构建

假设可供选择的私人投资者数量集:$Q = (Q_1, Q_2, \cdots, Q_m)$,$i = 1, 2, \cdots, m$;$m$ 表示私人投资者的总数。假设系统有 n 个评价指标构成对数量集 Q 的评价指标集 Z,则 $Z = \{Z_1, Z_2, \cdots, Z_n\}$,$n$ 表示评价指标的总数。

1. 建立模糊判断矩阵

模糊判断矩阵 B 为私人投资者论域 $Q = \{Q_1, Q_2, \cdots, Q_m\}$ 上的一个 m 阶矩阵。$B = (b_{ij})_{m \times m}$。其中,$b_{ij}^k$ 表示在目标 Z_k 下,私人投资者 Q_i 优于 Q_j 的程度。矩阵元素 b_{ij} 按下面的方法来确定:

$$b_{ij} = \begin{cases} 1, 表示 Q_i 优于 Q_j; \\ 0.5, 表示 Q_i 同于 Q_j; \\ 0, 表示 Q_i 劣于 Q_j。 \end{cases}$$

建立模糊判断矩阵:

$$B_k = \begin{bmatrix} b_{11} & b_{12} & \cdots & b_{1m} \\ b_{21} & b_{22} & \cdots & b_{2m} \\ \vdots & \vdots & & \vdots \\ b_{m1} & b_{m2} & \cdots & b_{mm} \end{bmatrix}_{m \times m}, \quad k = 1, 2, \cdots, n$$

2. 构造模糊一致矩阵

对模糊判断矩阵 $B_k = (b_{ij}^k)_{m \times m}$ 按行求和,记为

$$r_i = \sum_{j=1}^{m} b_{ij}^k, \quad i = 1, 2, \cdots, m$$

进行如下数学变换：

$$r_{ij}^k = \frac{r_i - r_j}{2m} + 0.5 \tag{5-1}$$

据此建立的矩阵 $R_k = (r_{ij}^k)_{m \times m}$ 为模糊一致的，则

$$R_k = \begin{bmatrix} r_{11} & r_{12} & \cdots & r_{1m} \\ r_{21} & r_{22} & \cdots & r_{2m} \\ \vdots & \vdots & & \vdots \\ r_{m1} & r_{m2} & \cdots & r_{mm} \end{bmatrix}_{m \times m}$$

3. 建立多目标相对优属度矩阵

根据上述模糊一致矩阵 $R_k = (r_{ij}^k)_{m \times m}$，采用方根法来计算多目标相对优属度矩阵? S 中的元素，即私人投资者 Q_i 在目标 Z_k 下的相对优属度 S_i^k：

$$S_i^k = \frac{S_i}{\sum\limits_{i=1}^{m} S_i} \tag{5-2}$$

式中，$S_i = (\prod\limits_{i=1}^{m} r_{ij}^k)^{1/m}$，$j = 1, 2, \cdots, m$。

4. 确定指标权重

首先，求解评价矩阵中第 k 个指标的均值 $\bar{r}_{ik}$、标准差 σ_i 和变异系数 E_i。

然后，对变异系数 E_i 作归一化处理，再求各个指标的权重：

$$w_i = E_i / (\sum_{i=1}^{n} E_i), \quad i = 1, 2, \cdots, n$$

在此基础上，求出综合指标权重。把两种方法进行加权组合，设 $w_{1i}(i = 1, 2, \cdots, n)$ 是用变异系数法求出的第 i 项评价指标的权重，$w_{2i}(i = 1, 2, \cdots, n)$ 是通过专家调查法求出的指标权重，结合这两种方法，可得出综合权重。采用加权求和法，可求得综合指标权重：

$$w_i = \alpha w_{1i} + (1 - \alpha) w_{2i}, \quad i = 1, 2, \cdots, n$$

式中，$0 \leqslant \alpha \leqslant 1$。由此可见，如果取不同 α 值，就会得到相应的指标权重；变异系数法和专家调查法是 $\alpha = 1$ 和 $\alpha = 0$ 的特殊情况。通过调查、分析和统计计算，可得出各指标的权重。

5.3.1.3 多目标总排序

权向量取为 $A = (a_1, a_2, a_3, a_4, a_5, a_6)$，则加权后的决策矩阵为

$$T = S \cdot A^{\mathrm{T}} = (S_{ij})_{m \times n} \times (a)_{1 \times n} \tag{5-3}$$

$$T_i = \sum_{k=1}^{n} a_k S_i^k \tag{5-4}$$

因此,可按 T_i 大小对各私人投资者进行比较,得到最优私人投资者。

5.3.1.4 算例分析

1. 数据来源

近年来,打捆 BOT 模式成为多地乡镇污水处理的主要模式,地方政府对该模式的接受度普遍提高,如桑德国际投资 4.38 亿元建设长沙县污水处理打包项目、首创股份投资 1 亿元建设北京延庆县城乡污水打捆项目、碧水源承担北京顺义区镇级再生水项目(涉及 8 座乡镇污水处理厂)。某县政府也决定采用打捆 BOT 模式,将辖区内 16 个村镇污水处理厂(站)项目捆绑为一个项目,通过公开招标择优选取一家投资运营商成立项目公司,具体负责这些项目的投资、建设和运行维护,由县政府授予特许经营权,规定特许经营期后将资产无偿移交给当地政府。经初筛,选出 4 个私人投资者。合作考察和谈判后,根据投标书和调查获得的相关信息,专家给出各指标的逻辑评语集如下(表 5-4)。

表 5-4　各私人投资者的逻辑评语

指标 ＼ 投资者	Q_1	Q_2	Q_3	Q_4
可靠性(Z_1)	高	很高	较高	较高
服务(Z_2)	很好	很好	很好	好
成本(Z_3)	高	一般	低	高
质量(Z_4)	一般	高	较高	较高
管理水平(Z_5)	高	高	较高	一般
创新与发展能力(Z_6)	弱	很强	强	一般

2. 建立模糊判断矩阵

拟从 4 个私人投资者 $Q_i(i=1,2,3,4)$,在 6 个目标 $Z_k(k=1,2,\cdots,6)$ 下进行多目标决策优选。通过对上表进行比较,建立六个模糊判断矩阵

$$B_1 = \begin{bmatrix} 0.5 & 0 & 1.0 & 1.0 \\ 1.0 & 0.5 & 1.0 & 1.0 \\ 0 & 0 & 0.5 & 0.5 \\ 0 & 0 & 0.5 & 0.5 \end{bmatrix}$$

$$B_2 = \begin{bmatrix} 0.5 & 0.5 & 0.5 & 1.0 \\ 0.5 & 0.5 & 0.5 & 1.0 \\ 0.5 & 0.5 & 0.5 & 1.0 \\ 0 & 0 & 0 & 0.5 \end{bmatrix}$$

$$B_3 = \begin{bmatrix} 0.5 & 0 & 0 & 0.5 \\ 1.0 & 0.5 & 0 & 1.0 \\ 1.0 & 1.0 & 0.5 & 1.0 \\ 0.5 & 0 & 0 & 0.5 \end{bmatrix}$$

$$B_4 = \begin{bmatrix} 0.5 & 0 & 1.0 & 1.0 \\ 1.0 & 0.5 & 1.0 & 1.0 \\ 0 & 0 & 0.5 & 0.5 \\ 0 & 0 & 0.5 & 0.5 \end{bmatrix}$$

$$B_5 = \begin{bmatrix} 0.5 & 0.5 & 1.0 & 1.0 \\ 0.5 & 0.5 & 1.0 & 1.0 \\ 0 & 0 & 0.5 & 1.0 \\ 0 & 0 & 0 & 0.5 \end{bmatrix}$$

$$B_6 = \begin{bmatrix} 0.5 & 0 & 0 & 0 \\ 1.0 & 0.5 & 1.0 & 1.0 \\ 1.0 & 0 & 0.5 & 1.0 \\ 1.0 & 0 & 0 & 0.5 \end{bmatrix}$$

3. 构造模糊一致矩阵

运用前述算法将模糊判断矩阵 B_k 构成 6 个模糊一致矩阵 R_k,则

$$R_1 = \begin{bmatrix} 0.5 & 0.375 & 0.6875 & 0.6875 \\ 0.625 & 0.5 & 0.8125 & 0.8125 \\ 0.3125 & 0.1875 & 0.5 & 0.5 \\ 0.3125 & 0.1875 & 0.5 & 0.5 \end{bmatrix}$$

$$R_2 = \begin{bmatrix} 0.5 & 0.5 & 0.5 & 0.75 \\ 0.5 & 0.5 & 0.5 & 0.75 \\ 0.5 & 0.5 & 0.5 & 0.75 \\ 0.25 & 0.25 & 0.25 & 0.5 \end{bmatrix}$$

$$R_3 = \begin{bmatrix} 0.5 & 0.3125 & 0.1875 & 0.5 \\ 0.6875 & 0.5 & 0.375 & 0.6875 \\ 0.8125 & 0.625 & 0.5 & 0.8125 \\ 0.5 & 0.3125 & 0.1875 & 0.5 \end{bmatrix}$$

$$R_4 = \begin{bmatrix} 0.5 & 0.375 & 0.6875 & 0.6875 \\ 0.625 & 0.5 & 0.8125 & 0.8125 \\ 0.3125 & 0.1875 & 0.5 & 0.5 \\ 0.3125 & 0.1875 & 0.5 & 0.5 \end{bmatrix}$$

$$R_5 = \begin{bmatrix} 0.5 & 0.5 & 0.6875 & 0.8125 \\ 0.5 & 0.5 & 0.6875 & 0.8125 \\ 0.3125 & 0.3125 & 0.5 & 0.625 \\ 0.1875 & 0.1875 & 0.375 & 0.5 \end{bmatrix}$$

$$R_6 = \begin{bmatrix} 0.5 & 0.125 & 0.25 & 0.375 \\ 0.875 & 0.5 & 0.625 & 0.75 \\ 0.75 & 0.375 & 0.5 & 0.625 \\ 0.625 & 0.25 & 0.375 & 0.5 \end{bmatrix}$$

4. 建立多目标相对优属度矩阵

利用方根法计算各私人投资者在 Z_k 下的优属度,得多目标相对优属度矩阵,则

$$S = \begin{bmatrix} 0.285 & 0.283 & 0.182 & 0.285 & 0.317 & 0.145 \\ 0.3519 & 0.283 & 0.285 & 0.3519 & 0.317 & 0.353 \\ 0.1816 & 0.283 & 0.3519 & 0.182 & 0.217 & 0.285 \\ 0.1816 & 0.152 & 0.182 & 0.182 & 0.148 & 0.217 \end{bmatrix}$$

5. 各指标权重的确定及多目标总排序

通过统计计算,各指标的权重值如表 5-5 所示。权重集为

$$A = (a_1, a_2, a_3, a_4, a_5, a_6) = (0.2236, 0.1358, 0.2074, 0.1865, 0.1487, 0.098)$$

表 5-5　各影响因素及其权重

主要影响因素	可靠性	服务	成本	质量	管理水平	创新与发展能力
权重	0.2236	0.1358	0.2074	0.1865	0.1487	0.098

利用 $T_i = \sum_{k=1}^{n} a_k S_i^k$ 计算出总体优属度为

$$T = S \times A^T = [0.2544, 0.3235, 0.2462, 0.1762]^T$$

由上可知,最优私人投资者为第二个。

5.3.2 协调整合机制

整体性治理理论主张协调整合公私部门关系,通过合作双赢的集体行动整体性回应和满足民众需求,提高公共服务效率。在农村水环境治理中,优选私人投资者后,需重塑公私合作伙伴关系,通过协调整合双方资源满足农户水环境治理需求,供给优质水环境治理服务。

5.3.2.1 理念整合

整体性治理除强调公私部门资源整合,更强调理念整合。亚里士多德认为,"凡是属于最多数人的公共事务常常是最少受人照顾的事务,人们关怀着自己的所有,而忽视公共的事务。"[①]整体性治理"将个人的生活事件列为政府治理的优先考虑项目,将'政府组织'的研究重点转移到'个人问题'的解决上""以解决人民的生活问题为政府运作的核心"[②]。农村水环境治理是解决农户"个人问题"和维护农村水环境公共利益的体现。因此,在优选私人投资者后,应坚持以人民为中心的发展思想,践行"绿水青山就是金山银山"的理念,基于农村水环境公共利益,培育农村水环境治理公私合作理念,有效整合双方资源,积极维护农户水环境权益,努力实现公共利益与经济效益的平衡,全面提升农村水环境质量。

5.3.2.2 功能整合

整体性治理理论主张通过功能整合建构新型公私合作关系。公私双方应发挥各自优势,按照一定的规则开展农村水环境治理合作。具体方法如下。

1. 明晰双方职责

公共部门应转变角色,从农村水环境治理服务供给者向购买者转变,私人部门也应由利润最大化追求者向农村水环境治理服务供给者转变。根据农村水环境治理公私合作的实施过程,可构建合作网络模型(图5-4)。该模型清晰地划分了公私部门在农村水环境治理中的主要职责。对于公共部门,主要负责制定法规政策、优

---

① 亚里士多德. 政治学[M]. 陈虹秀,译. 北京:商务印书馆,1965.
② 彭锦鹏. 全观型治理:理论与制度化策略[J]. 政治科学论丛,2005(23):61-100.

选私人投资者、提供信用保证、进行项目监管、承担项目风险等。地方政府应供给相关政策和制度,将农村水环境治理服务纳入政府采购范围,从税费、用地、用电、融资等方面提供政策支持,为私人部门参与治理农村水环境污染提供良好环境。同时,还应因地制宜选择恰当的商业模式,通过市场化运作引入私人部门参与农村水环境治理,并设立专项基金,通过转移支付,支持农村水环境治理公私合作项目的可持续发展。对于私人部门,主要负责项目开发、运营等工作,其中,要和公共部门共担项目风险,确保项目质量。

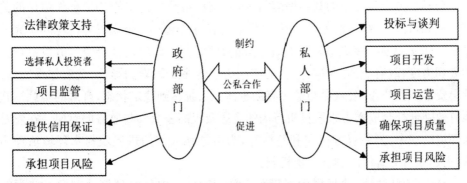

图 5-4 农村水环境治理公私合作网络模型

2. 打造合作平台

农村水环境治理公私合作流程复杂、环节多、时间长,涉及经济、法律、政策等多方面内容,交易成本较高,需设置一个专门的管理机构,具体负责公私合作项目的开发、融资、建设、经营、管理、移交等事务,并有效管控宏观层面的政治风险、财政风险、法律风险、市场风险、不可抗力风险及项目识别、准备、采购、执行、移交等具体操作层面的风险,保障项目平稳运行,供给优质的农村水环境治理服务。

5.3.2.3 政策整合

根据整体性治理理论,要达到政策预期效果,必须防止不同主体妨碍彼此政策的实现。公私主体只有建立统一的规则制度、形成完善的政策法规体系,才能实现亲密合作。协调整合公私合作关系,应重点加强政策法规整合。现行的《市政公用事业特许经营管理办法》等不足以支撑农村水环境治理公私合作,应建立一个涵盖城乡、不同合作模式、已有特许经营制度且具有更高法律位阶的制度体系,重点对服务质量标准、价格确定方法、争议解决方式等做出制度安排。当前,私人部门主要依靠自有资金,应制定鼓励银行和其他金融机构提供融资的信贷业务政策,给予私人部门充分的资金支持,使其专注于项目运营管理,提高农村水环境治理服务质量。应健全财政补贴政策,对农村水环境治理公私合作项目给予一定的财政支持,既体现政府对合作项目的重视,又切实减轻私人部门压力,从而吸引更多优质的私人投资者参与相关项目合作。

5.3.3 利益平衡机制

公私双方存在复杂的利益博弈行为,协调利益分配是实施公私合作项目的关键。例如,针对农村垃圾处理 PPP 项目中政府、社会资本、公众三方博弈的研究表明[①],三方策略选择受政府对社会资本方的补贴力度、政府对社会资本方投机行为的处罚力度、政府对公众参与监督的奖励力度等多个因素的影响,政府加强监管、社会资本积极合作、公众参与监督有助于博弈系统达到稳定状态,合理的奖惩措施能有效降低社会资本方采取投机行为的意愿及提高公众参与监督的意愿。在农村水环境治理中,公私双方存在利益博弈,为引导私人部门进入农村水环境治理领域,需建立行之有效的利益平衡机制。

首先,应从法律、法规层面保障私人部门利益。农村水环境治理项目非常特殊,一般情况下,这类项目前期投资额比较高、投资回报周期比较长、影响项目全寿命周期成本的风险因素比较多、项目收益不确定性比较大,私人部门在决定是否参与这类项目时,会重点考虑进入后的各类风险。如果没有明确的法律、法规保障私人部门利益,则公私合作难以有效开展。因此,需要以立法等形式对私人部门利益予以保障。

其次,政府应对私人部门的利润进行调节。在签订项目合同时,应制定好收益分配规则,均衡双方收益,做到既维护农村公共环境利益,又保证私人部门获得合理收益。如果私人部门收益较低,应根据项目合同进行补贴,具体可通过政府付费、政府可行性缺口补贴或者使用者付费等方式使私人部门获得稳定的收益。反之,为防止私人部门降低运营成本而获得超额利润,应根据合同控制其收益水平。

需要指出的是,实践证明,政府高补贴并不必然提高私人部门合作意愿,有时反而会因为过高补贴导致消极合作。因此,在通过适当补贴提高私人部门合作意愿的同时,应加大惩罚力度,遏制私人部门天然的逐利行为和投机行为。此外,应

---

① 周镇浩,王艳伟.农村垃圾处理 PPP 项目三方演化博弈分析[J].昆明理工大学学报(自然科学版),2021,46(6):132-143.

对财力不足的基层政府加大财政资金倾斜力度,统筹上级政府涉农资金,支持基层政府开展农村水环境治理公私合作。

5.3.4 风险分担机制

农村水环境治理项目周期长、资金需求大、盈利能力差、涉及单位多,这些特征决定了这类项目投资风险高。现实中,一些地方政府不能规范操作公私合作项目,违规、违法现象时有发生,加之政府出台的相关政策前松后紧,导致公私合作项目市场环境出现较大变动,使公私双方利益得不到有效保障。在农村水环境治理公私合作中,不同项目的风险是不同的,同一项目的风险不断变化,且风险之间相互影响。受风险的原始责任、管理能力、交易成本、风险的偏好差异等众多因素影响,风险分配结果与获得利益往往不完全匹配,一些应由私人部门承担的风险逆向转移给了政府,而政府、公共部门倾向于将更多的风险转嫁给私人部门。但风险并非越多越好,当私人部门承担的风险达到一定程度后,项目效率开始下降,最终导致项目失败。因此,应建立农村水环境治理公私合作项目风险分担机制,结合项目实际,因地制宜采用最合适的风险处理模式,合理明确合作的边界条件、内容、方式,使风险在一定区间内进行合理分配。

风险分配是一个非常复杂的过程。在公私合作中,政府通常以风险分配最优、风险收益对等、风险可控作为基本原则。风险分配最优是指最有能力控制风险的一方承担相应的风险,这样做能减少风险发生的概率和风险损失,保证控制风险所花费的成本最小。风险分配的目的是在公私双方之间实现最优分配,而非将风险最大化转移给私人部门,如果风险分配不合理,会使私人部门付出更多的费用、承担更高的成本,最终危及合作关系的长期稳定。风险收益对等是指由获利最大的一方来承担最大的风险,收益与风险匹配,即高风险、高收益,低风险、低收益。如果风险大于收益,风险转移就不可能自愿发生,应根据项目参与方的财务实力、技术能力、管理能力等设定风险承担上限,使风险可控;风险不能超过任何一方的承担能力,否则,会导致一方拒绝履约,影响双方合作关系的稳定,最终影响农村水环境治理服务的供给质量和效率。因此,应根据上述基本原则合理分配风险,推动公私部门进行长期而稳定的合作,促使私人部门持续地提供农村水环境治理服务。

在农村水环境治理公私合作实践中,往往对风险因素引发的项目成本变动缺乏考虑,使一些项目因成本低估而不能正常运行,据媒体报道和相关研究,农村水环境治理设施长效运维资金保障难的问题日渐突出。因此,为防范合作风险,合作前需结合农村水环境治理项目特点,综合考虑全寿命周期内各项风险因素,测算项目全寿命周期成本,特别是风险成本,为利益补偿和风险分担提供决策依据。下面,以农村生活污水处理项目为例,通过识别项目全寿命周期各项风险因素,运用蒙特卡罗模拟和 Crystal Ball 软件对项目风险成本进行预测分析。

5.3.4.1 风险因素识别

农村生活污水处理项目寿命周期较长,会受到农村特殊的自然环境和经济、社会、技术、管理等领域的一系列不确定性因素的影响。

1. 项目前期风险因素

项目前期风险因素主要表现在选址、征地、设计等事项上。选址失误使一些项目难以落地实施、产生额外成本。周边农户出于对项目污染的恐惧,会抵制征地和项目施工。工程设计深度不够,会给项目运行留下隐患;处理工艺选择不当,会增加治理成本。某些工艺虽然先进,但未综合考虑地域地形、人口分布、经济水平、气候条件、区域环境容量等因素,加之技术复杂,导致难以管理、运行困难、成本高昂,不利于项目长期运行。

2. 项目建设期风险因素

估算时使用的参考数据可能不准确,例如,人工费的上涨、建材价格和设备出厂价的提高等都存在不确定性,资金不足、安全事故等也是潜在风险因素。

3. 项目运行期风险因素

一是电费、人工费、除污材料费、设备维护费等存在较大的上涨空间。农村生活污水处理设施运维成本包括电费、人工费、药剂费、检测费、维修费、管理费、污泥处置费等,其中,电费、人工费占比达 60% 以上。二是污水收集管网不配套,设备闲置,产生惩罚成本。例如,在建设农村生活污水处理设施前,应统筹考虑改水改厕、房屋改造、村庄美化等规划,做到相互衔接、合理安排,否则容易出现管网或设施重复建设、重复维修等情况,增加运维成本。三是污水管网建设质量差,乡镇企业、养殖业废水损害设备,增加处理成本。

4. 政府风险因素

资金短缺、政策改变、非理性决策均能引发风险,其中,资金短缺特别是运维资金短缺是最大的风险因素。从农村生活污水处理设施维护情况看,目前仅有浙江、福建、江苏等少数省份尝试征收农村生活污水处理费作为设施运维经费的有益补充,大多数省份污水处理设施运维资金主要依靠各级政府财政资金。从资金投入主体看,大多是以县级财政投入为主,由于当前县级财政普遍困难,因此难以保障持续稳定的资金支持,不利于设施的长效稳定运行。

5.3.4.2 风险成本预测

1. 常用方法比较

模糊数学模型、灰色模型、神经网络模型、时间序列模型、回归分析模型等是项目成本定量预测的常用模型,但这些模型不适宜多因素影响下的项目成本预测。蒙特卡罗模拟法能弥补上述不足,它能将成本中众多风险因素用概率分布的形式来确定。蒙特卡罗模拟也称为计算机随机模拟法、统计模拟法、统计试验法,是基于"随机数"的计算方法,是把概率现象作为研究对象的数值模拟方法。英国雷汀大学 Steve J. Simister 教授的调查表明,该方法是应用较为广泛的风险分析方法之一。随着 Crystal Ball 等风险分析软件的推广,该方法已广泛应用于工程、商业、金融等领域,并逐渐应用到项目风险成本预测中。

2. 蒙特卡罗模拟原理

蒙特卡罗模拟的数学基础是大数定律与中心极限定理,其基本思想是:为了求解问题,首先建立一个概率模型或随机过程,然后通过对过程的观察或抽样试验来计算参数或数字特征,最后求出解的近似值。

基本原理:假设函数 $Y = f(X_1, X_2, \cdots, X_n)$,$X_1, X_2, \cdots, X_n$ 的概率分布已知。

首先,直接或间接抽取每一组随机变量$(X_1, X_2, \cdots, X_n)$分布的一组值 X_{1i},$X_{2i}, \cdots, X_{ni}$,然后,按照 Y 对于$X_1, X_2, \cdots, X_n$ 的关系式确定函数 Y 的值 y_i。

$$y_i = f(x_{1i}, x_{2i}, \cdots, x_{ni})$$

通过反复模拟多次$(i = 1, 2, \cdots, n)$,则可得函数 Y 的抽样值 $y_1, y_2, \cdots, y_n$,当模拟次数足够多时,就可得出和实际相近的函数 Y 的概率分布及特征数字。

3. 蒙特卡罗模拟步骤

采用 Crystal Ball 风险分析软件进行模拟,具体步骤:① 按式(5-5)计算项目总成本(不考虑风险成本);② 分析影响成本的风险因素;③ 根据历史数据统计、经验值判断、专家评估等方法,确定成本构成要素的概率分布类型和参数;④ 规定预测单元即输出变量;⑤ 设定迭代次数,进行模拟;⑥ 统计分析模拟结果;⑦ 根据经验数据或专家意见,确定成本构成要素相关系数矩阵,设定迭代次数再次进行模拟分析;⑧ 分析比较前后两次模拟结果之间的差异。

$$L_{CC} = C_1 + \sum_{t=1}^{T} C_{21} \cdot PV_{sum} + \sum C_{22} \times PV_{sum}^* - (S - C_3)PV \qquad (5\text{-}5)$$

$$PV_{sum} = \frac{(1 + \delta)^T - 1}{\delta(1 + \delta)^T}$$

$$PV_{sum}^* = \frac{1}{(1 + \delta)^{t^*}}$$

$$PV = \frac{1}{(1 + \delta)^T}$$

式中,C_1 表示建设成本,C_{21} 表示年度运行费,C_{22} 表示设备更新费,C_3 表示报废成本,S 表示残值,δ 表示折现率,T 表示寿命周期,t 表示时间变量,t^* 表示非年度周期成本的发生时间,PV_{sum} 表示年度运行费现值和,PV_{sum}^* 表示非年度周期成本现值和,PV 表示现值。在式(5-5)中,包含寿命周期和折现率两个参数。农村生活污水处理项目寿命周期可在 20~30a,在此取 20a。在全寿命周期成本预测模型中,折现率是非常重要而又敏感的参数,影响因素包括社会折现率、物价波动水平等,其取值高低对总成本值有重要影响,一般取 3%~5%,在此取 4%。

5.3.4.3 算例分析

1. 项目背景

某县拟采用打捆 BOT 模式建设运营一批村庄污水处理站项目,日处理规模为 50~150 吨不等,特许经营期满后,所有资产移交给当地政府。特许经营期内,当地政府按协议付费。为优选私人投资者和确定公私合作策略,需测算单个项目成本。下面以该县某村拟建项目为例进行风险成本预测。结合该村实际,确定项目规模为 80 立方米/天。经该村前期调研,决定采用膜生物反应器 MBR-人工湿地复合工艺。根据相同工艺项目成本数据,估算出该项目的建设成本(C_1)为 216.6 万元(含建造成本 106.60 万元、征地成本 24.72 万元、管网成本 85.28 万元),年度运行费(C_{21})5.93 万元,设备更新费(C_{22})57.53 万元,报废成本(C_3)2.1 万元,设备残值(S)1.69 万元。

2. 项目全寿命周期成本估算

该项目的寿命周期 T 为 20 年,折现率 δ 为 4%,设备为国产设备,寿命一般为 10 年,该项目的全寿命周期成本为

$$L_{CC} = C_1 + \sum_{t=1}^{T} C_{21} \cdot PV_{sum} + \sum C_{22} \cdot PV_{sum}^* - (S - C_3)PV$$

$$= 216.6 + \sum_{t=1}^{20} 5.93 \times \frac{(1+4\%)^{20} - 1}{4\%(1+4\%)^{20}}$$

$$+ \sum 57.53 \times \frac{1}{(1+4\%)^{10}} - (1.69 - 2.1) \times \frac{1}{(1+4\%)^{20}}$$

$$= 216.6 + 77.06 + 38.87 + 0.18 = 332.71(万元)$$

3. 成本风险因素识别

上述估算结果未考虑风险成本。该项目在前期、建设期和运行期会面临许多风险因素,同时,还会因处理工艺的特殊性产生一系列风险。膜生物反应器工艺虽然占地面积小、处理效率高,但由于膜组件较易发生堵塞及较高的运行能耗,其建设成本和运行成本相对较高,尤其是发生膜污染时,不仅膜更换费用较大,且影响产水量,给运行维护带来不便。人工湿地工艺价格低廉、对 N、P 有较高的去除率、易于管理、环境效益好,但占地面积过大,不同程度存在因设计缺陷、缺乏有效管理等造成配水不均匀、堵塞、积水、有漂浮物、出现杂草、植物病虫害等现象,且受季节和温度影响大。

4. 基于蒙特卡罗模拟的项目全寿命周期风险成本预测

根据前文分析,基于蒙特卡罗模拟法,应用 Crystal Ball 风险分析软件重新测算该项目的成本。参考相关文献和类似项目成本数据,设定该项目各成本构成要素的最小值、最大值和最可能值,如表 5-6 所示。

表 5-6 各成本构成要素最小值、最大值和最可能值的设定(万元)

成本要素	最小值	最大值	最可能值
建造成本	101.27	127.92	106.60
征地成本	23.48	34.61	24.72
管网成本	81.02	119.39	85.28
运行成本	110.13	162.30	115.93
报废成本	0.17	0.22	0.18
全寿命周期成本			332.71

在 Crystal Ball 风险分析软件中对各成本构成要素的概率分布形式进行设定,假设均服从三角分布,以全寿命周期成本为预测目标,运行仿真过程。设置信水平

为95%,经过10000次的模拟仿真,概率分布及统计特征如图5-5所示。从图5-5可知,该项目全寿命周期成本均值为364.36万元、中值为363.50万元、最大值为423.37万元、最小值为326.71万元、标准差为15.80万元,仿真结果集中在均值附近,呈中间密集,两边稀疏的分布特征。

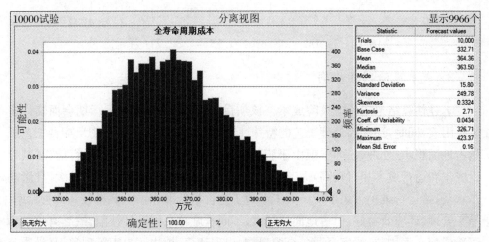

图 5-5　分离视图

从表5-7可知,该项目未来实际成本超估算值的概率在90%以上。

表 5-7　仿真结果的百分比分布

百分比	100%	90%	80%	70%	60%	50%
预测值（万元）	326.71	344.39	350.22	354.77	359.07	363.49

百分比	40%	30%	20%	10%	0%
预测值（万元）	367.69	372.24	377.95	386.12	423.37

从图5-6可知,各成本构成要素与全寿命周期成本的相关程度并不相同。其中,最相关的是运行成本($D5$),相关度56.1%;其次是管网成本($D4$),相关度28.9%;再次是建造成本($D2$),相关度12.8%。其他要素的相关度较低,均属正相关。龙卷图则从另一角度分析了各成本要素的变化对全寿命周期成本变化的影响。从图5-7可知,在变化-10%～10%的前提下,对全寿命周期成本的影响依次是运行成本($D5$)、管网成本($D4$)和建造成本($D2$),且变化方向相同。

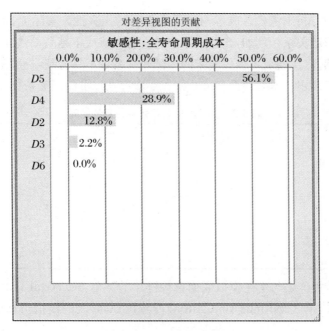

图 5-6 敏感性分析图

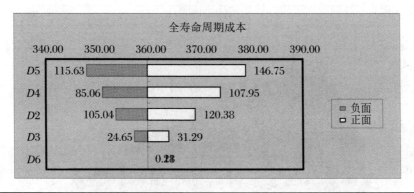

变量	全寿命周期成本			输入		
	负面	正面	范围	负面	正面	基本情况
D5	347.88	379.00	31.12	115.63	146.75	127.52
D4	351.03	373.92	22.89	85.06	107.95	93.81
D2	353.75	369.09	15.34	105.04	120.38	111.07
D3	357.24	363.88	6.64	24.65	31.29	27.19
D6	359.76	359.79	0.03	0.18	0.21	0.19

图 5-7 龙卷图和相应数据

上述模拟分析未考虑各成本构成要素之间的相关性。实际上，各成本构成要素存在相互依赖关系。例如，建造成本中的设备购置成本越高，后续的运行维护成本就越高。然而，这些成本构成要素的内部相关系数不易得到，一般是专家根据经验数据讨论后决定。本书假设各成本构成要素存在以下的相关系数（表5-8）：

表 5-8　各成本构成要素相关系数矩阵

	$D2$	$D3$	$D4$	$D5$	$D6$
$D2$	1.0	0.7	0.8	0.9	0.8
$D3$	—	1.0	0.4	0.5	0.4
$D4$			1.0	0.8	0.7
$D5$				1.0	0.6
$D6$					1.0

相关系数矩阵是与上述模拟数据直接链接的。单击 Crystal Ball 风险分析软件中的"连续模拟"（continue simulation），经过 10000 次的模拟仿真后，频数图如图 5-8 所示。

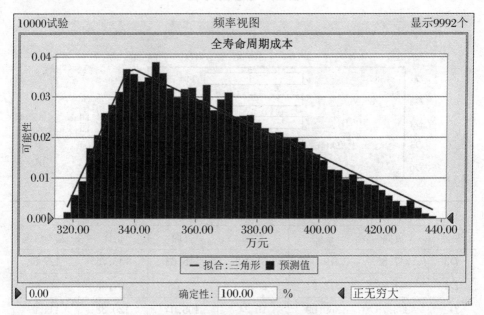

图 5-8　作相关性处理后的频数图

各成本构成要素之间不相关和相关的模拟结果见表 5-9。由表 5-9 可知，作相关性处理后，项目全寿命周期成本的最大值、最小值的变动范围比不作相关性处理要大。两种方法所得指标的均值相当接近,但作相关性处理的标准差大于不作相关性处理的标准差,原因在于不作相关性处理时,相关系数为 0,少计入了一些项,使标准差偏小。可见,定义了各成本构成要素之间的相关性后,由于项目的复杂性增加,项目全寿命周期成本的不确定性明显增加。该结论在图 5-9 中得到验证。从图 5-9 可知,作相关性处理后,各成本构成要素与全寿命周期成本的相关程度发生了较大变化。其中,最相关的还是运行成本($D5$),相关度 26.1%,明显降低;建造成本($D2$),相关度 25.9%,明显升高;管网成本($D4$),相关度 23.1%。其他成本构成要素的相关度均升高,且均属正相关。

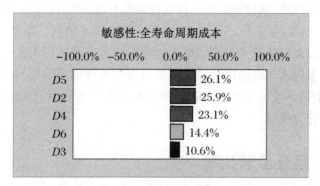

图 5-9 作相关性处理后的敏感性分析图

表 5-9 各成本构成要素之间不相关和相关性模拟结果的比较

统计值	预测值(万元)		具有相关性比不相关	百分比	预测值(万元)	
	不相关	相关			不相关	相关
基本情况	332.71	332.71	不变	100%	326.71	317.03
平均值	364.36	364.76	接近	90%	344.39	332.96
标准差	15.80	26.24	增大	80%	350.22	340.07
最小值	326.71	317.03	变小	70%	354.77	346.67
最大值	423.37	442.43	增大	60%	359.07	353.75
范围宽度	96.66	125.39	增大	50%	363.49	361.17

5. 两种方法比较分析

传统方法下该项目全寿命周期成本(L_{CC})(不含风险成本)估算值为 332.71 万元。经蒙特卡罗模拟,最大值超估算值 90.66 万元,最小值低于估算值 6 万元,变动跨度 96.66 万元,此时全寿命周期成本是一个区间数据,在 326.71 万元～

423.37万元变动,且主要集中在均值364.36万元左右。作相关性处理后再次模拟,最大值超估算值109.72万元,最小值低于估算值15.68万元,变动跨度125.39万元,此时全寿命周期成本在317.03万元～442.43万元变动,且主要集中在均值364.76万元左右。可见,传统预测方法只给出了项目全寿命周期成本的基准值,而蒙特卡罗模拟法考虑了风险成本,预测结果符合项目实际,且有相应的概率。

6. 结果分析

运用传统方法进行项目成本预测,可能会低估项目总成本。农村生活污水处理项目所处环境特殊,项目未来费用具有较高的不确定性,应充分考虑项目未来风险,提前预测项目风险成本,为合理分担风险提供参考依据。蒙特卡罗法模拟仿真,精确度较高,能有效识别各成本要素对项目成本变动的作用大小,建议采用该方法分析预测农村水环境治理公私合作项目全寿命周期风险因素(特别是关键风险因素)的发生概率及可能增加的成本,为降低风险发生概率、合理分担风险、精准利益补偿做好充分准备。

5.3.5 信任监管机制

整体性治理理论强调"以网络关系中信任来进行协调"①,指出建立信任机制是一种关键性整合。信任是公私合作成功与否的一个关键因素。公私双方如果缺乏信任,会给合作项目带来更多的不确定性。在农村水环境治理公私合作过程中,随着双方资源的整合,公私双方各自优势将呈现给对方,需要彼此信任,共同对合作结果承担责任,有效避免公共部门为政绩、私人部门为高额利润而忽视农村水环境治理公共利益的实现。如何加强信任并实施有效的公私合作?整体性治理理论主张建立包括非正式制度和正式制度的信任机制,注重加强多元治理主体之间的沟通交流,并把沟通交流的非正式制度转换为正式制度,以保证信任的可持续性和合作的有效性。因此,为防止公私双方不信任全面拉低应对风险的层次和能力,应建立公平、安全、可信赖的信任机制,确保双方平等对话、充分协商及合作共治。

但是,信任不能代替监督。目前,政府和私人部门的合作是在法律、法规框架下进行的有限合作,并非想怎么合作就怎么合作。政府必须根据合同约定承担监管责任,切实加强对私人部门履约能力全过程动态监管,防止私人部门过度投资、

① Hicks P. Joined-up government in the western world in comparative perspective: a preliminary literature review and exploration[J]. Journal of Public Administration Research and Theory: J-PART, 2004, 14(1):103-138.

过度举债,或因公司股权、管理结构发生重大变化使项目无法实施,确保私人部门公共服务供给的持续性,同时,确保公共服务的价格、品质、标准不因私人部门的随意改变而改变,预防和控制私人部门利用垄断地位提高价格或者降低质量来追求利润最大化。在农村水环境治理公私合作中,政府对私人部门也应加强全方位监管,以纠正因自然垄断性和准公共物品性而导致的市场失灵。鉴于刚开始合作时双方不可能预见未来所有复杂情况、签订的合作协议必然不完备,在合作过程中,应约束私人部门的违规行为,保障农村水环境治理公共利益。国内相关研究发现,声誉机制是私人部门守约的约束因素,也是保证基础设施资金使用效率和满足社会公众需求的关键条件。为此,政府应健全监督评价体系,利用私人部门前期运营过程中声誉情况评价未来阶段守约概率,有效降低农村水环境治理公私合作效率的不确定性;应加大声誉的机会成本,激发私人部门维持声誉的动力,使其自我约束、自我监督;应在既定的技术水平等约束条件下,加大对私人部门违规行为的惩罚力度,提高贴现因子,使私人部门积极维持声誉,尽力提供优质的农村水环境治理服务,主动维持长期稳定的公私合作关系。此外,应根据国家发改委《关于依法依规加强 PPP 项目投资和建设管理的通知》要求,依托在线平台建立农村水环境治理公私合作项目信息监测服务平台,加强项目管理和信息监测,及时向社会公示严重的失信行为,并由相关部门依法依规对其实施联合惩戒。

第6章　农村水环境治理农户参与研究

现行农村水环境治理模式由政府主导,具有推广面大、效率高、责权明确等优势,但过于依赖科层制,会导致形成"政府领导、村委配合、农户旁观"的"管控式"治理格局,即陷入"梁漱溟之惑""别人动而农民不动"。在广大农村地区,农户参与农村水环境治理不够积极主动,存在"当看客""搭便车"等主体作用发挥不充分现象。农户参与不足,既加重基层政府、村级组织治理负担和治理成本,也阻碍形成常态化、制度化的农村水环境治理机制。《农村人居环境整治提升五年行动方案(2021—2025年)》要求尊重村民意愿,突出农民主体作用,激发内生动力,充分保障其知情权、参与权、表达权、监督权,推动形成政府、市场主体、村集体、村民等多方共建共管格局。

6.1　农村水环境治理农户参与的理论分析

6.1.1　公众参与的主要内容

世界银行认为,公众参与是一个过程,通过参与的过程,利益相关者共同影响控制发展导向、决策权及其所控制的资源。随着民主化进程的发展,公众参与深度和广度已成为衡量一个国家民主化进程的重要指标。美国原国际经济部主席查尔斯·沃尔夫(Charle Wolf)[①]在《市场或政府——权衡两种不完善的选择》中认为,在公共政策过程中,公众参与既是国家治理现代化的重要标志,也是提升公共政策合法性的根本途径。公众参与包括参与目标、参与程度、参与范围、参与主体、参与程序、参与途径、参与的效果评价等内容。

---

① 王俊燕.流域管理中社区和农户参与机制研究[D].北京:中国农业大学,2017.

6.1.1.1 参与的目标和价值

国内外专家学者对公众参与的目标和价值进行了深刻的论证,认为公众参与旨在提高公共政策的接受度,保证公众有渠道影响政策过程,既保护自身利益,又促进公共利益达成[①];公民参与有助于推动公民投入公共服务提供、提高公民影响政府决策方向的能力和促进政府的信息开放和交流[②];有助于增强政府实质合法性、凸显行政管理民主化、提高政府绩效,并保障公民的行政民主权利、提高公民的参政议政能力、有效表达公民的利益要求[③]。亚洲开发银行在《取得发展成果重在参与——亚洲开发银行参与指南》中指出,参与可以使得决策者受益,提高政策的支持度。珍妮特·V.登哈特(Janet V. Denhardt)在《新公共服务:服务,而不是掌舵》中认为,政府或公务员的首要任务是帮助公众明确表达并实现其公共利益,公众是整个政府决策体系的中心,应积极参与并真正参与到决策中来。

6.1.1.2 参与的程度和层次

公众参与的程度受多种因素影响,其中,国家或政府愿意在多大程度上与公众分享权力是关键因素。美国学者谢尔·阿斯汀(Sherry Arnstein)提出的"公众参与阶梯"理论说明了公众参与所经历的道路及期待的成长趋势。在《公众参与的阶梯》中,他将公众参与从低到高分为三个阶段、八个阶梯(表6-1)。其中,在操纵、训导、告知、咨询等前四个阶梯,公众参与程度较低,不能保证充分考虑公众的意见和利益;从第五个阶梯(展示)开始,参与深度逐渐提高,在最高级别的第八个阶梯(公众控制),公众深度参与,甚至获得了大多数决策者的支持或者完整的管理权力。国际公众参与协会也设计了一套公众参与序列(表6-2),包括信息共享、协商、参与、合作、授权等内容,每个序列对应公众拥有的最终决策权力大小、所采取的参与方法和工具。

表6-1 公众参与阶梯的八个梯度

1. 操纵(manipulation)	假参与
2. 训导(或译为"治疗")(therapy)	
3. 告知(information)	表面参与
4. 咨询(consultation)	

---

① 孙伯琪,杜英歌. 地方治理中有序公民参与[M]. 北京:中国人民大学出版社,2013.
② 彼得斯. 政府未来的治理模式[M]. 吴爱明,等译. 北京:中国人民大学出版社,2013.
③ 庐刚. 地方政府绩效评估中的公民参与:制度、方法与战略[M]. 北京:中国社会科学出版社,2014.

续表

5. 展示（placation）	表面参与
6. 合作（partnership）	深度参与
7. 授权（delegated power）	
8. 公众控制（citizen control）	

表 6-2　公众参与序列

公众的影响力不断增强 →

	信息共享（inform）	协商（consult）	参与（involve）	合作（collaborate）	授权（empower）
公众参与目标	为公众提供较全面、客观的信息，帮助公众理解所面临的问题、比选方案、机会和解决方案等	获取公众对有关问题分析、比选方案和有关决策的反馈意见	公众全程参与整个过程，确保公众所关心的问题和愿望得到准确的理解并给予合理的考虑	与公众一起合作参与决策，包括制定替代方案和识别解决方案	公众拥有最终决定权
对公众的承诺	信息告知	信息告知，听取公众的意见和愿望，对公众意见的采纳情况进行反馈	与公众一起，确保他们关心的问题和愿望直接反映在所制定的方案中，对公众意见的采纳情况进行反馈	在制定方案时，充分了解公众的意见和建议，最大可能将这些意见建议纳入最终决策中	按照公众的意见实施
公众参与的方法和工具	信息简报网站	小组讨论调查公共会议	讨论会民主投票	公民咨询委员会参与式决策	公民法官授权

6.1.1.3　参与的范围

公众能参与哪些事项？在什么阶段参与？根据世界银行、亚洲开发银行等国际金融组织的观点，利益相关方必须参与所有开发工作过程（政策、项目）的各个阶段。一些国家规定规制类政策，即"规制影响评价"（regulation impact assessment）

须征求民众意见,通常涉及环境保护、土地使用、城市规划等[①]。结合我国法律规定以及环保实践来看,公众可以参与环境立法、环境公共事务决策、环境司法以及生态环境保护督察,如《中华人民共和国立法法》第 34 条规定公众可以参与立法,2014 年《中华人民共和国环境保护法》的修订开创了立法草案两次公开征求公众意见的先河;《重大行政决策程序暂行条例》规定了公众参与贯穿重大行政决策的全过程;《环境保护公众参与办法》规定了环境保护主管部门可以征求公民、法人和其他组织对环境保护相关事项或者活动的意见和建议,公民、法人和其他组织可以向环境保护主管部门提出意见建议。

6.1.1.4 参与的主体

根据联合国环境规划署《环境影响评价培训资源手册》,地区社会的个人及团体、开发商及因项目的实施而获利者、非政府机构、其他利害关系团体等都是参与主体。世界银行《环评业务指南》把项目受影响群体,特别是负面影响的群体和相关非政府组织作为参与主体。美国把项目实施区公民和公共服务对象作为参与主体,要求他们参与项目的设计、实施和监测评价过程。我国对参与主体法律法规上的界定还比较模糊,一些专家学者认为,参与主体具有多元化的特点,既包括人大代表、政协委员、专家学者等精英群体,又包括社会各阶层的普通公众,他们都有机会参与政策的决策过程[②];有的还根据公民参与所要实现的目的,将公民参与主体划分利益型、泄愤型、理想型三类[③]。

6.1.1.5 参与的程序、渠道和途径

科学合理的参与程序对公众参与公共决策起着至关重要的作用。虽然我国已初步搭建起公众参与的宏观制度框架,但还缺乏明确的参与程序,如公众参与在行政决策程序的启动阶段缺失,使得公众参与成了政府决策的装饰物[④]。在参与渠道上,虽然存在人民代表大会制度、信访制度、听证制度、政治协商制度、行政诉讼制度等主要渠道,民间组织、大众传媒、网络渠道等次要渠道[⑤],但相关研究认为,我国公民制度范围内的参与基本上是自上而下的沟通[⑥],多数参与渠道的使用率

① 王绍光. 中国·治道[M]. 北京:中国人民大学出版社,2014.
② 郭小聪,代凯. 近十年国内公民参与研究述评[J]. 学术研究,2013(6):29-35.
③ 杨光斌. 公民参与和当下中国的治道变革[J]. 社会科学研究,2009(1):18-30.
④ 姬亚平. 行政决策程序中的公众参与研究[J]. 浙江学刊,2012(3):8.
⑤ 张礼建. 城市社会性弱势群体利益诉求研究[M]. 重庆:西南师范大学出版社,2014.
⑥ 张明新. 参与型政治的崛起:中国网民政治心理和行为的实证考察[M]. 武汉:华中科技大学出版社,2014.

不高、畅通性不高,难以发挥应有的作用①,如农民在国家政策制定中的影响力非常微弱,往往以非制度化的方式来表达其利益诉求②。实践中,通常实施听证制度,在环境影响评价中,一般组织公众开展问卷调查。

6.1.1.6 参与的有效性评价

有效参与是公众参与的核心精神。什么样的参与才是有效参与?所谓有效公众参与,是指公众在决策早期可以获得对其有利或不利的信息,有足够的机会和方式参与决策,并使其意见被决策者充分了解。同时,还可对自己的意见是否被采纳得到公开、合理的解释,最终理解、尊重并监督全面落实决策结果③。如何进行公众参与的有效性评价?国内外一些专家学者展开了研究。例如,有的从政策质量和政策的可接受性两个维度进行界定,认为公众参与对政策的实质影响力是衡量公众参与有效性的关键指标④;有的构建了基于参与范围、参与形式、参与程度、参与效果、参与保障五个维度的评价模型⑤;有的从"验收标准""过程标准"维度建立了评价标准,提出"验收标准"包括参与者代表性、独立性、早期介入、影响力、透明度五个评价标准,"过程标准"包括资源可得性、任务定义、结构化决策、成本效益四个评价标准⑥;有的借用上述评价标准,将参与者代表性、早期介入性、信息可及性作为公众有效参与的评价维度,认为这三个评价指标能正向影响政府环境治理的部分或全部职能⑦。

6.1.2 农户参与的基本内涵

6.1.2.1 农户参与的概念

在研究农户参与的内涵之前,本书先分析"公众""农户""参与""公众参与"等概念。关于"公众",英文为 public,泛指公民,特指某一方面群众,还可以指个人、

---

① 陈芳,陈振明.当代中国地方治理中的公民参与:历程、现状与前景[J].东南学术,2008(4):111-120.

② 高乃云."三农"视域中农民利益表达机制的重构[J].求实,2010(1):85-89.

③ 周珂,史一舒.环境行政决策程序建构中的公众参与[J].上海大学学报(社会科学版),2016,33(2):14-26.

④ Thomas J C. Public involvement in public management[J]. The Age of Direct Citizen Participation,2015,50(4):116-127.

⑤ 刘红岩.公民参与的有效决策模型再探讨[J].中国行政管理,2014(1):102-105.

⑥ Rowe G,Frewer L J. Public participation methods: a framework for evaluation[J]. Science, Technology, & Human Values, 2000, 25(1): 3-29.

⑦ 王言.公众有效参与对政府治理农村人居环境的影响研究[D].天津:天津大学,2019.

非政府组织及任何决策活动的参与者。根据欧盟《奥尔胡斯公约》,公众是指一个
或多个自然人或法人,以及依照国家法律或惯例规定由其组成的协会、组织或团
体。在公共关系学中,公众特指因面临共同问题而与公共关系主体存在着相互联
系、相互影响及相互作用的若干个人、群体或组织的总和①。关于"农户",主要指
从事农业、辅以其他产业的,以自然环境和原住地为载体和空间的单一的家庭经济
共同体②。根据参与式治理理论,"参与"是指一种有组织、有方向的努力,这种努
力旨在对各种资源和机构进行合理的调控管理,在政府传统治理模式下,组织和社
会的很多活动,普通人员大多不能参与其中,组织的决策活动往往被少数人把持
着③。关于"公众参与",是指当公共权力制定立法和公共政策、决定公共事务或公
共治理时,公共当局通过公开渠道从公众或相关个人、组织获取信息,听取意见,并
反馈给对行为有影响的公共决策和治理行为,它是公众通过与政府或其他公共机
构直接互动来决定公共事务的过程④,强调决策者和受决策影响的利益相关者之
间的双向沟通和谈判。

综合上述概念,农村水环境治理中的农户参与,是指在整个农村水环境治理过
程中,农户通过有效方式向政府表达意愿、发表观点,以达到影响政府农村水环境
治理决策及其执行的行为总和。农户有效参与农村水环境治理,要求保护农户的
全过程参与权利,尤其要确保农户参与决策目标确定、相关政策制定等重点事项。
从该定义可知,农户参与范围涉及农村水环境治理的全过程,农户参与的目标非常
明确,参与方式和途径要合理有效。

6.1.2.2　农户参与的特征

1. 强调参与的主体性和过程性

农户参与的主体性是指农户自下而上而非自上而下的参与农村水环境治理,
通过参与过程形成公共理性和公共精神。农户在农村水环境治理中不仅是受益
者,更是重要的谋划者、建设者和监督者。农户是谋划者,前期应坚持问需于民,深
入了解农户的意见建议,与其共同分析农村水环境污染问题,共同研究治理方案。
农户是建设者,应充分动员农户力量,采取投工、投劳、投料等方式开展农村水环境

① 刘诗白,邹广严,向洪,等. 新世纪企业家百科全书.(第四卷)[M]. 北京:中国言实出版社,2000.

② 赵靖伟. 农户生计安全评价指标体系的构建[J]. 社会科学家,2011(5):102-105,117.

③ Biology B M. New marine biology study results reported from university of Stockholm[J]. Ecology,
Environment & Conservation,2019,6(2):48-52.

④ 蔡定剑. 公众参与:欧洲的制度和经验[M]. 北京:法律出版社,2009.

治理。农户是监督者，应鼓励农户全程参与决策、规划、筹资、项目建设、运行维护、绩效评估等环节的监督。农户是受益者，应充分体现为农户而治，通过发动农户共谋共建共管共评，推进农村水环境治理成果为农户享有，切实提升农户获得感、幸福感、安全感。

2. 对政府政策制度环境具有强依赖性

其主要原因有：一是水环境公共产品属性使农户缺乏参与农村水环境治理的主动性和积极性；二是受环保意识、收入水平、治理技术等因素的影响，农户参与水环境治理的能力较弱；三是基层政府和村集体长期以来在农村公共产品供给中发挥着重要作用，农户往往以集体组织成员身份来获得有关公共产品，他们对这种强动员能力的供给形式产生了依赖。政府通过出台相关政策能激励农户参与农村水环境治理。

3. 对政府治理具有弱替代性

在农村水环境治理体系中，政府起主导作用，必须统领全局，积极主动治理农村水环境污染，同时，引导各社会力量关心、支持、参与农村水环境治理。实践证明，坚持政府主导与农户参与的有机统一是提升农村水环境治理效率的重要途径，但农户参与仅是一种补充而非替代的方式，所以要把握好参与边界，通过制度设计有效动员农户参与农村水环境治理。

4. 对治理客体具有选择理性

农户一般选择与个人或家庭生产、生活密切相关的、支付费用较少的项目来参与治理，且对参与程度、参与方式上的选择差异较大。

6.1.3 农户参与的应然逻辑

农村水环境的公共产品属性，决定了其有效治理必须由农户集体参与。农户既是农村水环境污染的制造者，又是农村水环境治理的受益者，他们对周边水环境污染的了解关注更及时、更敏感、更直接，对改善水环境质量的愿望也更强烈，理应积极参与水环境治理。

6.1.3.1 农户参与能提高农村水环境治理决策的科学性

欧盟《与环境有关的某些规划和项目中公众参与的指令》指出，公众有效参与使公众获得表达意见和关切的机会,为决策制定及实施提供支持,也有利于强化公众的环境问题意识。农户参与能提升政府农村水环境治理决策水平。农户参与政府决策、充分表达利益诉求,一方面能增加农户对政府决策公正性的信任,使农户更加尊重决策结果,即使决策结果对其不利,也会因为参与了决策而更加理性地接受决策结果,避免因认识和理解的不同产生矛盾纠纷;另一方面,农户参与决策有助于政府了解农户的真实想法,获取全面、有效的信息,及时发现解决决策中的问题。现实中,政府使用"强迫命令"的管控方式来改变农户的理性已不现实。政府决策的"有限理性",需要与农户协商并达成共识,这是农村水环境治理成功与否的前提。农户参与决策,能弥补政府决策的不合理性,提高决策质量。

6.1.3.2 农户参与能发挥农村水环境治理外部监督作用

农户参与农村水环境治理,能对政府形成有效的监督制约。如果政府不支持农户参与,农户就更加不愿意与政府沟通交流,政府也无法及时获取农户的治理需求。如果农户的诉求始终得不到表达,政府制定的相关政策就无法反映民意,使双方矛盾升级、恶化,不仅影响农村水环境治理效果,而且还影响农村社会和谐稳定。农户是农村水环境治理项目的真正"用户",农户参与是高效监督、及时纠正农村水环境治理偏差的重要途径。农户对农村水环境污染强烈的意见反馈会对政府产生直接压力,促使其积极履行环境管理职能。鼓励农户全过程参与农村水环境治理监督,能有效解决农村水环境治理过程中存在的诸多问题。

6.1.3.3 农户参与能弥补农村水环境治理资金短缺

农户参与农村水环境治理,可以有效减少人力、设施投入,通过"一事一议"筹资筹劳或在政府引导下参与部分支付,能降低村级经费开支、减轻政府财政负担。《农村人居环境整治三年行动方案》鼓励有条件的地区探索建立垃圾污水处理农户付费制度;《农村人居环境整治提升五年行动方案(2021—2025 年)》进一步提出,有条件的地区可以依法探索建立农户付费制度,逐步建立农户合理付费、村级组织统筹、政府适当补助的运行管护经费保障制度。现实中,部分经济发达地区已开始在农村生活污水垃圾处理领域实施农户付费制度,一般要求合理确定农户付费分担比例,而不是让农户单独承担所有的水环境治理费用。

6.2 农村水环境治理农户参与的现实状况

习近平总书记指出:"乡村振兴不是坐享其成,等不来、也送不来,要靠广大农民奋斗。把政府主导和农民主体有机统一起来,充分尊重农民意愿,激发农民内在活力,教育引导广大农民用自己的辛勤劳动实现乡村振兴。"农户是乡村社会的主体,必然也是农村水环境污染的治理主体,农村水环境治理离不开广大农户的深度参与。实践中,根据《农村人居环境整治三年行动方案》等政策文件,一些地区动员广大农户积极参与美丽乡村建设,鼓励参与农村水环境治理规划和项目建设、运营、管理,探索建立垃圾污水处理农户付费制度,推动农村水环境治理长效化、常态化。

6.2.1 农户参与的实践路径

6.2.1.1 加强宣传引导

通过广播、电视、报刊、网络等新闻媒体和宣传橱窗、健身广场、休闲公园等渠道以及发放宣传资料、入户宣讲等形式,广泛宣传、普及农村环保知识,使农户了解相关政策,充分认识到自己既是农村水环境污染的治理主体,也是直接受益者,从而以更加饱满的热情、更加主动的精神自觉地投入到农村水环境治理中。

通过组织开展美丽庭院、环境卫生光荣榜等活动,"晒一晒""比一比",增强荣誉感、自豪感,用农户身边的典型增强农户参与水环境治理的迫切愿望。

通过召开村"两委"会、村民代表大会、村民大会或乡村干部动员大会,统一基层干部群众思想,发挥基层干部贴近农户的优势,做好个性化思想工作,切实解决农户实际困难。

通过健全完善村民规约,把水环境治理相关内容增加到村规民约条款中,明确相关标准、要求及农户的责任和义务,引导广大农户养成清洁环保、爱护水环境的良好习惯。

6.2.1.2 发挥各方优势

一是发挥党员先锋模范作用。村"两委"班子成员和党员率先垂范做给农户看。村党支部把党员责任区建设与推进农村水环境治理工作有机结合起来,让党员中心户在农村水环境治理中发挥先锋模范带头作用。

二是发挥共青团、中小学、基层妇女组织的优势,组织开展一系列特色主题活动,引导农村青年、中小学生、家庭妇女养成文明健康、绿色环保的好习惯。

三是组织外出务工人员这一群体开展专门活动,引进城市文明,改善农村水环境。

四是发挥乡贤能人优势,以乡情乡愁为纽带,深入沟通联系,凝聚各方力量支持农村水环境治理。

6.2.1.3　创新管理方式

一是转变工作理念。建立民主决策机制和监督制约机制,让农户全程参与农村水环境治理。

二是实行网格化管理。重点围绕畜禽粪污排放、生活垃圾处理、生活污水处理,组织网格员开展巡查,全面排查网格内水环境污染状况,及时上报、解决有关问题。

三是活用激励机制。试行推广"积分制",根据积分排名情况定期评选一定数量的"先进户""文明户"进行表彰,农户可以通过积分兑换不同层次的荣誉或实物。

四是健全投入机制。强化农户主人翁意识,在积极争取上级扶持资金的同时,充分考虑农户投入能力,引导农户合理出资投劳付费。

五是探索长效机制。督促农户切实增强健康意识、卫生意识和环保意识,逐步养成科学、健康、文明的生活方式,重点纠治粪土乱堆、污水乱泼、垃圾乱倒、禽畜乱跑、住宅与畜禽圈舍混杂等问题。

6.2.2　农户参与的问题审视

虽然全国各地在推进农村人居环境整治中加大了农村水环境治理力度,取得了明显成效,但在发挥农户在农村水环境治理中的主体作用方面,普遍还存在一些不容忽视的问题。例如,农业农村部指出,在农村人居环境整治行动中,"当前一些惠农工程或多或少都存在一些问题,这里既有'钱'的问题,或者说,国家公共财政投入在城乡基础设施建设方面仍不平衡、不充分的问题;更事关'人'的问题,可以讲,农民参与农村人居环境治理的内生动力不足等出现"最后一公里"问题,导致农村人居环境还有不尽如人意之处。"①实践中,农户参与农村水环境治理还处于理

---

① 王晓莉.破解农村人居环境整治难题[N].学习时报,2022-04-06.

念倡导阶段,农户参与缺乏代表性,组织化参与不足,个体化的参与难以产生实质性的影响,农户经常"被代表"。具体来讲,还存在以下问题:

6.2.2.1 农户参与的相关法规政策不完善

我国法律法规中关于公众参与的规定不断完善,2014 年新《中华人民共和国环境保护法》首次在总则中规定"公众参与"基本原则,并设立"信息公开与公众参与"专章,2015 年《环境保护公众参与办法》细化公众参与的相关规则,2018 年《环境影响评价公众参与办法》细化公众参与环境影响评价的规定,此外,环境单行法及《中华人民共和国立法法》《中华人民共和国行政许可法》《中华人民共和国政府信息公开条例》等法律法规中也有公众参与的相关规定,它们共同构成我国公众参与环境保护的法律制度体系。

但是,现有法律法规中未专门为农户参与农村水环境治理做出具体规定。例如,《中华人民共和国环境保护法》主要针对城市污染问题,仅在个别条款明确了农村环境治理的责任主体,《中华人民共和国水污染防治法》仅对农业和农村生活水污染防治做出规定,这些规定多采用原则性词语,缺少促进农户参与农村水环境治理的具体条文。又如,《中华人民共和国环境影响评价法》等法律法规使用"有关单位、专家和公众"等模糊字眼,参与主体指向不明;《环境影响评价公众参与办法》提到的"环境影响评价范围内的公民、法人和其他组织"也比较宽泛。

从《中华人民共和国水污染防治法》及相关法律法规来看,立法主体更多的是在设定被管理对象的责任和义务[①],而对公众(农户)参与缺乏具体规定,主要表现在:一是在参与主体上,缺乏选择标准,弱势群体难以进行公平对等的参与;二是在参与范围上,缺乏明确、统一的法律规定;三是在参与程序上,缺乏公众参与公共政策的明确规定;四是在参与渠道上,参与渠道阶层化,精英阶层、弱势群体分别利用制度化渠道和非制度化渠道影响政府决策、表达利益诉求;五是在参与途径和形式上,公众参与方法简单、效果不佳。

现实中,农村水环境治理主要以"项目"的形式出现,项目投入、项目选择、项目建设、项目运营等事项,一般由政府主导,相关法律法规较少考虑农户的利益诉求及表达其意愿需求的途径,农户一般在决策方案向社会公开征求意见时才参与,且参与渠道不够畅通,座谈会、论证会等流于形式,设计的调查问卷缺乏针对性,难以调查出农户的真实想法。例如,相关调研发现,在"您是否参加过村里组织的环境污染治理活动"中,78.95%的农村群众表示从未参加过,且他们反映的问题、发表

---

① 王俊燕. 流域管理中社区和农户参与机制研究[D].北京:中国农业大学,2017.

的评论、所提意见未得到收集和反馈,参与渠道比较单一,参与方式没有实现多元化[①]。相关激励政策也不完善,缺乏相应的政策措施帮助农户提升自我激励能力,现金奖励、积分兑换生活物品等方式激励水平较低,难以持续激发农户参与水环境治理的动机。类似调研也发现,58%的被调研对象认为现有激励方式不够完善,需进一步提升激励效果;47%的被调研对象认为,"红黑榜""五星级文明户"评选等事项缺乏民主评议;36.4%的被调研对象认为农村人居环境整治存在形式主义问题,制约激励作用发挥[②]。

6.2.2.2 农户参与的组织化程度不高

组织化程度是影响农户参与农村水环境治理的重要因素。长期以来,政府在农村公共产品供给中扮演着动员者、组织者、管理者角色。近年来,随着农村集体经济的衰落,农村基层组织"统"的功能趋于弱化,农户之间的关系呈离散状态。原子化、理性化的农户缺乏参与农村水环境治理的意愿和能力,提高农户参与的组织化程度是现实选择。农民依托社区参与环境治理能有效避免个体行为的不足,发挥社区的激励优势、组织优势和自治优势[③]。事实上,村民主要通过村两委等农村基层自治组织及各类协会等公共组织,以民主协商、听证、过程监督等多种方式参与环境治理[④]。现实中,农户较少直接参与农村水环境治理,一般间接通过农户代表——村干部等精英人物表达其合理诉求。农村社区组织功能的弱化和农村青壮年劳动力的外出务工,使农户组织化程度降低。

为改变这一局面,一些地区采取乡镇党委发动、村委会组织、党员带头、农户参与,镇、村、户三级联动的治理模式,但大多数普通农户在长期的社会管理模式下养成了依赖政府治理的心态,参与意识、参与能力明显不足。一些社会组织虽然开始关注农村水环境污染,但其关注重点通常在水环境污染事件发生后的救济或维权上,较少主动地、制度化地参与农村水环境治理。实践中,更多的是专家或乡村干部参与,他们与政府部门关系密切,是利益共同体,难以保障农村水环境治理决策的中立性、客观性,一旦做出有损农户利益的决策,就得不到农户的拥护和参与。事实证明,凡是农户不愿意的事情,即使干部一头热地推进,也得不到农户的支持,结果往往是"吃力不讨好"。

---

① 田鹏程. 荆门市农村环境污染问题的政府治理研究[D]. 昆明:云南师范大学,2020.

② 陶钰. 秦巴山区农户参与人居环境整治激励机制研究:以 Q 镇为例[D]. 咸阳:西北农林科技大学,2021.

③ 彭小霞. 我国农村生态环境治理的社区参与机制探析[J]. 理论月刊,2016(11):170-176.

④ 沈费伟. 农村环境参与式治理的实现路径考察:基于浙北荻港村的个案研究[J]. 农业经济问题,2019(8):30-39.

6.2.2.3 农户参与的内生动力不足

随着市场经济的发展和人口的流动,我国农村地区开始由"熟人社会"向"半熟人社会"转变,传统"熟人社会"的礼俗规则随之逐渐走向瓦解,传统的互助关系也逐渐向物质交易关系转化。小农"内向"的特征,使农户重视自身利益,表露出"私"的负面效应。农村环境治理的强外部性、环境受益主体的不可分割性、集体治理行动中的机会主义行为,容易引起"搭便车"的现象①。由于提供农村水环境治理公共产品的边际收益小于边际成本,农户作为理性"经济人",更重视短期的经济效益,习惯于"搭"政府的"便车"。加之受教育程度相对较高的年轻农户多数选择在外工作(《2021 年农民工监测调查报告》显示,2021 年全国农民工总量为 29251 万人,其中,外出农民工为 17172 万人,占农民工总量的 58.71%),留在本地的以未成年和中老年农民为主,中老年农民思想相对保守,由于长期养成的生活习惯,观念转变较慢,难以在短时间内接受水环境治理这一"新鲜事物",参与水环境治理的自觉性不高,有的甚至出现抵触情况。此外,因为宣传发动不深入,一些农户未充分认识到农村水环境治理的重要意义,片面认为与己无关,持不配合的态度,只当旁观者,不做参与人。部分农户等靠要思想严重,不愿自筹资金,也不想投工投劳,希望政府包办,自己坐享其成。

6.2.2.4 基层政府履职不力

一方面,一些基层政府农村水环境治理责任缺失。基层乡镇政府处于我国政府层级的末端,上级政府虽提出要将水环境治理纳入乡镇政府考核,但一般未制定明确的考核指标,一些乡镇政府将经济利益放在首位,忽视农村水环境治理,或迫于压力开展治理,仅负责村以外的资产维护,村内的资产则主要由村集体和农户共担,而有的村集体入不敷出。相关调研发现,约 80%的受访农户表示在农业面源污染防治动机上是出于自发行为,而非政府财政补助②。

另一方面,一些基层政府在农村水环境治理中"大包大揽"。农村水环境治理取得的重大阶段性成效,离不开政府的大力投入,但相比之下,农户参与度普遍较低。相关调研显示,33%的人认为参与度一般,36%的受访者对村民的参与度表示不满。在农村人居环境整治中,大部分村民只是听从政府的安排,没有主动参与其

---

① 李寿德,柯大钢. 环境外部性起源理论研究述评[J]. 经济理论与经济管理,2000(5):63-66.
② 王雨馨. 郸城县农业面源污染防治的农户参与意愿影响因素研究[D]. 郑州:河南工业大学,2021.

中①。"调查发现,近三年来实际参与过村庄环境治理的农民仅占半数,明显低于村两委换届选举和红白喜事的参与度。受访的县、乡、村三级书记普遍反映,干部'一头热'的现象较为普遍。"②

6.2.3　农户参与的问题成因

农村水环境治理农户参与度不足,是诸多因素作用的结果,主要表现在以下几方面:

6.2.3.1　城镇化率不断提升导致农户生活空间与村庄割裂

改革开放初期,我国城镇化率低于 20%,2020 年末,城镇化率上升至 63.89%,其中,户籍人口城镇化率为 45.4%。户籍人口城镇化率滞后于常住人口城镇化率,意味着有相当一部分拥有农村户口的农户实质性地脱离了乡村,在城市就业、居住,造成了农村的空心化。根据第七次全国人口普查数据,居住在乡村的人口约为 5.1 亿,仅占 36.11%。农村人口不在农村生活,面对一些需要他们参与的公共事务时,往往更多从个人利益方面来考虑,持"不想参与""与我无关"等态度。此外,离土非农化就业使农户收入来源发生变化,使其生计和村庄发展之间的关系弱化,最终对村庄发展的关注度大大减弱,加之留守人口多为儿童、中老年农民,受教育程度相对偏低,参与能力普遍较弱,所以,农户参与度不高。

6.2.3.2　政府主导的农村水环境治理机制不完善

根据公共选择理论和交易费用理论的假设,政府及某些干部渴望获得良好的政绩,片面追求地方 GDP 的快速增长。在本位主义和以经济发展为中心的导向下,管制型政府难以向服务型政府转变。同时,村级组织面临着各方面严格考核,失去了作为一级自治组织在政府和农户之间的缓冲、动员作用,呈现出"行政化""职业化"倾向,影响了农户对政策的理解,最终使村级组织陷入"上面压力大,下面使唤不动""干部干、群众看"的尴尬局面。

6.2.3.3　农户自我激励不足

自我激励是指个体不需要外界奖惩的激励约束,通过自身努力达成目标的过

---

① 薛超.C 市农村人居环境整治中的问题与对策研究:基于政府协同作用的视角[D].南昌:江西师范大学,2021.

② 王晓莉.破解农村人居环境整治难题[N].学习时报,2022-04-06.

程。自我激励是一种高层次的内在激励手段,在自我激励下,个人既是激励的执行主体,又是接受激励的客体。农户参与中的自我激励是"将参与精神内化为农户习惯和自觉行为的过程"。自我激励在农村水环境治理中扮演重要角色,而目前一些农户缺乏自我激励,未将参与作为自身发展必须的品格,尚未形成主动参与意识,加之受教育程度偏低、自我认识相对模糊、政府缺乏政策措施帮助提升自我激励能力,也未充分下放权力,让其自由处理相关事务,自我激励缺乏支持基础。

6.3 农户水环境治理支付意愿的影响因素分析

《农村人居环境整治三年行动方案》鼓励有条件的地区探索建立垃圾污水处理农户付费制度,《农村人居环境整治提升五年行动方案(2021—2025年)》进一步提出有条件的地区可以依法探索建立农村厕所粪污清掏、农村生活污水垃圾处理农户付费制度。但农户付费是有条件的,需综合考虑其影响因素,宏观层面的传统体制约束、法律制度缺失以及微观层面的农户异质性等都是重要影响因素。社会角色理论、实验经济学等研究表明,参与人的偏好具有异质性[1]。近年来,学者们基于农户异质性,从年龄、性别、文化水平、政治面貌等自身条件因素[2],收入结构、收入程度等生计资本[3],互惠规范、人际信任等社会资本[4],环境规制、家乡认同等正式和非正式制度[5]、劳动力流动和地方感[6]以及政府"行为示范""教育引导"[7]等层面对影响农户参与的因素进行了研究,为农户水环境治理支付意愿的影响因素研究奠定了基础。所谓支付意愿,是指人的内心期望和实际感知相结合而产生的对

① Burlando R M ,Guala F. Heterogeneous agents in public goods experiments[J]. Experimental Economics,2005,8(1):35-54

② 李长悦. 乐陵市农业面源污染防治农户参与意愿研究[D]. 长春:吉林大学,2020.

③ 张瑶,徐涛,赵敏娟. 生态认知、生计资本与牧民草原保护意愿:基于结构方程模型的实证分析[J]. 干旱区资源与环境,2019,33(4):35-42.

④ 何可,张俊飚,张露,等. 人际信任、制度信任与农民环境治理参与意愿:以农业废弃物资源化为例[J]. 管理世界,2015(5):75-88.

⑤ 李芬妮,张俊飚,何可,等. 归属感对农户参与村域环境治理的影响分析:基于湖北省1007个农户调研数据[J]. 长江流域资源与环境,2020,29(4):1027-1039.

⑥ 郭晨浩,李林霏,夏显力. 劳动力流动、地方感与农户参与人居环境整治行为[J]. 人文地理,2022,37(1):81-89,115.

⑦ 张旭,王成军. 政府在激励农户参与农村公共环境治理中的角色定位:教育引导抑或行为示范[J]. 干旱区资源与环境,2021,35(9):22-30.

某一事物愿意付出的价格,不同的人因自身素质和认知程度的差异,对事物的感知判断不同[1]。下面,结合农村水环境治理实际,参考相关研究,综合运用条件价值法(CVM)、Logistic 回归模型和决策树模型,探索分析影响农户水环境治理支付意愿的主要因素。

6.3.1　条件价值法原理分析

农村水环境治理属于"俱乐部产品",难以通过市场机制预估治理成本。近年来,条件价值法(CVM)成为国外环境经济学研究领域应用最广泛的衡量非市场物品的重要方法之一[2],能较好分析农户的水环境治理支付意愿,且在农村水环境治理领域已开展相关研究,个别研究涉及农村生活污水[3]、生活垃圾处理项目[4]支付意愿及价值评估。

为获得受访者对公共产品或公共服务的偏好,CVM 的调研样本一般从个人或家庭中随机选取,先通过询问某些问题了解支付意愿(willingness-to-pay,WTP)或赔偿意愿(willingness-to-accept,WTA)、计算平均支付意愿,然后扩大调研样本至整个区域,测算实施该项目的经济效益或经济损失,并进行费用效益分析(cost-benefit analysis,CBA)。CVM 问卷设计容易产生各类偏差,关键要设计好问卷中的核心估值,问卷应经过预调查,采用面对面的形式,核心估值问题建议采用二分式问卷[5][6]。

6.3.2　研究假设和变量选择

舒尔茨(Schultz)认为,农户和资本家一样具有经济理性,他们并不懒散、愚昧

① 王慧娟,周建,郑志来. 基于农户视角的生活供水状况改善支付意愿的实证分析:以江苏省镇江市为例[J]. 农村经济,2009(7):112-115.

② 梁勇,成升魁,闵庆文,等. 居民对改善城市水环境支付意愿的研究[J]. 水利学报,2005(05):613-617,623.

③ 叶翔. 基于 CVM 的增城市农村生活污水处理项目支付意愿及价值评估研究[D]. 广州市:华南理工大学,2012.

④ 邹彦,姜志德. 农户生活垃圾集中处理支付意愿的影响因素分析:以河南省淅川县为例[J]. 西北农林科技大学学报(社会科学版),2010,10(4):27-31.

⑤ National Oceanic and Atmospheric Administration. Report of the NOAA panel on contingent valuation [J]. Federal Register,1993,58(10):4601-4614.

⑥ Bateman I J,Langford I H,Turner R T,et al. Elicitation and truncation effects in contingent valuation studies[J]. Ecological Economics,1995,(12):161-179.

和不思进取,一旦有投资机会和有效的刺激,会寻求任何可能的赚钱机会,比较不同市场的商品价格,认真计算自己的劳动收益[①]。在农村水环境治理中,农户作为"理性小农",会根据个体特征、内心期望和对水环境污染的心理感知等做出理性的支付决策。现实中,农户个体特征会影响支付意愿的转化。一些研究认为,不同农户的性别、年龄、学历、收入、健康水平、心理认知等差异较大,导致支付意愿不同。

综上研究,下面从四个层面提出假设:一是在个体特征层面,假设农户的年龄与支付意愿负相关,文化程度、健康状况与支付意愿正相关。二是在家庭特征层面,假设农户的家庭人口数与支付意愿负相关,家庭非农收入比重与支付意愿正相关。三是在心理认知层面,假设农户对水环境现状评价越严重,支付意愿越大;农户对政府的信任度越高,其支付意愿就越大。四是在农村水环境治理地域层面,假设经济越发达地区的农户支付意愿越大。据此,衍生出 9 个独立变量(表 6-3)。

表 6-3 变量界定及样本均值

变量名称	变量赋值	预期方向
性别(X_1)	1＝男;2＝女	?
年龄(X_2)	1＝18～30 岁;2＝31～40 岁;3＝41～50 岁; 4＝51～60 岁;5＝60 岁以上	－
文化程度(X_3)	1＝小学及以下;2＝初中或中职;3＝高中或职高; 4＝大专或高职;5＝本科及以上	＋
健康状况(X_4)	1＝健康;2＝较差	＋
家庭人口(X_5)	1＝3 人以内;2＝4 人;3＝5 人及以上	－
非农收入比重(X_6)	1＝20%以下;2＝20%～50%;3＝50%～80%; 4＝80%及以上	＋
水环境现状评价(X_7)	1＝水环境很好;2＝水环境较好;3＝有些污染; 4＝污染较重;5＝污染非常重	＋
对政府的信任度(X_8)	0＝不信任;1＝信任	＋
地域(X_9)	1＝A 地区;2＝B 地区;3＝C 地区	＋

---

① 舒尔茨.改造传统农业[M].梁小民,译.北京:商务印书馆,2006.

6.3.3　问卷与调查设计

根据 CVM 基本原理,为减少偏差,需对农户进行预调查,据此对问卷进行修改。经修改,问卷包括四个部分:一是向受访者介绍农村水环境污染及其治理情况;二是调查受访者个人及其家庭的特征;三是调查受访者对农村水环境污染及其治理的心理认知;四是调查受访者的最大支付意愿。根据调研实际,本书采用支付卡方式,并参考被调查地区上年度农民人均纯收入的 1% 来确定 WTP 金额。调查问卷中的核心问题:假设本地将加大农村水环境治理力度,未来两年您是否愿意每月支付一定的治理费用? 如果不愿意,说明理由;如果愿意,进一步提问。为确保样本的有效性,需从被调查地区不同区域挑选一定数量的样本村,受访者覆盖村内不同层面的农户。调查分析后,针对一些疑点选择部分农户进行个别访谈。

6.3.4　模型选取

农户水环境治理支付意愿属于二分式选择的 Logistic 模型,WTP = 0 表示受访者不愿意支付,WTP>0 表示愿意支付。本书选用常用的二元 Logistic 模型分析农户支付意愿的影响因素。因被解释变量为非线性,需对所预测的因变量进行变换,在此选择 Logit 变换。通过变换,Logit(P)取值范围被扩展到整个实数区间。Logit(P)和自变量往往呈线性关系,只需以 Logit(P)为因变量,建立包含 P 个自变量的 Logistic 回归模型如下:

$$\text{Logit}(P) = \beta_0 + \beta_1 x_1 + \cdots + \beta_p x_p$$

由上式可逆推:

$$P = \frac{\exp(\beta_0 + \beta_1 x_1 + \cdots + \beta_p x_p)}{1 + \exp(\beta_0 + \beta_1 x_1 + \cdots + \beta_p x_p)}$$

$$1 - P = \frac{1}{1 + \exp(\beta_0 + \beta_1 x_1 + \cdots + \beta_p x_p)}$$

以上三个方程式相互等价。实践证明,Logistic 回归模型能很好地满足对分类数据的建模需求,能有效检验二元因变量与多个自变量之间的相关性,并采用最大似然法进行参数估计。本书把农户水环境治理支付意愿作为因变量,愿意支付时 $y = 1$,不愿意支付时 $y = 0$。则 y 发生的概率为:$f(y) = p^y(1-p)(1-y)$,Logit 模型的转换形式为:$\ln(p/1-p) = \beta_0 + \beta_1 X_1 + \beta_2 X_2 + \beta_3 X_3 + \cdots + \beta_n X_n$,$p$ 为选择愿意支付的概率,$1-p$ 为选择不愿意支付的概率,$\beta_0, \beta_1, \beta_2, \cdots, \beta_n$ 为回归系数,$X_1, X_2, X_3, \cdots, X_n$ 为独立变量。

二元 Logistic 回归模型中各自变量的回归系数为未标准化的偏回归系数。为确定哪个自变量对因变量作用更大，可比较各自变量标准化的回归系数。决策树模型能根据所使用的拟合指标计算各候选自变量的重要性[①]。常见的决策树模型构建方法有 CHAID、CRT 和 QUEST，鉴于 CRT 和 Logistic 回归分析在逻辑上存在对应关系，本书首选 CRT 方法对自变量的重要性进行排序。

6.3.5　实证分析

基于上述研究设计，笔者前期已对某省部分农户进行问卷调查和访谈。共发放问卷 300 份，回收有效问卷 258 份，有效问卷率 86%。被调查者中男性占有效样本的 58.1%；年龄集中在 41~60 岁，占 58.5%；文化程度以初中及以下学历为主，占 72.9%；在收入结构上，非农收入占比较高。

调查设计了三个问题：一是水环境现状评价，均值为 3.53，说明样本区域农村水环境污染比较严重；二是对政府的信任度，均值为 0.76，说明样本农户对政府信任一般；三是农村水环境治理费用应由谁支付。63.2%的受访农户认为应由当地政府支付，27.1%的受访农户认为谁污染谁支付，9.7%的农户认为应由村集体和村民支付。这说明农户对自身责任的认知比较模糊，呈现出明显的"政府依赖型"特征。关于支付意愿，在 258 份有效问卷中，有 190 份（73.64%）问卷选择"愿意支付"，另外 68 份问卷（26.36%）选择"不愿意支付"（表 6-4）。

表 6-4　被调查农户水环境治理支付意愿统计表

WTP(元/月)	WTP(元/年)	人数(人)	频率	累计频率
0	0	68	26.36%	26.36%
5	60	23	8.91%	35.27%
10	120	62	24.03%	59.30%
20	240	43	16.67%	75.97%
30	360	32	12.40%	88.37%
40	480	14	5.43%	93.80%
50	600	11	4.26%	98.06%
100	1200	3	1.16%	99.22%

---

① 张文彤，钟云飞. IBM SPSS 数据分析与挖掘实战案例精粹[M]. 北京：清华大学出版社，2013.

WTP(元/月)	WTP(元/年)	人数(人)	频率	累计频率
200	2400	1	0.39%	99.61%
300	3600	1	0.39%	100%

　　调查结果显示,月支付意愿集中在 0、5、10、20、30 这五个投标值上,WTP 集中在 240 元/年及以下,占 75.97%。除了零支付意愿,选择 10 元/月,即 120 元/年人数最多,占 24.03%。高支付意愿的人数较少,零支付意愿为 26.36%,符合国际相关统计零支付意愿 20%～35% 的范围。零支付意愿的原因有:一是一些村庄经济不发达,农户收入水平较低,支付能力较差;二是一些农户习惯于"搭便车",认为政府理应承担农村水环境治理责任;三是一些农户对政府相关职能部门不信任;四是一些农村地区水环境质量较好或已开展水环境治理。下面,本书运用 Spss 19.0 统计软件进行二元 Logistic 回归分析,可知 $-2LL(-2Likelihood)$ 值为 115.652, 两个伪决定系数 Cox & Snell R^2 和 Nagelkerke R^2 分别为 0.506 和 0.739,当前模型 50%～80% 的决定系数在 Logistics 回归模型中已相当高(表 6-5)。

表 6-5　模型估计结果

变量	B	S.E.	Wald	df	Sig.	Exp(B)
性别(X_1)	0.051	0.530	0.009	1	0.923	1.053
年龄(X_2)	-0.703	0.307	5.240	1	0.022	0.495
文化程度(X_3)	1.042	0.460	5.137	1	0.023	2.834
健康状况(X_4)	-2.791	1.207	5.350	1	0.021	0.061
家庭人口(X_5)	0.134	0.395	0.115	1	0.735	1.143
非农收入比重(X_6)	1.330	0.516	6.639	1	0.010	3.781
水环境现状评价(X_7)	0.894	0.243	13.495	1	0.000	2.446
对政府的信任度(X_8)	2.168	0.525	17.017	1	0.000	8.738
地域(X_9)	1.124	0.362	9.662	1	0.002	3.078
常量	-5.342	2.679	3.976	1	0.046	0.005

注:$-2LL(-2Likelihood)=115.652$;Cox & Snell $R^2=0.506$;Nagelkerke $R^2=0.739$。

　　从表 6-5 可知:① 性别、家庭人口两个自变量检验 P 值分别为 0.923 和 0.735,均大于 0.05,未通过检验。由此说明:男性农户并不比女性农户有更高的支付意愿;也说明家庭人口较多的农户在接受问卷调查时可能存在策略行为,希望按户支付,不愿意按人头支付。② 年龄与水环境治理支付意愿负相关,说明农户年龄越大,支付意愿越小。通常情况下,年龄大的农户对新事物的认知能力和接受能力较弱,加之收入水平较低、经济负担较重,其支付意愿普遍较小。而年轻的职业农民有知识、有技术,渴望治理农村水环境污染,愿意支付一定费用。③ 农户文化程度与水环境治理支付意愿正相关,说明农户受教育程度越高,支付意愿越大。个别访谈表明,受教育程度较高的农户环保意识较强,他们清楚农村水环境污染的严重后果,支付意愿相比较大。④ 农户健康状况与水环境治理支付意愿负相关,这一结论与预期方向不一致。类似研究认为,农户因为健康状况不佳,对其他事务的关注也会相应减少。出现这个结果,可能是农户健康状况受水环境污染影响而有所下降,刺激了他们的支付意愿。⑤ 家庭非农收入与水环境治理支付意愿正相关,说明拥有较多非农收入的家庭支付能力较强,愿意承担一部分治理费用。这些农户从事非传统农业生产或外出务工经商,家庭经济条件相对较好,接触到了城镇的现代生活。调查发现,从事非传统农业的家庭支付意愿较大,而耕地较多、有子女要上学、老人要赡养的家庭,因经济负担比较重,支付意愿和支付金额相比较小。⑥ 水环境现状评价与支付意愿正相关,说明水环境污染越严重,农户对水环境治理的支付意愿越大。⑦ 对政府的信任度与水环境治理支付意愿正相关,说明农户对政府相关职能部门水环境治理的信任度越高,支付意愿越大。⑧ 农户所属地域与水环境治理支付意愿正相关,说明经济越发达的地区因污水排放量大、农户收入水平较高和受城镇生活方式影响大,更容易付费治理水环境污染。

下面再运用决策树模型来探索各自变量的重要性,输出结果见表6-6。

表 6-6　风险和自变量的重要性

估计	标准误差	自变量	重要性	标准化的重要性
0.059	0.009	水环境现状评价	0.066	100.0%
		非农收入比重	0.064	97.1%
		对政府的信任度	0.052	78.4%
		健康状况	0.040	60.9%
		文化程度	0.014	21.0%
		年龄	0.013	20.2%
		家庭人口	0.001	1.9%
		地域	0.001	0.8%

注:增长方法:CRT;因变量列表:支付意愿。

上表左侧给出的是对模型进行预测的准确性的测量,说明只有 5.9% 的个案会在模型中被错分。表右侧给出的是根据决策树模型计算出各候选自变量的重要性,按从大到小的顺序依次为水环境现状评价、非农收入比重、对政府的信任度、健康状况、文化程度、年龄、家庭人口和地域,其中,家庭人口和地域的相对重要性只有 1.9% 和 0.8%,可以忽略。这和前面二元 Logistic 回归分析结果基本一致,说明前面变量筛选结果是正确的。

根据上述结果,进一步考察候选自变量之间的内在关联。首先剔除性别、家庭人口和地域三个自变量,考虑到 SPSS 默认的父节点、子节点为 100 和 50,本书 258 个样本量偏少,不宜分出过多的节点和枝叶,在此把父节点、子节点分别设定为 20 和 10,输出树结构图如图 6-1。

从图 6-1 可知,对政府的信任度作为对预测效果改进最大的自变量被首先用于拆分节点,按照对政府的信任度是否小于等于或大于 0.5,总样本被拆分为节点 1 和节点 2,与未拆分的总样本预测效果相比,预测准确度有明显的提高。随后,按健康状况是否小于等于或大于 1.5 进行第二次拆分,将节点 2 拆分为节点 3 和节点 4;节点 3 又按照水环境现状评价是否小于等于或大于 2.5 拆分为节点 5 和节点 6。节点 1 并未按照健康状况继续拆分,有两种可能:一是节点 1 因为样本量太少不够拆分;二是健康状况在节点 1 中并无作用。节点 4 也未继续拆分,可能是节点 4 样本量太少或水环境现状评价在节点 4 中并无作用。无论最终结论如何,决策树模型的分析结果已提示对政府的信任度、健康状况、水环境现状评价这三个自变量间存在内在关联。可见,对政府比较信任、身体比较健康和水环境现状评价认为污染严重的农户,其水环境治理支付意愿较大。

综上分析,水环境现状评价、非农收入比重、对政府的信任度、健康状况、文化程度、年龄六个自变量对农户支付意愿有显著影响,影响程度由大到小,尤其是前四个自变量,影响非常显著。进一步考察候选自变量之间的内在关联,发现对政府比较信任、身体比较健康和水环境现状评价认为污染严重的农户,其水环境治理支付意愿较大。基于上述结论,建议政府在制定农村水环境治理政策时,应综合考虑这些影响因素,着重解决存在的突出问题。

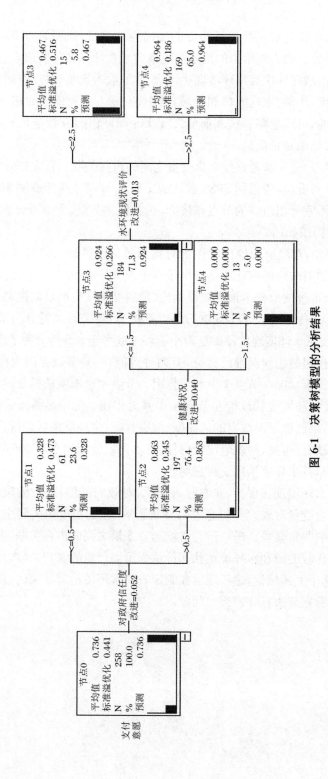

图 6-1　决策树模型的分析结果

6.4　农村水环境治理农户参与机制优化设计

在政府与非政府主体协同合作以实现农村水环境治理公共利益的背景下,农户如何从游离状态边缘位置进入治理中心、实现制度化参与,应具备一定的法规制度环境和制度机制安排。整体性治理理论重视公平、公正、正义等民主价值,强调民主精神,要求有效回应公共需求、承担公共责任、追求公共利益。整体性治理关注全体公民,提倡系统思考、协调行动,强调行动者之间双向互动、合作沟通。因此,在优化设计农户参与机制时,可借鉴整体性治理理论,着眼于广大农户的公共利益,设置具有吸引力的水环境治理目标,增强农户代入感,激发农户参与欲望。同时,遵循双向互动、公平公开、规范管理等原则,明确参与范围、参与程序、参与渠道、参与方式,确保农户全面熟知农村水环境治理政策法规信息,在政府和村"两委"组织协调下,严格按程序规范有序主动参与农村水环境治理。综合相关研究,结合农村水环境治理实际,建议从以下几个方面优化设计农户参与机制。

6.4.1　宣传引导机制

根据行为经济学代表人物 Simon 的观点,在有限理性的假设条件下,人们的行为方式会受到风险冲击带来的情绪变化而造成的风险感知差异的影响①。政府加大宣传引导力度,会使农户对农村水环境污染的感知程度发生变化,进而提高参与水环境治理的意愿。现实中,农户相关专业知识薄弱,参与治理的能力也较差,迫切需要政府加强宣传教育引导,增强参与意识,培养参与能力。

一方面,可通过多种形式(公益广告、文化宣传、教育培训等)、多个渠道(网络、电视、手机、宣传册等)的宣传活动,促使广大农户了解农村水环境污染问题,真正认识农村水环境污染的危害,从而激发参与水环境治理的内生动力,提升水环境关心程度,培养良好的生产生活习惯。但在开展宣传教育时,应结合农户内在需求,设计有针对性的宣传教育方案,注重在精神层面增强他们的社会责任感,提升其参与意识和参与能力。

---

① Simon H A. Theories of decision-making in economics and behavioral science[J]. The American Economic Review,1959,49(3):253-283.

另一方面,应利用好现有的各类资源,鼓励村庄组织开展传统文化、村民规约等教育活动,将农村水环境治理、农村人居环境整治、农业绿色发展等内容纳入村规民约中,加大宣传力度,以提升参与意愿,降低治理成本。

6.4.2　信息公开机制

农户在信息公开方面往往处于被动地位。政府、企业、农户地位不对等,带来信息的不对称,导致农户失去参与兴趣。应降低农户参与的信息成本,激发农户参与意愿,使其充分表达意见建议。同时,应及时、全面、真实公开农村水环境治理信息,如农村水环境治理内容、要求,项目进度、资金使用情况,农户参与形式、途径、权利义务等。可建立微信公众号,及时推送农村水环境治理信息,接受农户监督;可细化农村水环境治理任务、责任,为农户监督提供方便,对于重点任务,及时向农户公开进展情况,方便农户监督。

6.4.3　需求表达机制

实践中,缺乏对农户需求信息的主动收集。政府应拓宽渠道,努力收集农户水环境治理需求信息。具体可通过以下渠道进行(图6-2):

一是农户—村民自治组织—政府途径。该途径是目前农户表达真实需求信息的主要方式。关键要完善村民自治组织的"自治"功能,解决"准政府化"给农户带来的某些矛盾,切实维护农户的合法权益。

二是农户—私人部门/第三部门—政府途径。这一途径中私人部门和第三部门充当中间人角色。实践中,私人部门逐渐具备一定的话语权,存在向政府传达农户需求的可能。但相比而言,农村中农民合作社、专业技术协会、农民维权组织、农民协会等第三部门组织经过长期发展已较为成熟,这些组织中农民占较大比例,同时也有精英作为带头人,因此能够收集农村公民真实的需求偏好[①]。但目前私人部门和第三部门的作用发挥有限,需进一步加快发展。

三是农户—乡村精英—政府途径。乡村精英是农村社会各阶层的强者,政府应积极引导这一群体充当表达的中间人。在现阶段,提升农户组织化程度最快且最具成效的做法是整合现代乡贤和老党员、退休干部、知识分子、大学生村官等能人群体,通过他们凝聚农户对乡村社会的认同感、归属感。但在这过程中要建立健

---

① 范逢春.农村公共服务多元主体协同治理机制研究[M].北京:人民出版社,2014.

全监管机制,不能让乡村自治成为不法分子的自留地。

四是农户—政府途径。这一途径以往通常表现为"上访"。在当今时代,农户可通过多种信息化手段向政府直接表达意见建议或诉求。为避免信息分散,政府可搭建一个虚拟信息平台,汇总分析各途径需求信息。

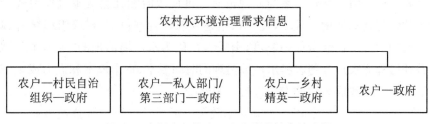

图 6-2　农村水环境治理农户需求的表达途径

6.4.4　政策支持机制

6.4.4.1　法规支持

国家和地方层面应完善相关法律法规,明确规定农户参与农村水环境治理决策的权利、具体的决策事项及配套的程序和渠道,以及参与程度、参与方式。例如,在参与环节上,可明确规定从问题的提出阶段引入农户参与,通过听证会、访谈等形式广泛收集农户意见。

在决策事项上,可明确农户参与农村水环境治理的管理决策、计划实施、监督评价等具体事项,规定直接或间接参与相关治理制度的制定、执行和管理。

在参与程序上,可细化农户参与标准及流程,提升规范性和可操作性。

在参与渠道上,明确制度内的农户利益表达渠道及具体的、专门性的表达渠道,邀请农户参加座谈会、听证会、民意调查、访谈及协商咨询等活动;明确各类参与工具,结合农村、农户特点,对参与工具进行适当简化。

此外,对政府的决策回应与责任追究做出规定,可规定在某项决策的后评估过程中,加强对农户参与的有效性评估,评估结果列入对相关决策部门的绩效考核和对主要负责人的政绩考核中,再根据评估结果,不断调整和修改相应的参与机制。

6.4.4.2　资金支持

基于农户的经济理性,政府应通过上下结合的方式完善农村水环境治理的政策条款、地方规范、奖惩监管等制度体系,使各项政策、制度真正得到推行和落实,以满足农户改善农村水环境的现实需求。

一要建立公共财政投入稳定增长机制。有效整合利用现有各类农村环境治理资金,提升转移支付规模和频率。可在纵向上建立起市、县、乡镇三级联动的转移支付方式,确定不同出资比例,共同分担财政压力。

二要积极吸引社会资本参与。规范有序推广政府和社会资本合作模式,发动农户主动参与到水环境治理中,逐步探索建立农户合理付费、村级组织统筹、政府适当补助的运行管护经费保障制度,引导农户成为水环境治理的"主力军"。要通过利益补偿降低农户参与农村水环境治理的时间成本、货币成本和人力成本,对积极建言献策并被政府采纳的农户进行表彰奖励。

三要加快完善农村水环境治理补贴政策。可通过推行村级公益事业"一事一议"财政奖补政策、测土配方施肥补助政策、化肥农药零增长支持政策、畜禽标准化规模养殖支持政策等,为农户参与清洁生产创造诱致性条件,从源头防治农村水环境污染。可明确农村水环境治理设施产权归属,合理确定管护主体,合理引导村集体经济组织、农民合作社、农户等参与设施的运行维护,政府予以验收奖补,区县、乡镇、村民自治组织积极筹措运营管理经费。

6.4.4.3 组织支持

亨廷顿在《变化社会中的政治秩序》一书最后一节以"组织的必要性"为题展开论述,认为组织是政治稳定的基础。在当前农村社会治理中,组织建设是有效整合基层力量的途径。

为深入推进农村水环境治理,首先,应修复农村基层组织的号召、动员和组织管理等功能,重点健全党组织领导的村民自治机制,引导农户全程参与农村水环境治理。其次,加大社会组织培养力度,激活社会组织活力,发挥社会组织的动员优势。可引进社会组织或鼓励本地农户成立相关社会组织作为参与主体。一方面,将分散的农户个体聚合起来;另一方面,作为乡村治理架构的组成部分,在政府和农户之间充当桥梁作用,使农户有机会全过程参与农村水环境治理,从而增强农村水环境治理的公共性,也为形成良好的农村基层治理格局提供契机。

总之,应发挥农户自治制度优势,使农村水环境治理因地制宜、规范运行。

6.4.4.4 技术支持

首先,政府应为农村水环境治理提供技术标准、技术指导,在提供低成本、效果好、易操作的治理技术和设备的同时,推广农村生活污水垃圾处理、畜禽养殖污染防治、农业废弃物综合利用等实用技术,并充分运用现代信息技术,构建农村网络信息渠道,加强农户之间的沟通交流、信息共享。

其次,为确保农户有效参与,可通过实地考察、入户走访等方式,深入了解实际情况、挖掘存在的问题,找准农户参与的切入点,充分考察农户行为倾向、行为能力和行为心理,对农户所处环境进行综合分析,给予农户充分的尊重理解和关怀,切实减轻农户参与负担,保障农户参与积极性。

再次,可建立农户责任清单制度,明确农户所要承担的职责,明晰工作步骤,推进治理工作标准化规范化,并采取罚教并举方式,通过负激励手段对农户心理产生影响,最终达到规范农户参与行为的目的。

最后,应按照中央统筹、省负总责、市县乡抓落实的要求,建立专项推进机制,细化具体措施,协调推进重点任务,及时解决农户参与农村水环境治理中遇到的困难和问题。

6.4.5 效果评价机制

结合前文 Lynn J. Frewer 和 Gene Rowe 的评价标准,可构建具体的评价指标对农户参与农村水环境治理的有效性进行评价(表 6-7),也可以从参与者代表性、独立性、早期介入、透明度、成本效益等五个方面进行评价,为动态优化农户参与机制提供参考依据。

表 6-7 农户参与农村水环境治理有效性评价指标体系

一级指标	二级指标	三级指标
参与目标及价值实现	公共利益的最大化 参与主体的代表性	农村水环境治理的公平性 农户代表的构成来源及农户参与的组织化程度
参与机制	参与范围确定性 参与程序明确性 参与渠道畅通性 参与方式适用性	农村水环境治理决策的重要事项 农村水环境治理决策过程的关键环节 制度化与非制度化参与渠道的有效利用 根据具体实际选择相应的参与方式
参与效力	农户意愿和诉求的回应和采纳	农户意见建议被纳入决策的程度 政府对农户意见建议的反馈和回应
参与满意度	对参与过程和结果的总体评价	评价等级分为满意、比较满意和不满意

6.4.5.1 参与者代表性

从理论上讲,如果所有农户都参与农村水环境治理,参与的有效性则相对较高。但因时间、精力、经济条件等方面的限制，所有农户无法都参与治理；加之，农户生活水平、文化程度、环保意识等方面差异，他们对农村水环境治理持有不同的观点。因此，需选择一定数量的农户代表合理表达诉求，协助政府治理农村水环境污染。

6.4.5.2 独立性

农户参与应以一种独立、公正的方式进行。为避免农户参与过程被"遥控"、走过场，农户代表应相对独立于政府部门及其附属组织。

6.4.5.3 早期介入

农村水环境与农户生产生活密切相关，农户应该并且有权在水环境治理政策制定或项目投资决策的前期就参与其中，而不是在政策制定后或立项后才象征性地征求其意见建议。

6.4.5.4 透明度

农户参与过程应公开透明。农村水环境治理信息对农户应该公开，使农户能对参与任务的部分或全部信息充分了解，能对某项政策或决策有清楚且客观真实的了解。为此，政府应依法及时、全面、真实公开农村水环境治理相关信息。

6.4.5.5 成本效益

根据"经济人"假设，人们在选择某种行为时，必然期望得到相应的预期效益，为实现预期效益，愿意支付相应成本。农村水环境治理直接关系到农户自身利益，为维护自身利益，农户选择积极参与农村水环境治理，并愿意支付资金、时间、风险等成本。但作为理性"经济人"，如果预期收益小于成本，农户则不愿参与或不会主动参与。农户参与与否取决于对成本效益的分析，通过成本效益分析，可以考察农户参与的程度和发现农户参与存在的问题，从而改进参与方式方法，推进有序有效参与，降低参与成本、提高参与效益。

第7章 安徽农村水环境共治的案例分析

我国改革始于农村,农村改革源自安徽。改革开放以来,安徽作为我国农村改革的"试验田",其"安徽经验"和创新举措一次次向全国推广。在农村生态环境治理领域,安徽被列为 2011 年全国第二批农村环境连片整治示范省。10 多年来,安徽努力打造绿色江淮美好家园,在一体推进农村垃圾、污水、厕所专项整治"三大革命"、加快改善农村人居环境方面取得了较好成效。本章以安徽省为例,全面分析该省农村水环境治理现状及存在的问题,并基于整体性治理理论,为该省提出农村水环境共治对策建议。

7.1 安徽省农村水环境污染状况

安徽省位于我国长三角地区,东连江苏,西接河南、湖北,东南接浙江,南邻江西,北靠山东,总面积为 14.01 万平方千米。截至 2021 年底,全省常住人口达 6113万人。安徽省濒江近海,有八百里的沿江城市群,内拥长江水道,地跨淮河、长江、新安江三大水系,共有河流 2000 多条,湖泊 580 多个,其中巢湖为全省最大湖泊和全国第五大淡水湖。安徽省下辖 16 个省辖市,有 9 个县级市,50 个县,45 个市辖区。根据《安徽省 2021 年国民经济和社会发展统计公报》,2021 年该省生产总值为 42959.2 亿元,按常住人口计算,人均地区生产总值为 70321 元,人均可支配收入为 30904 元。

安徽省是我国农业和人口大省,近年来随着城镇化进程的不断推进、化肥农药的大量使用、工业与城市污染的不断转移,安徽省农村地区水环境污染已成为影响生态环境质量的重要因素。据《安徽省环境状况公报》显示,2010 年,该省 16.70%的地表水断面(点位)水质状况为重度污染,属于劣Ⅴ类水质(表 7-1),其中淮河流域 28.60%的断面水质状况为重度污染,巢湖平均水质为中度污染,环湖河流35.70%的断面水质状况为重度污染。2011 年,该省农业源 COD 排放量占总量的

41.83%;农业源氨氮排放量占总量的35.79%。比较分析2011—2014年COD、总氮、总磷排放量,该省总体排放量高于长江中下游省份平均水平,其中,2014年化学需氧量高出4.76%,总氮高出30.41%,总磷高出18.23%;比较分析2007—2014年安徽化肥、农药使用量和长江中下游平均水平,该省化肥、农药使用量持续攀升,2014年化肥使用量比2007年增长了12%,且高出长江中下游平均水平58.91%,农药高于长江中下游平均水平32.56%,且有效利用率仅为15%左右[①]。化肥、农药随地表径流进入周边地表水体和渗入地下水体,造成了水体的富营养化,加上畜禽水产养殖污染、生活垃圾污水随意排放、城市污染向农村地区非法转移,更加剧了安徽农村水环境污染。

表7-1   2005—2010年安徽省234个地表水监测断面(点位)

年份	Ⅰ～Ⅲ类	Ⅳ～Ⅴ类	劣Ⅴ类
2010	55.60%	29.90%	16.70%
2009	50.00%	34.60%	15.40%
2008	49.60%	30.80%	19.70%
2007	45.70%	31.20%	23.90%
2006	46.20%	34.20%	19.70%
2005	43.60%	34.20%	23.50%

注:数据来源于《2010年安徽省环境状况公报》。

表7-2   2011—2014年安徽与长江中下游省份平均化学需氧量、总氮以及总磷排放量

(单位:吨)

年份	化学需氧量		总氮		总磷	
	长江中下游	安徽	长江中下游	安徽	长江中下游	安徽
2011	920634	953349	142202	188509	18433	29745
2012	892646	924338	141804	181210	15972	20070
2013	869143	902684	141530	186068	15715	19704
2014	845363	885604	142770	186193	16902	19983

注:数据来源于历年《中国环境统计年鉴》。

---

① 张燕,汪徐.安徽省农村水环境污染治理研究[J].湖北农业科学,2017,56(8):1458-1462.

表 7-3　安徽省 480 个村庄生活污水排放调研情况

	排放方式				排放地点				
	随意	明沟	暗沟	管道	河流	坑塘	农田	处理厂	其他
监测点数	308	79	64	29	95	275	58	14	38
比例	64.2%	16.5%	13.3%	6.0%	19.8%	57.3%	12.1%	2.9%	7.9%

资料来源:马李、王志强,等.2013 年安徽省农村环境卫生健康危害影响因素调查[J].热带病与寄生虫学,2014,12(3):137-139,145.

根据《安徽省农村环境污染防治规划(2009—2020 年)》,2010 年前后,该省农村地区主要面临以下水环境污染问题:

一是农村生活污染严重。全省农村每年产生生活垃圾、污水约有 1800 万吨和 5 亿多吨,而处理率仅 10%左右,卫生厕所普及率也较低,村庄脏、乱、差现象比较突出。

二是农业生产污染突出。该省第一次农业污染源普查结果显示,全省种植业农药使用量(折纯)为 1.5 万吨,化肥使用总量(折纯)为 310 万吨,化肥流失的总氮量为 9.4 万吨;地膜年使用量约为 1.5 万吨,年残留率高达 20%;畜禽养殖业污染物年产生 COD 约为 172 万吨、总氮约为 7.2 万吨、总磷约为 2.3 万吨,废弃物综合利用率只有 30%左右;水产养殖污染物年产生 COD 约为 1.7 万吨、总氮约为 3200 吨、总磷约为 610 吨,污染物处理率低于 20%。

三是农村工业污染严重。农村工业企业比较分散,大多数规模较小、技术含量低、管理粗放,缺少污染治理设施或设施运行不规范,部分工业企业污染与农业面源污染、农村生活污染交织在一起,引发局部农村地区水环境污染,造成环境纠纷。

从 2011 年开始,安徽省加大农村环境整治力度,农村水环境状况得到较大改善,但水环境质量改善任务艰巨。主要表现在:水环境治理设施建设滞后,点源污染与面源污染共存,生活污染与工矿污染叠加,水环境监管能力薄弱。这些问题如不解决,将危害人民群众的身体健康,影响农村社会的稳定。例如,淮河流域劣Ⅴ类水质断面占 18.4%,入境支流水质仍然较差,巢湖西半湖主要入湖河流常年为劣Ⅴ类,全省地下水环境质量不容乐观。根据该省住建厅有关实施方案,到 2014 年底,村庄生活垃圾、污水处理率分别为 32%、10%。

"十三五"期间,安徽省农村水环境治理取得积极进展,完成农业农村污染治理攻坚战行动计划及其实施方案确定的指标任务,但农村水环境治理任务依然艰巨。根据《安徽省"十四五"农村人居环境整治提升行动实施方案》《安徽省"十四五"土壤、地下水和农村生态环境保护规划》,截至 2020 年底,该省农村生活污水治理率仅为 13.6%,约 70%的行政村尚未开展环境综合整治,农村黑臭水体整治工作任务繁重,农业面源污染负荷仍处高位,化学需氧量、总氮、总磷分别占全省水污染物排放量的 48.40%、55.44%、69.6%,部分地区化肥农药施用强度依然较高。《安徽省"十四五"农村人居环境整治提升行动实施方案》提出,到 2025 年,计划改造提升农村卫生厕所 138 万户以上,完成 3400 个以上行政村生活污水治理任务,农村生活污水治理率达到 30%,农村生活垃圾无害化处理率达到 85%,畜禽粪污资源化利用率达到 85% 以上,全面消除农村黑臭水体。该省《"十四五"美丽乡村建设规划》提出,到 2025 年,努力建设 4000 个左右美丽乡村中心村、40000 个左右美丽宜居自然村庄,提升 1000 个左右乡镇政府驻地建成区建设水平,确保美丽乡村建设覆盖直接受益人口占全省农村常住人口比例 40% 左右。《安徽省"十四五"土壤、地下水和农村生态环境保护规划》提出,到 2025 年,全省计划新增完成约 2400 个行政村的环境整治任务,主要农作物化肥农药利用率达到 43%,农作物秸秆综合利用率达到 95% 以上,农膜回收率提高到 85%,所有乡镇政府驻地生活污水处理率达到 75%,基本消除较大面积黑臭水体。如表 7-4 所示。

表 7-4　安徽"十四五"生态环境保护相关指标

指标	2020 年	2025 年目标	指标属性
农村生活污水治理率	13.6%	30%	预期性
地下水质量 V 类水比例	29.4%	国家下达	预期性
农村生活垃圾无害化处理率	70%	85%	
畜禽粪污综合利用率	80%	＞85%	约束性
主要农作物秸秆综合利用率	91%	＞95%	预期性
农村卫生厕所普及率	85%	基本普及	
美丽乡村中心村建设个数(个)	8290	12290	预期性

7.2　安徽省农村水环境治理回顾分析

安徽是在全国较早开展农村环境保护的省份,早在 2012 年,安徽就做出全面推进美好乡村建设的决策部署,通过试点示范,着力推进农村地区突出环境问题(含水环境污染)的解决。从 2017 年开始,把一体推进农村垃圾、污水、厕所专项整治"三大革命"作为美丽乡村建设的"重头戏",加快打造绿色江淮美好家园。2018年,出台实施农村人居环境整治三年行动计划,把农村垃圾、污水治理和村容村貌提升作为主攻方向,加快补齐农村人居环境突出"短板"。2022 年,出台《安徽省"十四五"农村人居环境整治提升行动实施方案》《安徽省"十四五"美丽乡村建设规划》等政策举措,进一步优化农村人居环境,不断提升治理成效。

7.2.1 治理措施

"十二五"期间,该省主要采取了以下治理措施:

① 严格保护农村饮用水水源地。加强源头控制,把农村饮用水水源地保护作为农村环保工作的首要任务,划定保护区,实施综合整治,定期开展环境质量监测,确保农民群众能喝上健康、干净的水。

② 严格执行环境管理制度。加大建设项目环评及环保"三同时"制度执行力度,防止污染企业和淘汰落后的项目、工艺、设备向农村地区转移;优化农村产业发展布局,引导农村工业向园区集中,集聚发展、集中治污,减少治污成本。

③ 加强畜禽养殖污染控制。加大宣传教育力度,转变养殖户传统养殖观念和模式;推广符合地域实际的治污工程技术;建立畜禽养殖污染减排核算体系;科学划定禁养区、限养区;加强畜禽养殖企业环境监管,配套建设废弃物综合利用和污染治理设施。

④ 开展农村环境连片整治。2011 年 6 月,安徽省成为全国第二批农村环境连片整治示范省,示范期 3 年,中央共补助专项资金 8 亿元,主要用于生活污水、生活垃圾、饮用水安全以及非规模化的畜禽养殖污染治理。通过一系列项目的实施,农村环境整治取得了明显成效。例如,2011—2013 年,该省农村污水处理项目涉及 64 个示范县(市、区)、141 个乡镇、822 个行政村,每年形成污水处理能力达 3526.6 万吨,受益人口约为 178 万人。

⑤ 开展农村生态创建工作。加强分类指导和生活垃圾、污水处理设施建设,打造优美的生态环境,重点抓好村庄环境综合整治,改变脏、乱、差局面。

⑥ 加强能力建设。要求县级环保部门安排专人负责农村环境保护工作。逐步建立农村环境质量监测体系,加强农村环境监察。

"十三五"期间,特别是实施农村人居环境整治三年行动计划以来,安徽以美丽乡村建设为统领,重点推进"三大革命""三大行动",落实六项保障措施和 30 条具体举措,走出了一条生态宜居的美丽乡村建设之路,主要治理措施如下:

① 强化重点推进。重点治理农村生活垃圾、生活污水;加强统筹管理,一并推进农村生活垃圾、农业生产废弃物、工业固体废物治理,健全垃圾收运处置体系,推行就地分类和资源化利用方式;修订农村生活污水处理排放标准,精选实用技术、

设施设备和治理模式;以县域为单位,统一规划、建设和管理农村生活污水处理设施;推动城镇污水处理设施和服务向农村延伸,有效衔接改厕与生活污水治理,发挥河长、湖长的协调作用;对河塘沟渠实施清淤疏浚,逐步消除黑臭水体;出台管理办法,明确设施管理主体,加强管护队伍建设。

② 治理养殖业污染。实施养殖生产清洁化,优化调整养殖布局,推进粪污资源化利用,鼓励引导第三方企业专业化集中处理畜禽粪污;在规模以上畜禽养殖场配备视频监控设施,防止偷排粪污。

③ 防治种植业污染。实施测土配方施肥和农作物病虫害统防统治。推广应用绿色防控技术,严控高毒高风险农药使用,推广新型产品和先进施肥施药机械;资源化利用秸秆、农膜废弃物;推进种植产业模式生态化。

④ 加强监管执法。创新监管手段,鼓励群众监督,及时发现农村水环境污染问题;开展污染源普查和调查统计,完善信息平台,构建监测体系和监测网络,加强水质监测;结合省以下生态环境机构监测监察执法垂直管理制度改革,健全完善农业农村生态环境监管执法工作机制,落实乡镇生态环境保护职责。

7.2.2 治理成效

"十二五"期间,安徽重点抓好生态创建和农村环境连片整治工作,推动农村水环境治理取得了积极进展。截至"十二五"末,创建国家级生态县 4 个、生态乡镇 157 个、生态村 21 个,省级生态市 1 个、生态县 24 个、生态乡镇 460 个、生态村 1029 个;利用中央农村环保补助资金 8 亿元,对 70 个示范县(市、区)的 141 个乡镇、647 个行政村和 109 个环境"问题村"开展环境整治,建成垃圾处理、污水处理、村庄整治等工程项目 2 万多个,部分地区农村水环境状况得到明显改善。

"十三五"期间,该省深入贯彻落实习近平生态文明思想,全面实施《水污染防治行动计划》《农业农村污染治理攻坚战行动计划》,制定出台《美丽乡村建设"十三五"规划》、《农村人居环境整治三年行动实施方案》《农村人居环境整治导则》等一系列政策文件,制定实施《农村生活污水处理设施水污染物排放标准》(DB34/3527—2019),全省 1295 个农村"千吨万人"饮用水水源完成保护区划定,90% 以上乡镇垃圾"收储运清"实现市场化运营,乡镇政府驻地和省级美丽乡村中心村实现生活污水处理设施建设全覆盖,化肥、农药利用率分别达 40.4%、40% 以上,秸秆综合利用率达 90% 以上,农膜回收率达 80% 以上,规模养殖场粪污处理设施装备配套率达 95% 以上。特别是 2018 年实施农村人居环境整治三年行动以来,全面落实中央农村人居环境整治要求,深入学习浙江"千村示范、万村整治"工程经验,扎实开展农村人居环境整治,截至2020年底,全省农村卫生厕所普及率达85%,农村生活垃圾无害化处理率达70%以上,畜禽粪污综合利用率达80%以上,农村生活污水治理率达13.6%,建成美丽乡村中心村8290个。2022年,安徽继续深化农村人居环境整治,农村生活垃圾无害化处理率和生活污水治理率分别提高到78%、21%。在省辖市层面,部分地区突出抓好以农村环境"三大革命"为重点的普惠性、兜底性、基础性民生建设。例如,合肥市认真借鉴浙江"千万工程"经验,系统性提高农村人居环境整治质量,截至2022年底,全市农村无害化卫生厕所普及率达95.5%,农村生活垃圾无害化处理率达100%,农村生活污水治理率达37.8%;马鞍山市持续推进农村"厕所革命",全市农村卫生厕所普及率达93.7%,养殖废弃物资源化利用率达到96.8%。

7.2.3 治理经验

安徽坚持"保护优先、源头减量,问题导向、系统施治,因地制宜、实事求是,落实责任、形成合力"的基本原则,深入推进农村水环境治理,形成了以下治理经验:

7.2.3.1 加强顶层设计

一是坚持规划先行。依据地理和经济条件,分区域做好规划,明确不同区域农村人居环境整治重点。例如,在皖北地区,以人居环境整治和现代农业发展为重点,打造平原地区乡村风貌;在皖南地区,以传统村落保护和乡村旅游为重点,打造文化乡村品牌,分类推进农村人居环境整治。

二是合理确定目标。例如,在《安徽省"十四五"土壤、地下水和农村生态环境保护规划》《安徽省乡镇政府驻地生活污水处理设施提质增效、农村生活污水和农村黑臭水体治理实施方案(2021—2025年)》等政策文件中,把农村生活污水治理与农村人居环境整治、美丽乡村建设等紧密结合起来,细化分解各地"十四五"及年度重点工作任务。

三是强化目标衔接。又如,在《安徽省农村人居环境整治提升五年行动实施方案(2021—2025年)》《安徽省"十四五"美丽乡村建设规划》中,要求有效机衔接农村改厕与生活污水治理,因地制宜选择粪污分散、集中或纳入污水管网统一处理等方式。

7.2.3.2 突出治理重点

优先治理农村重点区域生活污水,有序推进农村房前屋后河塘沟渠和群众反映强烈的黑臭水体,逐步解决农村水环境突出问题。以村庄清洁行动为突破口,全面实施农村垃圾、污水、厕所治理"三大革命"。全省1.5万多个行政村开展"五清一改"村庄清洁行动,累计清理村内塘沟65万口、农业生产废弃物717万吨等,村容村貌明显改观,群众卫生习惯逐步改善。全面推进农村生活垃圾治理,生活垃圾无害化处理率达70%以上。梯次推进农村生活污水治理,统筹推进农村黑臭水体治理与农村生活污水、农厕粪污、畜禽粪污、水产养殖污染、种植业面源污染、工业废水污染等治理,截至2022年7月31日,全省已完成生活污水治理的行政村2949个,治理率为20%,乡镇政府驻地和省级美丽乡村中心村生活污水处理设施全覆盖,建成集中处理设施4823个,乡镇及农村生活污水处理设施设计日处理能力152万吨。分类推进农村"厕所革命",累计完成自然村改厕250.136万户,其中,一、二、三类县(市、区)无害化卫生厕所普及率分别达到90%、85%、70%以上。

7.2.3.3 强化政府责任

建立省负总责、市县落实的工作推进机制,由省农业农村厅、生态环境厅等部门制定验收标准和办法,以县为单位进行验收。例如,制定《2021年度安徽省乡镇政府驻地生活污水处理设施提质增效、农村生活污水治理和农村黑臭水体治理验收评估办法(试行)》,建立"县验收、市复核、省评估"工作机制,明确验收评估标准,确保整治一处、见效一处,并将评估结果作为农村人居环境整治考核事项中的农村生活污水治理指标考核评分的主要依据,将农村水环境治理突出问题纳入省级生态环保督察范畴,对污染问题严重、治理工作推进不力的地方进行严肃问责。各市、县人民政府对本地农村水环境质量负责,加快治理本地农村突出水环境污染问题,明确责任主体,提供组织和政策保障,做好监督考核。强化县级主体责任,做好项目落地、资金使用、推进实施等工作,对实施效果负责。强化农村基层党组织领导核心地位,带领村民参与农村水环境治理。

7.2.3.4 加强部门联动

省政府成立由分管负责同志任组长、省直有关部门负责人为成员的领导小组,定期研究解决水污染防治重大问题。有关部门按照职责分工,做好水污染防治工作。例如,安徽省农业农村厅牵头负责农村生活垃圾污水治理、农业污染源头减量、废弃物资源化利用等工作。安徽省生态环境厅统一监督指导农业农村污染治理,与省农业农村厅、省住房城乡建设厅等部门齐抓共管,共享污染治理信息、定期会商、督导评估。

7.2.3.5 鼓励村民自治

强化村委会防治垃圾、污水、农业面源污染的协助责任。开展农村水环境治理政策宣传、技术帮扶,把相关要求纳入村规民约,引导农民加强水环境保护,科学使用肥料、农药,合理处置农业废弃物。开展卫生家庭评选、科普教育等活动,推广绿色生活方式,鼓励家家参与、户户关心农村水环境治理。

7.2.3.6 拓宽资金渠道

一是积极争取中央财政专项资金支持。例如,2021 年,争取中央农村环境整治资金 9926 万元。

二是统筹美丽乡村建设资金。2015 年起,省级财政从美丽乡村专项资金中拿出 40% 用于农村生活垃圾污水治理;2013—2020 年,全省各级财政安排美丽乡村建设专项资金近 350 亿元,支持 5795 个中心村、1119 个乡镇政府驻地建设,显著提升了乡镇政府驻地生活污水处理水平。

三是整合环保、城乡建设、农业农村等资金。自 2012 年开展美丽乡村建设以来,特别是实施农村人居环境"三大革命"以来,各级财政累计投入 500 亿元以上,动员社会力量投入 500 亿元以上。

四是采取整县打包等方式吸引社会资本参与农村生活垃圾、污水处理和农业面源污染治理,全省累计实施"三大革命"PPP 项目 61 个,总投资 232.3 亿元。

五是推进 EOD 项目试点。由安徽省生态环境厅与国家开发银行安徽省分行制定《支持安徽省农村生活污水治理项目工作方案》,加大开发性金融对农村污水治理中长期信贷支持。

六是鼓励有条件的地区探索建立污水垃圾处理农户缴费制度。综合考虑污染防治形势、经济承受能力、农户意愿等因素,合理确定缴费标准。例如,天长市推行"一人一天一毛钱,干干净净一整年"、五河县收取"一人一月一元钱",探索开展垃圾保洁、处理付费机制。

7.2.4 治理探索

自 2014 年国家启动政府与社会资本合作以来,安徽省在公共服务领域积极探索推广 PPP 模式。通过实施 PPP 模式,更多放权给市场,减少了政府对微观事务的直接管理,有效激发了社会资本特别是民营资本的创新创造活力和动力。截至 2022 年 9 月底,该省累计在库项目 482 个,总投资额达 5893.88 亿元,涉及市政工程、生态环境保护、交通运输、城镇综合开发等18个行业领域,落地签约率94%,居全国第五位;项目开工率82%,居全国第二位。该省探索推广PPP模式的主要做法如下:

① 健全工作机制。把推广运用PPP模式作为稳增长、促改革、调结构、惠民生、防风险的重要举措,特别是在新冠疫情、经济下行等因素影响下,将PPP作为"六稳""六保"的重要举措,通过完善PPP工作领导小组和建立专题会议制度专项研究推动PPP工作。

② 夯实制度基础。根据国务院、财政部有关政策文件精神,并结合《关于在公共服务领域推广政府和社会资本合作模式的实施意见》,下发一系列操作性文件,如合同指南、物有所值评价指引和财政承受能力论证指引等,形成了基于项目全生命周期的制度体系,为其健康可持续发展奠定了坚实的制度基础。

③ 加大支持力度。积极争取中央财政PPP以奖代补资金,出台省级PPP奖补资金管理办法,制定并印发《安徽省支持政府和社会资本合作(PPP)若干政策》《关于加强财政引导支持推进公共服务领域政府和社会资本合作工作的通知》,保障社会资本合理收益,调动社会资本和金融资本参与积极性。牵头制定并出台《对推广政府和社会资本合作(PPP)模式成效明显市县加大激励支持力度的实施办法》,建立省级PPP财政激励机制。

④ 加强风险防控。建立PPP项目财政支出责任监测预警机制,梳理增加地方政府隐性债务的项目,清退以PPP名义实施,承诺固定回报、回购安排、保障最低收益等固化政府支出责任行为的项目。将PPP作为全省市县政府领导干部财政改革与财政政策培训班的重要内容,着力提升PPP规范实施意识和风险防范能力。

PPP在补齐该省环境治理基础设施短板、助力乡村振兴方面也发挥了重要推动作用。该省认真践行"两山"理论,大力推进污水和垃圾处理PPP项目建设。全省污染防治与绿色低碳项目累计285个、投资额达2281.7亿元,分别占在库项目总数的58.8%、42.5%。在乡村振兴领域,累计实施农村环境"三大革命"PPP项目61个,总投资为232.3亿元。通过实施PPP模式,化解了地方政府融资平台债务,仅安庆市四个农村污水处理项目2019年末累计化解地方政府融资平台存量债务近4亿元。

在农村生活垃圾处理领域,黄山市率先采用PPP模式。该市于2018年6月指定市城投公司作为政府出资代表牵头中标企业成立PPP项目公司,专门负责全市建成区以外的村庄及道路的清扫保洁、垃圾收集、压缩、转运等。区县政府作为项目实施主体和付费主体,与项目公司签订政府购买协议,根据项目实施效果支付项目费用,市级补助资金经测算后发放到区县。池州市打破乡镇"各自为政"模式,通过实施 PPP 项目,实现了"纵向到底、横向到边"的农村生活垃圾统一收集、统一清运、集中处理、资源化利用。PPP 模式有效减少了政府支出、减轻了财政负担,实现了"少花钱、多办事"。例如,池州市青阳县,项目实施前,县财政年均支出约 3300 万元进行农村生活垃圾处理,项目实施后,只需支出约 2250 万元,同比减少约 1050 万元,节约率达 30%。铜陵市枞阳县采用"PPP 融资 + 市场化运作"模式,政府仅投资 3700 万元,由北京环境公司实施城乡环卫一体化 PPP 项目,将全县划分为 70 个保洁责任区,共添置垃圾存放设施 3 万多件,保洁、冲洗、机扫、收运等各种环卫机械车辆 367 台,从业人员达 1414 人,日均清运生活垃圾 186 吨,收集转运效率提升 40% 以上,做到专业保洁"清沟清坎"、机扫作业"亮边亮线"、垃圾清运"日产日清"。

在农村生活污水处理领域,一些地区采用 PPP 模式,充分发挥政府引导、监督职能及社会资本管理、运营优势,形成了政府和社会资本双赢的局面。例如,滁州市凤阳县县域农村生活污水处理工程,采用 BOT 运作方式,项目实施机构为凤阳县水务局,社会资本方为上海中科创文化集团有限公司、南通大恒环境工程有限公司、天津市市政工程设计研究院组成的联合体,政府出资 10%,社会资本出资 90%,项目回报机制为政府付费,污水处理规模为 21575 立方米/天,总投资额约为 24541.38 万元。该项目的实施,实现了投资主体多元化,改变了过去由政府单一主体从事投资和运营的状况,政府从繁重的事务中脱身出来,从过去的社会公用基础设施和公共服务的提供者变成监管者,降低了运行成本,提高了资金使用效益,有利于提高公众满意度,使风险分配更合理,运行风险可控度更高。又如,六安市金寨县,作为美丽乡村建设整县推进试点县,自 2010 年开始连续 5 年开展农村连片整治,前后共招标 4 家环保公司,相继建设了 23 个乡镇共计 25 座污水处理厂,平均日处理能力约为 200 吨左右。因规模小,承包方众多且技术经济实力欠缺,成本费用以及场地等众多问题,导致已建成的 25 座污水处理厂几乎全部处于运营停滞状态,加之管理无序,不仅增加财政负担,还未能达到全县干部群众的预期目标,对经济和社会发展带来一定程度的负面效应。2016 年,该县创造性地以竞争性谈判方式一次性招标,选择技术实力雄厚的安徽美自然环境科技有限公司作为唯一承包主体。在实际操作中,采用了将整县打包、分批次建设具体乡镇及中心村的污水处理厂,并按照该公司自有工艺和运营模式,接管、改造、运营之前已建成的 25 座污水处理厂,彻底解决了过去已建成的污水处理厂运营停滞的难题。

还有一些地区在农村人居环境整治中推进 PPP 模式。例如,亳州市谯城区"2017—2018 年改善农村人居环境"PPP 项目,建设内容包括村容村貌整治、市政道路建设、污水工程、绿化、污水处理设施等基础设施建设及公共服务配套服务建设。项目实施机构为区住房和城乡建设局,社会资本方为安徽省交通建设股份有限公司(联合体牵头方)和河北建设集团股份有限公司(联合体成员方),其中,安徽省交通建设股份有限公司占 79% 的股权、河北建设集团股份有限公司占 11%、亳州金地建设投资有限责任公司占 10%,项目公司为亳州市祥居建设工程有限公司,采用 BOT 运作方式、政府付费,合作期限为 2+15 年。

7.3 安徽省农村水环境治理存在的问题及负面影响分析

结合推进美丽乡村建设和农村人居环境整治,安徽省出台了一系列政策,推动农村水环境治理取得积极成效,农民群众生命健康质量得到有效提升,幸福感、获得感不断增强。但应看到,安徽农村水环境治理起步较晚,对标先进地区差距还比较大,还存在一些问题和短板,现行的政府主导型治理模式在运行中还面临一些"棘手性"难题和"碎片化"问题。

7.3.1 存在的主要问题

从行政区域角度看,安徽虽实施了农村环境连片整治、农村人居环境整治"三大革命""三大行动",但未改变因行政区域分割导致农村水环境治理碎片化的客观实事。各级政府在农村水环境治理理念上的差异和皖北、皖西、皖南、江淮、沿江经济发展水平的差异,导致治理行动上的差异。受地方保护主义的影响,一些基层政府在农村水环境治理上不愿积极作为。加上组织壁垒制约,政府主体之间、政府与非政府主体之间协同合作不充分,难以有效形成共同治理农村水环境污染的局面。为了解掌握农村水环境治理存在的问题,笔者与课题组成员结合出差、参与监督检查等机会,对该省部分地区进行了调研,发现主要存在以下问题:

7.3.1.1 政府内部缺乏协同

第一,上下级政府职责需进一步明晰。在现行制度框架下,农村水环境治理职责主要在上级政府制定的规划、计划、实施方案等政策文件中进行笼统规定。例如,《安徽省农业农村污染治理攻坚战实施方案》提出,要完善省负总责、市县落实的工作推进机制,省有关部门要密切协作配合,形成工作合力,各市、县人民政府要对本地农村生态环境质量负责,提供组织和政策保障,至于省如何负总责、市县如何抓落实没有做出明确规定。现实中,上级政府对下级政府有关情况不够熟悉,不能因地制宜制定农村水环境治理规划、计划或实施方案,不能合理确定农村水环境治理目标任务。又如,《安徽省"十四五"美丽乡村建设规划》规定,省级财政要安排资金支持美丽乡村建设,市县政府要加大投入,建立与乡村振兴相匹配的投入机制,至于投入多少、怎么匹配,不够具体明确。

访谈记录 1:农村水环境治理资金缺口较大。近年来,尽管财政加大了投入力度,但由于农村水环境治理历史欠账太多,市县补助不足,所以远远满足不了治理需要,乡镇配套压力较大。例如,乡村河道治理,后期管护投入不够,直接影响河道水环境整治成效的巩固。

(线下访谈 W 市 D 镇党委书记,2021 年 5 月 20 日)

访谈记录 2:在农村水环境治理上,近年来各级政府出台了许多政策文件,但不同层级政府、部门之间的政策难免有冲突。有些政策文件仅作原则性规定,对于具体责任和工作任务不够清晰。一些问题缺乏刚性约束,最终还是由主管领导来决定。

(线下访谈 D 县 S 镇安环办主任,2022 年 6 月 13 日)

第二,地方政府之间缺乏协同。部分地方政府在扮演上级政府"代言人"和地方利益"掌门人"两种角色中,往往注重自身利益,缺乏协同治理农村水环境污染的主动性和自觉性,尤其在一些跨区域的农村水环境治理中,地方政府作为理性"经济人",片面追求辖区经济利益,缺乏有效协同,使跨域农村水环境治理效果大打折扣。例如,该省北部 T 湖流域跨界水环境污染问题,近 10 多年来,T 湖水体多次发生大面积污染,导致鱼蟹死亡,损失惨重。2016 年,S 县与 W 县签订合作协议,联手防控跨界河流污染,但污染依然屡次发生,联防联控似乎成了"摆设",遇到汛情等紧急情况时,效果大打折扣。上游泄洪带来的污水使 T 湖大面积水域污染,而污水主要来源于上游的农村面源污染。针对这类问题,有关人士建议坚持系统治理思维,建立协调机制、统一规划、统筹推进,形成治理合力[①]。国务院督查组责成有关部门查清 T 湖污染源头,并建立健全上下游水域协防联控机制,明确和强化有关地方政府和职能部门的职责。为此,T 湖流域 S 市、B 市、H 市建立了联防联控工

---

① 李丰. 推进农村水环境治理"一体化"早日实现长治久清[EB/OL]. (2023-03-07). http://www.ah. xinhuanet.com/2023ahlh/bzlf.htm

作轮值会商制度,多次召开联防联控会议,三市政府分管副秘书长及生态环境局、水利局分管负责人,S市Y区、L县、S县、B市W县、G县及H市L区、S县政府分管领导及生态环境分局主要负责人参加会议。

访谈记录3:由于乡镇之间经济实力差异较大及治理目标、治理思路、治理手段的不同,使一些跨乡镇的水环境治理意见不统一,治理工作难落实,水环境污染难以有效解决。

(线下访谈N县X镇党委书记,2021年6月1日)

第三,政府部门之间缺乏协同。政府相关职能部门存在"职责同构"现象,虽然在省、市、县三级政府建立了美丽乡村建设、农村人居环境整治等方面的领导小组或联席会议制度,但依然存在"来自哪个部门的资金资助,就由哪个部门负责"的思想,部门之间统筹协调的力度有待加大。农村水环境治理涵盖多个专业领域,需要协调生态环境、农业农村、住房和城乡建设、水利、乡村振兴、财政、发改委等不同部门合作。调研发现,仅农村污水处理设施运维管理,就需要生态环境局、农业农村局、财政局、住建规划局、各乡镇、村级组织、排水公司、供电公司、运维公司等多个主体共同管理。一些地区虽实施了大部制改革,但这些大部门的职责尚未完全理顺,在很大程度上阻碍了协同治理合力的形成。例如,T市农村污水处理PPP工程,作为市级项目,排污管道是市政老管道,出现污水气味扰民问题到底由谁来管?该市生态环境局和有关乡镇负责人认为是管理不统一,两个项目由不同单位管,存在相互推诿、相互踢皮球的问题,出了问题看似谁都在管,实际上谁也不管。

访谈记录4:目前,农村水环境综合治理能力还不够强。例如乡村河道水环境整治,涉及水利、生态环境、卫健、农业农村、住建、财政、发改委等多个部门,依靠某个部门单打独斗难出成效。虽然区级层面建立了联席会议机制,但各部门之间、部门与乡镇之间统筹、协调、沟通力度不够,导致有时发生前面截污纳管、后面疏浚清淤,前面铺设供水管道、后面填埋污水管道等重复建设现象。

(线下访谈W区区委常委、副区长,2021年9月16日)

访谈记录5:开展农村水环境治理,最头疼的是各部门之间的协调。上面文件规定由我们生态环境局牵头负责,相关部门和各乡镇配合,但实际操作时,协调太困难了。因为彼此非上下级关系,如果没有县主管领导,日常协调工作费时费事。遇到一个问题都能管的情况,有时却都不想管,最后只能由我们这牵头部门直接处理。

(线上访谈D县生态环境局工作人员,2022年5月24日)

第四,农村环保队伍力量还比较薄弱。目前,多数乡镇未设立环保机构,一些乡镇虽设立了生态环境保护所(工作站),如亳州市于 2019 年在全省率先实现乡镇生态环境保护工作站全部挂牌运转,但这些乡镇生态环境保护人员的业务能力和技术水平不足以承担农村水环境治理责任,目前,他们主要履行宣传员、侦察员、信息员、督办员等"四员"职责。

7.3.1.2 公私合作不够充分

农村水环境治理项目大多是公益项目,具备投资规模大、回报来源单一、盈利空间有限、项目融资困难等特点,所以,总体上私人部门进入不是很多。目前,安徽省农村水环境治理公私合作尚处于起步阶段,这类项目在效率提升方面的表现不如预期,主要存在以下问题:

第一,地方政府认识不到位。调研发现,有些地区特别是经济欠发达地区将PPP 项目作为简单的融资手段,力求通过政府和社会资本合作吸引社会资本投入。这些地区寻求 PPP 项目的积极性较高,主要赋予 PPP 项目融资功能,而社会资本方往往追求利润最大化,双方目标不一致,容易产生矛盾、带来风险。

第二,项目规模呈扩张趋势。现实中,不管是关联项目捆绑、无关联项目"拉郎配",还是超规模的全县域 PPP 项目,其规模在不断扩大。如该省 D 县 2020 年开始建设的城镇污水处理设施及配套管网建设工程(一期)项目,实现对 10 个乡镇生活污水的全面治理,项目对原有 30.9 千米污水管网进行整治,新建 G 镇、H 镇污水处理厂及 71.8 千米配套管网,总投资为 5.4 亿元。又如,H 市农村污水处理PPP 项目一期工程,新建 69 座污水处理厂(站)等,覆盖 2 区 4 县 38 个乡镇和 44个村,总投资为 3.5 亿元。有的项目还分近期和远期两个阶段。例如,T 市农村污水处理 PPP 工程,近期于 2018 年开工建设,到 2020 年结束,建设内容包括新建700 公里以上城镇污水管网及 6 个污水提升泵站,新建 20 个污水处理厂(站),项目总投资约为 3.53 亿元;远期到 2030 年结束,建设内容含新建村镇级污水管道约450 千米、2 个污水提升泵站、4 个污水处理厂(站),工程总投资约为 6.28 亿元。项目规模过大对社会资本的资金实力、融资能力、综合运营能力等提出了更高要求,客观上遏制了竞争,并使项目面临更高的交易成本和潜在风险。

第三,有效竞争性市场还没有形成。一方面,个别项目未履行招投标程序,交由个人或小公司承包施工。例如,F 县全域污水治理工程 PPP 项目,未履行招投标程序,但早在 2018 年下半年就开始实施污水管网铺设改造工程,以致部分庄台管网施工项目因工程款支付引发纠纷而诉之公堂,直到 2019 年 3 月,该项目才挂网招标。另一方面,地方政府选择国企的意愿更强。国企通常拥有雄厚的资金实力,能够承担风险责任,更值得信任。作为"买方"的地方政府,认为与国企合作不仅能解决融资难题,还能分散政治、社会、法律、财政等方面的风险。例如,该省 S 县县域农村生活垃圾治理工程(PPP 项目),第一中标候选人为中城建第六工程局集团投资有限公司和深圳 L 公司(联合体投标),第二中标候选人为 S 环境公司和无锡 J 公司,第三中标候选人为 Q 环保公司,最终,深圳 L 公司也被排除,经县政府审核同意,县城管局与中城建第六工程局集团投资有限公司签署正式合同。该项目在特许经营期内,政府总付费将达到 18 亿元,年平均付费约为 9906.4 万元,占全年财政收入的近 8%。

第四,私人部门风险管控能力不强。一些企业在投资决策阶段未注意考察融资市场风险,并结合自身实际和项目情况提前就项目可融资性问题与金融机构进行沟通,导致项目融资失败而违约。例如,该省 S 县农村生活污水 PPP 项目,根据《PPP 项目合同》约定:S 县国投公司作为政府方出资代表,与社会资本方共同组建项目公司,项目公司注册资本为项目总投资额的 30%,S 县国投公司占股比例 5%,社会资本方占股比例 95%;项目资本金为 9412.81 万元,项目债务资金为 21963.2 万元,由项目公司自行筹集。合同签订后,S 县国投公司足额缴纳出资额 470.64 万元,而北京 SD 公司仅向 S 县 SD 公司账户转款 4430 万元。因 S 县 SD 公司、北京 SD 公司未按合同约定足额缴纳项目资本金,S 县住建局在履行了合同约定的催告义务后,以投融资不能到位为由向 SD 公司发出解除《PPP 项目合同通知书》。该项目融资失败的主要原因在于社会资本方自身问题,社会资本方投标前应综合考量自身实力和融资风险难度,合理策划融资方案,合理预知和规划融资所需的各项前提条件,经内部决策后再选择项目。当然,政府采购前也应根据项目情况设置合理条件,加强对投标社会资本背景、融资能力和信誉的考察调查。

7.3.1.3 农户参与程度较低

安徽省在农村水环境治理中,已采取了一些措施鼓励农户参与。例如,《安徽省农村人居环境整治三年行动实施方案》要求充分发挥村民主体作用,建立政府、村集体、村民等各方共谋、共建、共管、共评、共享机制,保障村民决策权、参与权、监督权,但实践中,农户参与程度偏低。针对该省 D 县的调查结果显示,在"您认为水环境治理主要依靠谁"的问题中,81% 的受访者认为应当依靠政府及相关职能部门,仅有 36% 的受访者认为主要依靠每个公民。其主要原因在于:一是在长期计划经济体制和政府包揽公共事务的影响下,一些基层政府部门将农户参与视为带有行政命令的色彩。二是有些基层干部不重视农户参与,权力本位主义思想严重。三是大多数农户缺乏参与的积极性和主动性,受文化水平和治理能力的限制,在需求表达、治理决策等方面参与不够。目前留守农村的基本上是老人、妇女和儿童，这些人员水环境治理意识不强，长期形成了乱倒、乱丢、乱放的习惯，即使村干部教育劝说，一时仍难以改变生活习惯，参与农村水环境保护和治理的积极性不高。四是政府支持力度不够，农户通常是被动参与。调研发现，尽管 D 县相关部门出台了一些文件加强农村水环境治理，但这些文件在实际操作时有难度，在对该县基层干部和居民的采访中，部分受访者对农村水环境治理表达了自己的看法。

访谈记录 6：近年来，生产生活污水、畜禽粪便直排和生活垃圾随意倾倒、化肥农药不合理使用等造成农村水污染严重。一些农民环保意识不强，不清楚乱扔垃圾、乱倒污水带来的危害。农村水污染确实需要整治，但不能因为治污就停止生产。

（线下访谈 D 县 S 镇 TL 村书记、主任，2022 年 5 月 17 日）

农户参与程度较低，与参与制度机制不完善、参与程序不规范、参与保障不健全有关。一些地方农村水环境治理中出现了好事没办好的问题。据媒体报道[①]，该省 T 市农村污水处理 PPP 惠民工程却引来村民围堵，甚至被扣上"祸民工程"的帽子，其背后的原因除了工程质量问题，主要在于工程前后信息不公开，村民对工程选址、环评、公示等各个环节不知情，且没有被征求过意见。调查后发现，污水处理设施距离生活区很近，村民对选址有意见，且担心地下水会受污染，他们到村里、镇里找领导反映，得不到答复。村民们说："他们没把我们老百姓放在眼里，我们村领导还说'你们该干什么干什么去，这不是你们管的事'。""环保部门、施工单位派人来收集意见，到现在也没有答复。"T 市环保局在该项目环境影响报告审查意见中要求信息公开，保障公众知情权、参与权、监督权，但未得到有效执行，多数村民对该项目不知情。项目施工方随同环保局、住建局等部门做了大量宣传工作，如用宣传车广播、召开几次村民代表会等，并在走管线前邀请各村"两委"负责人到镇里听汇报，积极与村领导、镇领导以及村民代表沟通，但在与普通村民的沟通上存在问题。为消除村民疑虑，尽管建设单位向镇政府承诺对周围地下水没有任何影响，不产生任何废弃物污染，但村民仍不买账，希望镇政府给他们承诺。由于村民找不到有效的意见表达和获得答复的渠道，因此只能阻止施工。

农村水环境治理项目运营维护缺乏可靠的资金来源。针对 D 县的调查结果显示，大多数农户担心运行费用成为负担，希望由政府出资。从该省已建成的农村水环境治理工程来看，总体上保证了建设资金，缺少管护资金，导致水环境治理效

---

① 刘军民，廖素冰. 农村污水处理 PPP 工程遇阻大好惠民工程为何村民不买账[EB/OL]. (2019-11-22). https://c.m.163.com/news/a/EUJS1B1G05258M2T.html

果反弹。

访谈记录7:前两年我们村搞过清淤工程,但工程结束后缺乏管护。现在过去才1年多,经常有人往里面倒垃圾,水质又发黑发臭了。

(线下访谈D县S镇GH村居民,2022年6月14日)

信息支撑不够有力。近年来,特别是2018年以来,《安徽省农村人居环境整治三年行动实施方案》等一系列政策文件的出台,全面扎实推进农村人居环境整治(含水环境治理),新近出台的《加快"数字皖农"建设若干措施》着眼于农业全链条数字化布局,提出将推进生产数字化构建、经营数字化增效、管理数字化升级、服务数字化延伸及乡村治理数字化转型,并加强乡村信息基础设施建设,实现4G深化普及、5G创新应用。但该省农村水环境总体质量还不够高,在数字赋能农村水环境治理的实践进展上,面临数字化基础设施薄弱、数字化技术水平较低、数字化专业人才匮乏、数字化支持政策供给不足等问题,迫切需要借力数字乡村、数字皖农建设,以"互联网+"、大数据、云计算、人工智能等新的数字化技术为支撑,进一步加强农村水环境治理信息化建设。

7.3.2 问题的负面影响

上述问题影响农村水环境治理设施的建设和维护,特别是后期的运行维护,最终影响农村水环境治理成效。例如,相关调研发现,该省各市、县(区)虽制定了农村生活污水治理规划,但对设施规划、建设、运维、监管等全过程系统谋划不够;农村生活污水治理公益性强、投入大,社会资本不愿投入、农村居民无力投入,建设、运维资金基本由政府承担;已建成的农村生活污水处理工程缺少运维资金,很多污水处理设施处于零维护状态,导致"建得起、运行不起"的尴尬局面[①]。又如,《安徽省生态环境保护委员会办公室关于交办农村生活污水处理设施突出问题清单的通知》指出,该省L市农村生活污水处理设施存在以下问题:

H县工程进展滞后,尚有16个乡镇未建成污水处理设施,已建成的污水处理设施多数尚未正常运行;J区有8个乡镇污水处理设施尚未正常运行,另外有8家乡镇污水处理设施不能达标排放,需要进行提标改造;S县乡镇污水处理设施总体建成率不高,20个污水处理设施仅建成7个,有13个尚未建成;YA区部分建成的污水处理设施收水率低,少数污水处理设施未通水运行;H县、J县和YJ区部分已

---

① 中安在线. 聚焦推进农村生活污水治理 安徽省政协召开专题协商会[EB/OL]. (2022-09-28). https://baijiahao.baidu.com/s? id=1745166542570816314&wfr=spider&for=pc.

建成的污水处理设施收水率低、入户接管率低、管网铺设不到位。

2022 年 6 月,该省第一生态环境保护督察组督察 F 市时发现,Y 县农村水环境治理工作不到位,生活污水直排,污染淮河问题突出。一是污水管网建设滞后。8 座乡镇政府驻地污水处理设施应于 2021 年底前增设污水管网 33.9 千米,但直至 2022 年 5 月底仅完成 19.08 千米,完成率不足 60%,个别乡镇不足 30%。二是运维管理问题突出。28 家乡镇污水处理厂普遍运行管理不到位。三是部分已建成的设施超标排放或"建而未用"。在 75 个已建成的美丽乡村(中心村)生活污水处理设施中,个别设施出口氨氮、化学需氧量浓度分别超该省有关标准的 1.17 倍、2.29 倍,部分设施处于闲置状态。四是黑臭水体排查不全面,污水直排污染淮河。虽然开展过多轮农村黑臭水体摸排,截至督察进驻,该县仅排查上报了 5 条农村黑臭水体。乡镇污水处理设施运维不到位、截污纳管不彻底,导致生活污水直排污染淮河。

7.4 整体性治理理论对安徽省农村水环境治理的适用性

7.4.1 治理目标一致

整体性治理理论以公共利益为目标,通过"协调""整合"来解决公众真正关心的问题。随着安徽农村经济的发展和农民生活水平的提高,带来了农村生产、生活污染,比如农业面源污染、工业点源污染以及生活污染,这些污染对农村居民的生活环境和生活质量造成了较大影响。解决这些污染问题,不仅能改善安徽农村水环境质量,更能解决由此引发的民生问题。在安徽农村水环境治理中,需要以农户需求为导向,深入了解农户的环境诉求和意见建议,改变以往唯政绩、唯"GDP"等理念,提高农户满意度,从根本上治理农村水环境污染。因此,整体性治理理论与安徽农村水环境治理的目标具有一致性。

7.4.2 核心内涵匹配

整体性治理理论的核心内涵就是通过协调整合实现部门间的整体性运作。在整体性治理中,协调是一个重要因素,它能在公共利益导向下改变各部门的思维理念,认识到部门联动的重要性,并自愿参与。整合是解决政府治理碎片化的重要途径,希克斯提出的治理层级、治理功能、公私部门三个层面的整合符合安徽省农村水环境治理实际。当前安徽省农村水环境治理在一定程度上存在"碎片化"现象。实践证明,农村水环境治理不能依靠某级政府或某个职能部门,而是需要各政府主体共同治理。运用整体性治理理论分析解决上述问题,可以有效达到治理目的。因此,整体性治理理论强调整体性运作的理念与安徽省农村水环境治理存在的碎片化问题具有较高的匹配度。

7.4.3 信息技术依赖

整体性治理理论强调信息技术的重要性,整体性治理和农村水环境治理过程表现出对信息技术的高度依赖,应充分利用信息技术平台,实现治理信息共享。安徽省农村水环境治理涉及众多治理主体,若不能有效整合各方信息,则治理效果不显著。因此,应利用新一代信息技术、工业互联网思维与平台,促进大数据智能算法和业务模型研发与农村水环境治理融合创新,发挥各方优势,提高治理效率。

农村水环境治理是一项涉及面广、运作机制复杂的系统工程。对于安徽省农村地区而言,水环境污染已成为经济社会发展的障碍,也影响着广大农户的身心健康。整体性治理理论与安徽省农村水环境治理具有契合性,该理论能为安徽省农村水环境治理提供新的治理模式,运用该理论推动安徽省农村水环境共治是一种有益的探索。

7.5 基于整体性治理的安徽省农村水环境共治路径优化

整体性治理理论强调以公众需求为治理导向,以协调、整合和责任为治理机制,以信息技术为治理手段,主张跨越组织功能边界,在政策、规章、服务、监督等方面,对治理层级、治理功能、公私部门关系及信息系统等"碎片化"问题进行有机协调与整合,不断为公众提供无缝隙、非分离的整体性服务。为破解安徽农村水环境治理"碎片化"问题,本书将借鉴整体性治理理论,整合农村水环境治理理念、主体和信息技术,以期提高安徽省农村水环境共治效能。

7.5.1　整合治理理念

理念整合是实现整体性治理的前提,旨在破解治理主体认知上的差异和冲突,增进治理主体之间的共识,实现农村水环境"善治"。"公共性"是各治理主体在治理共同体中找寻意义、分享价值、凝聚利益的最大公约数,是农村水环境共治主体理念整合的价值基石。"公共性"价值导向要求做到以下两点。

第一,树立"公共利益至上"的治理理念。整体性治理理论把公众利益放在首位,要求建立"负责制政府",充分发挥政府公共服务职能,为公众提供无缝隙的公共服务。所以,农村水环境治理要坚持以人民为中心,以实现公共利益为价值导向。为此,各政府主体必须回归初心,强调公共关怀,发展公共理性,从以政绩为导向转向以公共利益为导向。要转变 GDP 至上等错误观念,强化绿色发展观与绿色政绩观,将生态文明理念融入农村水环境治理全过程,着力解决农村水环境污染问题,切实满足农户对美好水环境的需求,并从农户最迫切的需求出发,不搞一刀切和运动式治理。

第二,重塑"公共责任"意识。整体性治理理论把"公共责任"意识视为关键因素。重塑"公共责任"意识,要求各治理主体对农村水环境治理达成共识。政府必须对人民负责,这是公共责任的精义所在。具体而言,就是强化公共责任意识,摒除单打独斗、本位主义,以整体性治理思维打破部门、组织和区域之间的界限,形成党委政府、群众主体、社会力量等多方共谋、共建、共治、共享的农村水环境治理新局面。

7.5.2　加强政府内部协同治理

7.5.2.1 落实协同治理职责责任

农村水环境治理的公共产品属性和外部性特征,决定了政府应承担农村水环境治理的财政、制度、监管、协同等责任。

1. 财政责任

建立"政府主导、社会参与"的多渠道、多层次的资金投入渠道,争取中央财政支持;统筹用好地方一般公共预算、土地出让收入、政府债券等渠道资金,加大财政资金投入;整合涉农环保资金,引导和调动金融及社会资本支持农村水环境治理。

2. 制度责任

推动完善环境治理法规政策体系,围绕农村水环境治理开展立法探索,制定农村水环境治理办法或地方性法规,推动农村水环境治理标准制定、修订。因地制宜制定农村水环境治理规划和实施方案,落实落细目标任务。健全完善农村水环境治理联席会议制度,明确职责分工,抓好任务分解,构建一级抓一级的责任体系。推进专业化、市场化运行管护模式,建立有制度、有标准、有队伍、有经费、有激励、有监督的长效管护机制。

3. 监管责任

健全完善以改善农村水环境质量为核心的目标责任考核体系,将农村水环境治理成效纳入各级领导班子和领导干部综合考核,作为实施乡村振兴战略实绩考核和政府目标管理绩效的重要内容及领导干部政绩考核的重要依据,对先进县、先进集体和先进个人给予通报表扬,发挥好考核的"指挥棒"作用。实施领导干部自然资源资产离任审计、农村水环境损害责任终身追究、农村水环境状况报告等制度。鼓励和引导环保社会组织、农户等参与农村水环境污染监督治理。

4. 协同责任

健全完善党委领导、政府负责、民主协商、社会协同、公众参与、法治保障、科技支撑的农村水环境治理体制。落实党政同责,坚持省市县乡(镇)村五级联动,推动相关部门各司其职、齐抓共管。落实排污企业主体责任。建立社会参与机制,政府主导、社会参与和农户主体相结合共同改善农村水环境。建立跨区域农村水环境治理设施建设和运营管理协调机制,加强信息共享,实现农村水环境污染联防联控和联动治理。

7.5.2.2　明确协同治理目标任务

1. 确定协同治理目标

在政策目标上,以改善农村水环境质量为根本目标,着力提高农村水环境协同治理能力,切实解决农村水环境污染问题,推进农村经济社会与农村水环境治理的协同发展。

在组织目标上,在中央政府领导下,省内各级地方政府及其相关职能部门协调一致,与非政府主体协同完成农村水环境治理任务。

在机构目标上,强化源头管控,实施分流域、分区域、分阶段综合治理。

在顾客目标上,不断满足农户治理需求,有效治理农村水环境污染,提升农户生活品质,建设经济强、农户富、环境美的皖美安徽。

2. 细化协同治理任务

一是压实工作责任。落实党政一把手第一责任人责任,坚持省市县乡(镇)村五级书记抓农村水环境治理工作,形成整体推进合力。

二是实施"整县推进"。以县为单元,推进农村水环境治理设施统一规划、统一建设、统一运行和统一管理,形成以县域、乡镇、行政村或跨行政区整体推进、中心村带动周边自然村全域推进的农村水环境治理新格局。其中,经济发展水平较高、美丽乡村建设基础较好的县(市、区),串点成带推进农村水环境治理;其他县(市、区)因地制宜、实事求是,以推进美丽乡村中心村建设带动周边村庄开展农村水环境治理,形成农村水环境治理示范点。

三是强化系统施治。注重系统治理、源头治理和综合治理,突出精准、科学、依法治污,深入打好农村水环境治理攻坚战。以种植业、畜禽养殖业污染为重点,深入推进农业面源污染治理。推动农村地区企业集中布局、集约发展,委托第三方集中处理污水。深化农村人居环境整治"三大革命",合理选择治理技术模式,整体推进巢湖、淮河等重点流域、水环境敏感区域、规模较大或新建村庄污水治理。实施农村清洁、河沟渠塘疏浚清淤、生态修复等工程,加大黑臭水体治理力度,实现村内河塘沟渠水系畅通、水清岸绿。

四是实现"三个转变"。即推动治理资金投入由分散向集中转变,治理模式由单一向多元、由粗放向集约、由动态向长效转变,治理行动由被动应付向主动作为、由单打独斗向齐抓共管转变,全面提升农村水环境整体性治理水平。

7.5.2.3 优化协同治理工作机制

1. 动力机制

针对各政府主体之间因利益博弈无法自动形成协同治理局面的问题,省政府需重新审视各政府主体的利益博弈行为,凭借超越省内各政府主体的强制力,通过有效的制度设计,引导全省各级政府主体协同治理农村水环境污染。同时,寻找利益重合空间,使省内各政府主体能从农村水环境治理中获得实际收益,确保各方利益平衡、利益共享,并对下级政府农村水环境治理给予直接或间接补偿。例如,加大农村水环境治理基础设施援建、财政资金转移支付力度,畅通利益诉求,形成各政府主体治理农村水环境污染的内在自觉性。

2. 整合机制

(1) 加强治理层级整合

一方面，完善权责体系，科学划分各级政府的治理权限和职责。中央政府主要负责农村水环境治理法规政策制定。省政府负责全面统筹，系统谋划，强化部署，完善考核。省相关部门积极配合，完善配套政策，大力支持农村水环境治理。各省辖市落实既定目标任务，根据实际情况，做好指标划定、任务分解工作，加强监督管理。县级党委政府发挥好一线指挥部作用，抓好方案制定、项目落实、资金筹措、推进实施、运行管护等工作。农村基层党组织充分发挥战斗堡垒作用，抓村带户、发动农户，具体组织实施，并建立农村综合管护队伍，促进农村水环境治理常态化，确保各类设施建得起、用得上、管得好。

另一方面，平衡利益关系。实施奖惩制度，激励省内各级地方政府全面治理辖区内的农村水环境污染。充分考虑各级地方政府利益，平衡好上下级政府之间的利益，通过转移支付、财政补贴、绩效考核等方式，给予地方政府经济补偿或奖惩。

(2) 加强治理功能整合

一方面，健全党委政府领导下的部门协同机制，各有关部门在同级党委农办的统一领导下，各司其职，各负其责，充分形成工作合力；或者结合开展农村人居环境整治，完善整治办功能职责，发挥好监督、管理、协调职能，综合运用通报、约谈、评优、推进会、现场督办等形式，推动工作落实。

另一方面，可设立协调机构。例如，将农村水环境治理纳入省、市、县三级美丽乡村建设或乡村振兴工作范畴，增设农村水环境治理工作机构，负责统筹、协调、指挥；也可组建农村水环境协同治理领导小组及办公室，负责农村水环境治理的日常组织、计划制订、目标任务分解、协调指导和监督考核等工作，并赋予其专项管理权责，直接调动政府部门和社会力量开展统一治理行动；建立有关部门联席会议制度，确保各方互通信息、消除分歧、达成共识、联合行动；县级层面可建立部门定期会商机制，共同谋划，及时解决统筹衔接中的关键问题；签订具有强约束力的协议，使本区域地方政府在统一的协议授权框架内开展工作，行使治理权利，履行治理义务。

(3) 加强治理程序整合

一是规划协同。系统考虑农村水环境治理、农田保护、住房和基础设施布局、产业发展空间、自然历史文化传承、生态保护等内容，增强乡村空间韧性。根据国家总体规划要求，推动农村水环境治理规划与流域污染防治规划、生态文明建设规划以及当地有关规划"多规合一"。实施农村人居环境整治,提升"十四五"规划,以县域为单位,科学编制农村生活污水治理规划,统筹考虑农村改厕和污水治理基础设施建设,推进厕所粪污与农村生活污水分散处理、集中处理与纳入污水管网统一处理。做好畜禽规模养殖项目前期规划和环境影响评价管理工作,督促项目单位落实环保配套设施,保护农村水环境。

二是决策协同。发挥各方专业优势,根据具体项目的属性、目标需求、地域特点等要素,集合专业力量,共同设计治理方案。坚持与巢湖、淮河等重点流域水环境治理、解决突出水环境问题和相关部门农村水环境治理重点任务相结合,按照垃圾污染、农业面源污染、畜禽养殖污染、生活污水污染的优先次序,逐次开展治理。

三是资源协同。创新农村水环境治理资金投入方式,按照"整合项目、聚集资金、集中连片、集约发展、突出重点、整体推进"的总体思路,对涉及生态环境、农业农村、乡村振兴等部门政策资金予以整合,依托美丽乡村建设、农村人居环境整治"三大革命""三大行动"等工作,加大资金整合力度,发挥资金集聚效应。根据农村水环境治理需求以及治理内容的成本,在用足用活现有支农惠农政策的同时,市、县(区)财政分别建立专项奖补资金,充分发挥政策、资金的引领作用,完善农村水环境治理的基础设施,补齐垃圾收运、污水处理等设施短板。按照"中央引导、省级补助、市县配套、镇村自筹、社会赞助、部门联动投入"原则,建立多元化的资金筹集机制,创新农村水环境治理的融资机制,引导与鼓励社会团体、企业和个人以捐款、结对帮扶或其他方式积极参与农村水环境治理。

3. 保障机制

(1) 强化权责保障

分税制改革和全面取消农业税导致安徽省基层政府的财权与事权矛盾,应按照财权与事权匹配的原则,合理划分省内各级政府在农村水环境治理中的责任,依据事权确定相应财权。

(2) 强化资金保障

加大财政资金投入,省级财政安排资金支持农村水环境治理,市县政府加大配套资金投入力度,政府相关部门加强对接、相互支持配合,积极争取上级政府资金支持,有效整合涉农环保资金,发挥资金集聚效应,提高资金利用率。

吸引社会资本参与,健全农村水环境治理投融资机制,强化政府性融资担保体系建设,以政策性金融为主体、商业性金融为补充,加强农村金融服务和产品创新,把更多金融资源配置到农村水环境治理的重点领域和薄弱环节,采取贷款贴息、财政补助、以奖代补等方式,鼓励社会资本参与支持农村水环境治理。

以生活污水治理、生活垃圾治理、农村厕所保洁等为重点,坚持省市统筹调度、县(市、区)责任主体、乡(镇)村实施主体,逐步建立农户适当付费、村集体补贴、各级财政补助相结合的经费保障制度,鼓励农户对直接受益的农村水环境治理设施建设出资捐物、投工投劳。

鼓励乡贤返乡参与农村水环境治理。

大力发展乡村产业,增加村集体收入,确定专项资金用于农村水环境治理及设施长效管护。

(3) 强化用地保障

允许各地在乡村国土空间规划和村庄规划中预留一定比例的建设用地机动指标,支持零星分散的农村水环境治理设施用地。

(4) 强化人才保障

加强农村水环境治理人才建设,畅通相关人才下乡渠道,整合利用农业科研院所、涉农院校、农业龙头企业等各类资源,加快构建农民水环境治理教育培训体系。

7.5.3 规范开展公私合作

7.5.3.1 完善准入条件

各级政府在资金、技术、管理水平等方面应设置准入条件,坚持把最合适的社会资本方引入农村水环境治理领域。应明确规定农村水环境治理设施的建设标准、技术和质量指标以及后期运行维护要求,从源头保障设施长期、稳定运行,降低后期运维成本。

按照相关法律法规,政府主管部门应综合评估社会资本方,对其专业资质、技术能力、管理水平、财务实力、信用状况等提出合理要求,择优选择。基于农村水环境治理项目单体规模较小的实际,建议运用"打包策略",将多个项目及配套设施打包成一个项目,形成规模效应,据此提高准入门槛,吸引优质社会资本方,降低项目建设成本和运营成本,减少风险,增加成本回收率。例如,S县农村生活污水 PPP 项目,包括全县 21 个乡镇污水处理厂及其配套管网的投融资、建设(含设计)、运营维护及移交等内容,总投资约为 31376.01 万元,合作期限 21 年,采用 BOT 运作方式。该县通过公开招标方式选择社会资本方,在资格预审公告中,从资质、业绩、人员、信誉、财务状况、投融资能力、联合体等方面对申请人提出资格条件,要求符合《中华人民共和国政府采购法》第二十二条规定,具备市政公用工程施工总承包三级及以上资质,在国内承接过单个合同污水处理规模不低于 2.0 万立方米/天的污水处理项目运营、设计业绩,或单个合同中单体污水处理规模不低于 3000 立方米/天的污水处理项目施工业绩,资产负债率不高于 75%,获得商业银行无限定用途的累计金额不低于 3 亿元人民币的授信额度或贷款意向额度,具有良好的信誉,等等。不过,该项目也引发质疑,认为存在不公平竞争行为,设置了多个"倾向性条款"。例如,在"企业综合实力"评审标准中,规定"独立投标人或联合体牵头方获得过省级及以上环卫环保方面科学技术进步奖的得 2 分,参与制定环卫方面国家标准的得 1 分",认为此举违反了《中华人民共和国政府采购法实施条例》第二十条之规定。

7.5.3.2 加强协调整合

首先,优选社会资本方后,应以农户需求为导向,积极培育整体性公私合作理念,运用有效的运作机制整合双方资源,充分发挥各自优势,实现公私双方的联动合作。

其次,要加强功能整合。科学界定公私部门功能,着重将公共部门转变为农村水环境治理服务的购买者和合作者,将私人部门转变为农村水环境治理服务的供给者,明确双方职责定位,按照权责对等和激励相容的原则,科学设计项目实施方案及合同条款,明确项目绩效要求、收益回报、退出安排等关键问题,为社会资本方获得合理回报创造条件,并督促社会资本方严格履行合同,提供优质的农村水环境治理服务;打造公私合作网络模式,建立持久的伙伴关系,共同治理农村水环境污染;培育公私合作专门管理机构,负责对征集的农村水环境治理公私合作项目进行筛选,确定备选项目,对拟实施的农村水环境治理公私合作项目进行评估,并优选社会资本方,按照合同约定,保证按时完成项目融资、建设、运行维护和移交等事项,定期监控项目绩效指标,依约及时支付治理费用和执行激励约束条款。

此外,应强化政策整合,在执行现行公私合作政策规定的基础上,按照国家法规文件要求出台地方性规章,健全完善公私合作项目识别、准备、采购、执行、移交等环节操作流程,规范项目建设与运营模式、处理方式,为 PPP 模式健康运行提供政策和法律依据。

7.5.3.3 平衡利益风险

完善财税支持政策,对有需求的项目优先安排支持基金,根据投资额大小给予前期费用补贴。采用公私合作模式的农村水环境治理项目,可享受税收优惠政策。鼓励建立农村水环境治理公私合作项目的财政支持机制。为确保社会资本方获得一定的经济收益,同时也为限制其获利过高而违背农村水环境治理的公共属性,政府公共部门可通过补贴维持项目的正常运转和盈利水平,或通过降价限制其盈利水平,消除农户的不满。应健全价格调整机制,根据项目运行情况和绩效评价结果,及时披露项目运行成本变化、水环境质量等信息,广泛征求农户、社会资本方及有关部门的意见,确保合规、科学、透明调价,及时补偿成本,保障合理收益。公私合作前,需结合农村水环境治理项目特点,测算项目全寿命周期成本,特别是风险成本,为风险分担提供决策依据。

7.5.3.4 增进互信合作

信任具有约束功能,能降低合作双方的协调工作量,减少交易成本。农村水环境治理公私合作项目容易呈现"零和博弈"特征,政府部门习惯于通过刚性的控制限制私人部门的机会主义行为,但过多的控制反而阻碍合作效率的提高。

因此,在适度控制的基础上,应增进双方信任,通过多种途径培养和构建信任关系,有效规避公共部门追求政绩、私人部门追求高额利润,切实满足公众需求,实现公共利益。

此外,鉴于公私部门刚开始合作时不可能预见未来所有复杂情况,双方签订的契约存在不完备情况,建议在合作协议中拟定重新谈判机制,待发生预料之外的事件时,重新协商谈判,形成新的契约,确保长期稳定合作。相关主管部门应定期对项目公司进行中期评估、绩效评价,形成有效的运维和监督管理机制。

7.5.4 有效引导农户参与

7.5.4.1 加强宣传教育

农村水环境治理的公共物品属性使农户极易出现"搭便车"行为。农村水环境治理如果缺少农户参与,治理效果必然不可持续。因此,应通过网络、电视、微信群、"大喇叭"广播、宣传标语、乡村表演等多种渠道,以农户喜闻乐见的形式,加大宣传力度,广泛宣传推广农村水环境治理中的好经验、好做法、好典型。强化农户主人翁意识,提高其参与农村水环境治理的自觉性。注重发挥文明家庭、星级文明户、"最美家庭""美丽庭院"等示范作用,通过开展美丽乡村、文明村庄、美好家庭创建和组织卫生评比"红黑榜"、水环境治理知识竞赛等活动,引导农户转变观念,增强参与意识。

此外,应进一步完善村规民约,把保护环境卫生、维护水环境治理设施纳入村规民约,倡导文明健康、绿色环保的生活方式,教育引导农户养成爱护水环境的良好习惯,从源头自觉把减排落实到生产生活中,自发抵制来自各个方面的污染。

最后,建立农村水环境治理辅导制度,选派专业人员进村开展教育培训,加强农户参与农村水环境治理理念教育和技能培训,促进提高农户参与质量、提升农村水环境治理水平。

7.5.4.2　畅通表达渠道

根据公共产品供给理论,公共产品供给的帕累托最优条件的完全满足是无法实现的,但假设条件的尽量满足对公共产品最优供给的实现必定是有益的。因此,应努力拓宽民意表达渠道,充分掌握农户的真实需求偏好。结合实际,应重点完善农户—村民自治组织—政府、农户—社会组织—政府两条需求表达渠道。政府相关部门、村委会等在组织开展农村水环境治理过程中,应尊重农户意愿,通过会议讨论、入户调研、问卷调查等方式,问计于民、问需于民,了解农户真实想法和诉求,并注重发挥村民代表、返乡创业人员、新乡贤、乡村建设工匠等人员的作用。

例如,蚌埠市发挥村民理事会、村务监督委员会等自治组织作用,引导农户参与规划编制,充分听取农户意见,确保规划符合农户意愿,保障农户的决策权,营造"多方联动、全民参与"的行动氛围,实现从"坐享"到"共治"转变。该市还组建乡镇志愿服务队 55 支、村级志愿服务队 296 支,共同参与村庄清洁行动。又如,合肥市注重发挥基层党组织战斗堡垒作用,以及村民理事会、乡贤参事会的自治作用,鼓励农户投资、投劳农村人居环境整治,根据农户需求合理确定整治优先顺序和标准,建立政府、村集体、农户等各方共谋、共建、共管、共评、共享机制。

7.5.4.3　健全法规制度

党的二十大报告就发展全过程人民民主、保障人民当家作主做出专门部署。《乡村建设行动实施方案》要求完善农民参与乡村建设的程序方法。近年来,各地积极引导农民参与村庄规划和建设,创造了许多好经验好做法。2023 年初,国家有关部委印发《农民参与乡村建设指南(试行)》,明确了组织动员农民参与村庄规划、项目建设和设施管护的工作要求,规范了农民参与乡村建设的程序方法,为引导广大农民建设美好家园提供了工作指引。笔者建议,梳理整合生态环境保护、农村人居环境整治、乡村振兴、美丽乡村建设等领域的规划、计划、实施方案中关于农户参与的内容,结合农村水环境治理实际,统一制定农户参与农村水环境治理制度,进一步明确农户参与农村水环境治理的总体思路、具体要求,细化农户参与农村水环境治理设施规划、建设、维护的具体程序方法,实化农村参与农村水环境治理的保障措施,确保全过程、全环节推动农户参与,使农户内生动力得到充分激发、民主权利得到充分体现、主体作用得到充分发挥。

7.5.4.4 完善激励机制

农村水环境的有效治理需要广大农户的持续参与。为消除农户对政府的过度依赖,克服"搭便车"行为,政府应健全完善激励机制,为农户参与农村水环境治理提供政策支持。相关研究发现,村民好评、荣誉称号等声誉激励方式和收入预期、项目补贴等经济激励方式能显著推动农户参与村庄环境治理。基层政府应完善农村水环境治理政策,探索物化补贴、经济补助等多种补偿方式,扩大补贴发放范围,在农户参与农村水环境治理设施建设和维护时给予一定补偿,以降低农户的参与成本。村委会可组织开展卫生家庭评选、水环境治理知识竞赛等活动,在村级公示栏宣传积极参与水环境治理农户的先进事迹,在村委会工作总结大会、村民代表大会等重要场合给予表彰,将这些农户立为榜样,满足其对好评、荣誉等需求,并构建良好声誉、经济利益转换机制,以积分为媒介,对获得表彰或荣誉称号的农户给予一定积分,当积分累积到一定额度时,可兑换日常生活用品或获得一定数额的现金奖励,从而充分调动农户参与的积极性。例如,桐城市推行"积分制",农户可以凭积分到村积分超市兑换牙膏、洗衣液、雨伞等日常生活用品,或对高积分户在项目建设、村级公益性岗位、联防长岗位等方面优先安排,对低于60分以下的农户开展批评教育,取消评优评先。此外,可采取以工代赈、先建后补、以奖代补等方式,引导农户投工投劳、就地取材开展建设,并设立公益性管护岗位,引导农户积极参与管护。同时,健全准经营性、经营性农村水环境治理设施收费机制,充分考虑成本变化、农户承受能力、财政支持能力,合理确定收费标准,激励引导农户自觉缴纳有偿服务费用。

7.5.4.5 强化组织保障

将组织农户参与农村水环境治理作为美丽乡村建设的重要举措,发挥县(区)委"一线指挥部"作用、乡镇党委"龙头"作用和农村基层党组织战斗堡垒作用,提高组织动员能力。完善基层党组织引领带动机制,运用网格化管理、党员联户、党员示范带动等工作机制,组织、宣传、凝聚和服务农户,对农村水环境治理设施规划、建设、管护等重要事项,由村党组织提议,经村"两委"会商议、党员大会审议、村民会议或村民代表会议决议,并及时公开决议和实施结果。完善村民委员会、村务监督委员会、村集体经济组织推动落实机制,对农村水环境治理重要事项,由村民委员会组织农户充分讨论、参与决策、投身建设和管护,村务监督委员会组织农户监督资金使用、项目建设、政策落实,农村集体经济组织结合实际组织成员承担建设、管护任务。完善村民议事会、村民理事会、村民监事会等协商推进机制,落实民事民议、民事民办、民事民管要求,充分保障农户的知情权、参与权、监督权。

7.5.4.6　开展效果评估

定期调查评估农户参与农村水环境治理情况,将项目实施前农户对农村水环境治理政策和参与方式的知晓率,项目实施中农户以投工投劳、捐款捐物、志愿服务等形式参加建设的参与率,项目实施后农户对项目管护和项目质量效果的满意度,作为项目批准立项、奖补资金拨付、竣工验收的重要指标,原则上知晓率、参与率、满意度均应达到80%以上。同时,将农户参与农村水环境治理作为全国文明村镇、国家乡村振兴示范县及乡村振兴示范乡镇、示范村创建的重要内容,纳入美丽宜居村庄示范创建和美丽庭院评选指标,支持选评先进村、模范户。深入总结农户参与农村水环境治理经验,推广可复制、可借鉴的典型案例。

7.5.5　探索实施智慧治理

随着大数据信息技术的发展,农村环境治理开始从"治理"走向"智理"。大数据时代的农村水环境治理意味着决策思维与治理范式的根本变革,要求建立对海量信息数据进行收集、整理、分析与应用的智慧治理。智慧治理强调通过环境信息的收集、整合与应用让环境治理决策"用数据说话"[①]。党的二十大报告明确提出,要健全现代环境治理体系,推广数字化治理方式,提升环境基础设施建设水平,推进城乡人居环境整治。之前,国家有关部委印发的《数字农业农村发展规划(2019—2025年)》《2022年数字乡村发展工作要点》均提出要加强农村人居环境数字化治理,建立农村人居环境智能监测体系。

近年来,安徽以实施"互联网+"现代农业行动为抓手,积极推进数字技术在农业农村领域的应用。2020年,安徽省县域农业农村信息化发展总体水平达49%,高于全国平均水平11.1个百分点,居全国第四位;2021年12月,安徽省印发《加快"数字皖农"建设若干措施》,要求充分运用数字化技术,在基层治理、乡风文明、生态环境等方面,创新乡村治理模式;2022年7月,《安徽省"十四五"农村人居环境整治提升行动实施方案》提出要推动农村人居环境管理信息化建设。

上述顶层设计和实践探索为安徽省数字赋能农村水环境治理指明了方向、提供了前提条件。在新的时代背景下,安徽农村水环境治理如何借力数字乡村建设,

---

① 李宁,李增元.乡村振兴背景下现代农村环境治理体系构建研究[J].理论导刊,2022(4):72-78.

以"互联网＋"、大数据、云计算、人工智能等新的数字化技术为支撑,构建结构优化、城乡融合、可持续发展的农村水环境治理体系,成为当前应关注的重点问题。应抓住信息化发展的机遇,借助数字技术的协同性、整合性、共享性、参与性,结合推进数字乡村、数字政府建设,积极开展智慧治理试点,用数字化赋能农村水环境治理,通过数字赋能实现农村水环境治理从"信息孤岛"到信息互联,推动政府做出科学民主的治理决策。具体而言,应以数字乡村、"数字皖农"建设为依托,推动农村水环境治理信息与乡村治理、数字政府平台有效衔接,加强农村水环境治理信息移动终端 App 开发,确保相关信息及时接收、归类、处理、分析、处置,并依托大数据、物联网等技术优势,探索建立农村水环境智慧治理大数据管理平台,实现收、运、存、处各环节智能化管理。同时,把数字技术应用到农村生活垃圾处理、生活污水处理、厕所革命、村容村貌提升等具体领域,构建政府主导、部门协同、企业履责、社会参与、农户监督的智能监测体系,通过数字赋能给农村水环境治理带来全方位、多层次、宽领域的变化。例如,怀远县通过数智生态科技信息监控平台,对乡镇和农村污水处理站点及配套管网的运行状况进行实时监控与管理,对运行过程中发生的问题及时响应,通过工单管理进行高效应对和处置,提高水务运维智慧程度和水环境治理工作的效率,大幅提升县域水环境治理水平。又如,肥东县建立全县农厕管理电子平台,在该平台中输入每户农厕的编号,就能知道这一户农厕的使用、管理、维修等具体信息,当农厕出现故障或需要清掏时,一个电话就有专业的维修清掏服务队上门免费服务。此外,应强化信息公开,采取"上墙、上网"等多种方式和便于理解、接受的形式,如实向各治理主体、社会各界特别是广大农户公开,让他们及时了解和监督农村水环境治理情况。

第8章 结论与展望

8.1 结 论

本书将整体性治理理论引入农村水环境治理中,在回顾国内外相关研究的基础上,针对我国农村水环境治理政府内部缺乏协同、公私合作不充分、农户参与程度较低等问题,构建了基于整体性治理理论的农村水环境共治模式,并结合安徽省农村水环境治理实践进行了案例分析,为深入推进农村水环境治理提供了理论支撑。本书研究得出以下结论:

① 基于整体性治理理论的共治模式有助于农村水环境长效治理。农村水环境治理一般由政府主导,主要产生社会效益,受益群体主要是农户,此类治理是准公益行为。面对农村水环境治理困境,传统的"命令-控制"型政府单中心属地管理模式已不适应农村水环境治理可持续发展的需要,并已出现治理总量不足、治理资金短缺、治理效率不高等问题。基于整体性治理理论的农村水环境共治模式,能促进政府内部协同治理和政府外部合作治理,可以有效解决上述突出问题。

② 利益博弈是推动农村水环境治理模式转型的根本动力。在农村水环境治理过程中,政府内部、政府与私人部门、政府与农户之间存在错综复杂的利益博弈,在一定的现实条件下,形成了均衡的博弈结果。随着条件和形势的变化,旧的均衡被打破,新的均衡形成,这就导致模式的转型。农村水环境污染不可能由政府、私人部门和农户单方面治理,三者之间在参与治理过程中将发生一系列的博弈行为。所以,要优化设计最大限度地满足三者需要的共治模式,就必须深入分析三者之间的利益博弈。正是基于对治理模式转型动力的深入洞察,本书在探讨农村水环境共治的实现途径时,既考虑政府内部协同治理因素,也考虑政府外部公私合作、农户参与的可能性,较为全面地反映了不同主体的利益诉求。

③ 政府内部协同治理和政府外部合作治理是实现农村水环境共治目标的关

键途径。农村水环境治理存在众多利益主体,这些主体既存在内部协同问题,也存在二元协同、三元协同、多元协同问题,相互之间形成了复杂的网络式治理结构。各主体具有不同的价值判断、利益需求和社会资源,在农村水环境治理中,相互之间保持着竞争、合作、制衡等多种关系。本书把握主要矛盾,仅围绕政府、私人部门、农户三类核心主体,突出政府主导作用,从整体性治理视角深入研究政府内部协同治理和政府外部合作治理,此举符合国情和我国农村水环境治理实际。书中研究的政府内部协同治理机制、政府内部协同治理绩效评价模型、私人投资者选择模型、公私合作项目全寿命周期风险成本预测、农户参与的影响因素分析等内容,以及打捆 BOT、数字赋能等一些新的方式,为农村水环境治理提供了新颖的管理方法。

④ 基于平衡记分卡的农村水环境政府内部协同治理绩效评价指标体系和基于熵权可拓物元的评价模型切实可行。指标选取兼顾多元主体特别是核心主体的目标要求,从资源投入、协同运营、协同产出、价值实现四个维度选取评价指标,能综合评价农村水环境政府内部协同治理绩效,并在实践中根据主体的不同灵活取舍。实证分析表明,基于熵权可拓物元的评价模型具有可操作性。

⑤ 以安徽省为例,进行农村水环境共治的案例分析具有典型意义。安徽省是我国农村改革的主要发源地,党的十八大以来,该省的广大乡村持续推进改革,不断释放改革红利,推动农村人居环境整治和农村水环境治理取得了明显成效,但也存在政府内部缺乏协同、公私合作不充分、农户参与程度较低、信息技术支撑不够有力等问题,整体性治理理论基于协调、整合、责任的治理机制与该省农村水环境治理存在契合性。基于整体性治理理论为该省优化设计的农村水环境共治模式,可以推广应用到全国其他类似地区的农村水环境治理实践中。

8.2 创 新 点

与以往研究不同,本书基于整体性治理理论,对农村水环境共治模式展开研究,并采用多学科交叉、理论分析与案例研究相结合、定性与定量相结合的研究方法,为我国农村水环境治理模式转型提供了新的思路。本书有以下主要创新点:

① 构建了基于整体性治理理论的农村水环境共治模式。该模式既考虑了我国农村水环境治理属性,也符合新《中华人民共和国环境保护法》、"水十条"、国家"十三五""十四五"规划关于构建政府、企业、公众共治的现代环境治理体系的精

神。与以往研究相比,该模式提出了解决政府单中心属地管理模式"棘手性""碎片化"问题的思路方法,有助于改变传统的农村水环境治理主体单一、治理效率低下的局面,同时也探讨了农村水环境治理的基本规律,拓展了整体性治理理论的应用领域,为完善农村水环境治理体系、提升治理能力提供了理论支持。

② 构建了三类核心主体之间的共治博弈模型。深入分析了政府、私人部门、农户在农村水环境共治中的行为特征和共治博弈过程,与传统的博弈分析相比,克服了单一主体之间博弈的不足,有效分析了多元主体治理决策行为和共治动力问题。

③ 构建了农村水环境政府内部协同治理机制和绩效评价模型。基于共治博弈分析和整体性治理理论中治理层级整合、治理功能整合的理念,优化了农村水环境政府内部协同治理机制,深入探讨了结构性机制、程序性机制等关键机制内容。构建的基于熵权可拓物元的农村水环境政府内部协同治理绩效评价模型,能提高绩效评价的针对性和有效性。

④ 构建了农村水环境治理公私合作机制和农户参与机制。相关机制及基于多目标模糊决策的私人投资者选择模型、基于蒙特卡罗模拟的公私合作项目全寿命周期风险成本预测、农户参与影响因素的实证分析模型和方法等,拓展了整体性治理理论公私合作、公众参与的应用领域,有利于推深做实农村水环境治理。

8.3 展　　望

农村水环境共治是一个值得深入研究的新领域,尚未形成完整的理论体系。限于笔者的研究能力和水平,本书还存在一些问题和不足之处,需要在今后的研究与实践中进一步探讨。

① 丰富农村水环境共治模式的研究内容。深入分析政府内部协同治理、公私合作、农户参与问题,重点对政府内部协同治理和农户参与的激励约束机制、公私合作的利益补偿机制和风险分担机制等进行实证研究,并进一步探讨其他主体参与共治的路径和方法。

② 加强对农村水环境政府内部协同治理绩效评价和私人投资者选择等指标体系的研究,进一步完善指标体系,探讨更为科学的定量模型和评价指标。

③ 顺应新时代数字技术发展趋势,研究探讨数字赋能农村水环境共治问题。在深入调研基础上,分析数字赋能农村水环境共治的内涵特征,基于整体性治理理

论,从赋能主体、手段、场景、效果等维度,剖析数字赋能农村水环境共治的内在机理和目标指向,并甄别影响数字赋能的关键因素,提出数字赋能农村水环境共治的对策建议。

④ 根据党的二十大报告"推动绿色发展,促进人与自然和谐共生""提升环境基础设施建设水平,推进城乡人居环境整治"和建设"宜居宜业和美乡村"等要求,进一步收集、整理广大农村地区,特别是中西部地区和区县层面相关资料,探讨在不同层级、不同区域、不同经济发展水平政府和中国式现代化建设中优化农村水环境共治模式,并进行典型案例分析。

附录 农村居民水环境治理支付意愿调查问卷

您好！非常感谢您配合开展本次问卷调查。本次调查的对象是我省农村居民水环境治理支付意愿，目的在于了解农村居民参与水环境治理的影响因素。本次问卷采用匿名答题的方式，采集到的数据仅用于学术研究，承诺严格保密。

一、农村水环境污染及治理情况

近年来，我国及我省农村地区水环境污染日趋严峻，从水源到饮用水再到食品，水污染成为危害农村居民身体健康的"罪魁祸首"。有关研究证实，我国多地出现的"癌症村"与水污染高度相关。近年来，中央及我省逐渐重视农村水环境治理。作为农村环境连片整治示范省，我省农村水环境治理已取得较好成效，但同样面临资金短缺等问题。

我省将进一步加大农村水环境治理力度，未来两年您是否愿意每月支付一定的治理费用？

（1）愿意

（2）不愿意（请说明理由＿＿＿＿＿＿＿＿＿＿＿＿）

二、个人及家庭信息（请在相应方框内画"√"）

1. 您的住址：＿＿＿＿＿县（区）＿＿＿＿＿乡镇（街道）＿＿＿＿＿村

2. 您的性别：

（1）男 □   （2）女 □

3. 您的年龄：

（1）18～30 岁 □   （2）31～40 岁 □   （3）41～50 岁 □

（4）51～60 岁 □   （5）60 岁及以上 □

4. 您的文化程度：

（1）小学及以下 □   （2）初中或中职 □   （3）高中或职高 □

（4）大专或高职 □   （5）本科及以上 □

5. 您的身体健康状况：

(1) 健康 ☐　　　　　　(2) 较差 ☐

6. 您家的总人口：

(1) 3 人以内 ☐　　　(2) 4 人 ☐　　　　　(3) 5 人及以上 ☐

7. 您家的非农收入比重：

(1) 20%以下 ☐　　　(2) 20%～50% ☐　　(3) 50%～80% ☐

(4) 80%以上 ☐

三、农村水环境污染认知(请在相应方框内画"√")

1. 您对本村水环境污染现状的评价：

(1) 水环境很好 ☐　　(2) 水环境较好 ☐　　(3) 有些污染 ☐

(4) 污染较重 ☐　　　(5) 污染非常重 ☐

2. 您对政府部门使用您支付的水环境治理费用是否信任？

(1)不信任 ☐　　　　(2) 信任 ☐

3. 您认为农村水环境治理费用应由谁支付？

(1) 当地政府 ☐　　　(2) 谁污染谁支付 ☐　　(3) 集体和村民 ☐

四、最大支付意愿(请在相应方框内画"√")

未来两年您愿意以家庭为单位每月支付多少治理费用？

(1) 0 元 ☐　　　　　(2) 5 元 ☐　　　　　(3) 10 元 ☐

(4) 20 元 ☐　　　　(5) 30 元 ☐　　　　(6) 40 元 ☐

(7) 50 元 ☐　　　　(8) 100 元 ☐　　　　(9) 200 元 ☐

(10) 300 元 ☐

参 考 文 献

[1]　党的二十大报告辅导读本[M].北京:人民出版社,2022.

[2]　中共中央办公厅,国务院办公厅.农村人居环境整治提升五年行动方案(2021—2025 年)
　　　　[EB/OL].(2021-12-07).http://www.moa.gov.cn/gk/zcfg/qnhnzc/202112/t20211207
　　　　_6383987.htm.

[3]　国家统计局,生态环境部.中国环境统计年鉴 2020[M].北京:中国统计出版社,2021.

[4]　陆浩.中华人民共和国水污染防治法解读[M].北京:中国法制出版社,2017.

[5]　冯骞,陈菁.农村水环境治理[M].南京:河海大学出版社,2011.

[6]　刘晓涛.上海市农村水环境治理与保护实践[M].上海:上海科学技术出版社,2012.

[7]　邓良平,胡蝶.农村水环境生态治理模式研究[M].郑州:黄河水利出版社,2017.

[8]　童志锋.保卫绿水青山:中国农村环境问题研究[M].北京:人民出版社,2018.

[9]　曾鸣,谢淑娟.中国农村环境问题研究:制度透析与路径选择[M].北京:经济管理出版
　　　　社,2007.

[10]　环境保护部环境与经济政策研究中心.农村环境保护与生态文明建设[M].北京:中国环
　　　　境出版社,2017.

[11]　黄文平.环境保护体制改革研究[M].北京:人民出版社,2018.

[12]　曾绍伦,于法稳.生态经济与新型城镇化[M].北京:社会科学文献出版社,2017.

[13]　石敏俊.资源与环境经济学[M].北京:中国人民大学出版社,2021.

[14]　阿哈默德.水污染的新视角[M].刘崎峰,译.北京:中国环境出版社,2015.

[15]　刘立波.生态现代化与环境治理模式研究[M].北京:人民出版社,2018.

[16]　宋秀杰.农村面源污染控制及环境保护[M].北京:化学工业出版社,2011.

[17]　张瑞娜.农村生活垃圾区域统筹处理模式及管理对策[M].北京:冶金工业出版社,2019.

[18]　刘新萍.政府部门间合作的行动逻辑:机制、动机与策略[M].上海:复旦大学出版
　　　　社,2021.

[19]　董树军.城市群府际博弈的整体性治理研究[M].北京:中央编译出版社,2019.

[20]　张玉磊.转型期中国公共危机治理模式研究:从碎片化到整体性[M].北京:中国社会科
　　　　学出版社,2016.

[21] 汪红梅.社会资本与中国农村经济发展[M].北京:人民出版社,2018.

[22] 徐海静.法学视阈下环境治理模式的创新:以公私合作为目标[M].北京:法律出版社,2017.

[23] 徐敏,张涛,王东,等.中国水污染防治40年回顾与展望[J].中国环境管理,2019(3):65-71.

[24] 于法稳.面向2035年远景目标的农村人居环境整治提升路径及对策研究[J].中国软科学,2022(7):17-27.

[25] 卞素萍.美丽乡村建设背景下农村人居环境整治现状及创新研究:基于江浙地区的美丽乡村建设实践[J].南京工业大学学报(社会科学版),2020,19(6):62-72.

[26] 皮俊锋,陈德敏.农村人居环境整治的实践经验、问题检视与制度建构[J].中国行政管理,2020(10):153-155.

[27] 李裕瑞,曹丽哲.论农村人居环境整治与乡村振兴[J].自然资源学报,2022,37(1):96-109.

[28] 施祖麟,毕亮亮.我国跨行政区河流域水污染治理管理机制的研究:以江浙边界水污染治理为例[J].中国人口·资源与环境,2007(3):7-13.

[29] 张立荣,陈勇.整体性治理视角下区域地方政府合作困境分析与出路探索[J].宁夏社会科学,2021(1):137-145.

[30] 胡象明,唐波勇.整体性治理:公共管理的新范式[J].华中师范大学学报(人文社会科学版),2010(1):11-15.

[31] 任梅,刘银喜,赵子昕.基本公共服务可及性体系构建与实现机制:整体性治理视角的分析[J].中国行政管理,2020(12):84-89.

[32] 曾凡军,潘懿.基层治理碎片化与整体性治理共同体[J].浙江学刊,2021(3):64-71.

[33] 韩兆柱,任亮.京津冀跨界河流污染治理府际合作模式研究[J].河北学刊,2020,40(4):155-161.

[34] 杨志云.流域水环境治理体系整合机制创新及其限度:从"碎片化权威"到"整体性治理"[J].北京行政学院学报,2022,(2):63-72.

[35] 张诚,刘旭.农村人居环境整治的碎片化困境与整体性治理[J].农村经济,2022(2):72-80.

[36] 王青,李萌萌.人与自然和谐共生现代化的战略演进[J].江西师范大学学报(哲学社会科学版),2022(1):9-18.

[37] 陈伟珂,高双,张煜珠.城市内涝治理碎片化困境及其突破:基于整体性治理理论[J].城市发展研究,2019,26(8):84-90.

[38] 翁士洪.公共预算体制的整体性治理[J].上海行政学院学报,2019,20(6):22-32.

[39] 郑泽宇,陈德敏.整体性治理视角下农村环境治理模式的发展路径探析[J].云南民族大学学报(哲学社会科学版),2022,39(2):128-136.

[40] 彭澎,梁显佳.整体性治理视角下中国跨域公共治理转型:问题讨论、动力机制与推进策略[J].广西社会科学,2020(1):47-54.

[41] 高榕蔚,董红.数字赋能农村人居环境治理的社会基础与实践逻辑[J].西北农林科技大学学报(社会科学版),2023,23(1):12-20.

[42] 谢文帅,宋冬林.中国数字乡村建设:内在机理、衔接机制与实践路径[J].苏州大学学报(哲学社会科学版),2022,43(2):93-103.

[43] 沈费伟,袁欢.大数据时代的数字乡村治理:实践逻辑与优化策略[J].农业经济问题,2020(10):80-88.

[44] 乡村数字化技术内核驱动人居环境治理进入新时代[EB/OL].(2022-03-18).https://topics.gmw.cn/2022-03/18/content_35597106.htm.

[45] 安徽省"十四五"农村人居环境整治提升行动实施方案[EB/OL].(2022-07-28).https://huanbao.bjx.com.cn/news/20220718/1242027.shtml.

[46] 安徽省"十四五"生态环境保护规划[EB/OL].(2022-02-08).https://www.ah.gov.cn/public/1681/554101911.html.

[47] 安徽省"十四五"美丽乡村建设规划[EB/OL].(2022-01-12).https://www.ah.gov.cn/public/1681/554101981.html.

[48] 牛军军.安徽省农村水污染治理分析:[J].环境保护科学,2019,45(6):11-14.

[49] 孙静.阜阳市农村水环境污染治理对策研究[D].舟山:浙江海洋大学,2016.

[50] 孙娜.南京农村水环境改善居民参与行为研究[D].南京:南京农业大学,2020.

[51] 韦彬.跨域公共危机整体性治理研究[D].武汉:武汉大学,2013.

[52] 谢微.整体性治理的核心思想与应用机制研究[D].长春:吉林大学,2018.

[53] 张新瑜.山西省农村水环境治理研究[D].太原:山西大学,2021.

[54] 晁文文.江西农村水环境污染治理研究[D].南昌:东华理工大学,2021.

[55] 李坡.民间资本参与农村环境治理政府引导机制研究[D].重庆:重庆交通大学,2020.

[56] 杨东宜.皖北农村人居环境治理中PPP模式的运用研究[D].合肥:安徽农业大学,2019.

[57] 王言.公众有效参与对政府治理农村人居环境的影响研究[D].天津:天津大学,2019.